变电站集中监控运行信息
实用技术问答

国网浙江省电力有限公司　组编

中国电力出版社
CHINA ELECTRIC POWER PRESS

内 容 提 要

随着无人值守变电站新技术的快速发展，为了使集中监控运行人员了解集中监控信息、智能变电站、程序化远方操作等基本原理及操作技能，有效提升集中监控信息处置能力，保障电网运行安全，国网浙江省电力有限公司组织编写了《变电站集中监控运行信息实用技术问答》。本书共分为七章，以问答的形式介绍了设备监控信息概念及原理、监控系统组成及原理、变电站一、二次设备及其监控信息、变电站公共设备及监控信息、智能变电站等技术内容。

本书可作为集中监控运行人员、管理人员及运维检修人员的学习培训教材以及工作参考书。

图书在版编目（CIP）数据

变电站集中监控运行信息实用技术问答 / 国网浙江省电力有限公司组编．—北京：中国电力出版社，2021.7

ISBN 978-7-5198-5574-1

Ⅰ．①变… Ⅱ．①国… Ⅲ．①变电所—监控系统—问题解答 Ⅳ．①TM63-44

中国版本图书馆 CIP 数据核字（2021）第 071312 号

出版发行：中国电力出版社
地　　址：北京市东城区北京站西街 19 号（邮政编码 100005）
网　　址：http://www.cepp.sgcc.com.cn
责任编辑：王蔓莉
责任校对：黄　蓓　于　维
装帧设计：张俊霞　赵丽媛
责任印制：石　雷

印　　刷：北京天宇星印刷厂
版　　次：2021 年 7 月第一版
印　　次：2021 年 7 月北京第一次印刷
开　　本：787 毫米 ×1092 毫米　16 开本
印　　张：14
字　　数：309 千字
印　　数：0001—1500 册
定　　价：58.00 元

编　委　会

主　　编　钱建国

副 主 编　李　英　汤陈芳

编写人员　袁楚楚　施正钗　王　晓　陈宗智　郑建梓
　　　　　杨力强　江雯姬　魏美兰　孙滢涛　陈锡磊
　　　　　张锋明　顾　建　夏海亮　范海兵　涂智恒
　　　　　毛文杰　李跃华　叶宣甫　徐伟敏　杨健一

前　言

随着国民经济的不断发展，电网进入了特高压交直流混联运行的阶段，电网运行特性正发生巨大的变化：特性认知难、实时调节难、运行控制难、故障防御难。电网应急处置控制和故障防御的要求更高、时间更紧、难度更大。电网运行难度和安全风险的增加对集中监控运行提出了更高的要求。随着新技术层出不穷，智能变电站大量投运、开关及程序化远方操作不断推进，电网对变电站无人值守模式下的集中监控运行人员提出了更为广泛、先进的业务知识要求。如果说继电保护是电网运行的保护者，那么监控运行人员就是放哨兵，是电网发生异常、故障时的吹哨人。监控信息是监控人员了解、掌握电网运行状况的第一手资料。监控人员需要通过监控信息来判断电网及设备的运行状况，及时分析、研判、发现及处置异常。因此，从分析、研判集中监控信息的角度编写技术问答，用以指导电网监控运行人员的岗位培训非常必要。

本书围绕变电站集中监控信息，采用问答形式介绍了设备监控信息的概念、基本分类、管理要求、原理、传输路径等，介绍了变电站设备监控系统组成及原理、变电站一次和二次设备异常分析处置方法以及智能变电站技术、程序化远方操作原理等相关知识。本书有助于监控运行人员系统了解集中监控信息的来龙去脉，全面掌握各类信息背后包含的实际意义，进一步提升监控运行水平。

为方便监控运行人员使用，本书中主变压器、断路器、隔离开关、气体继电器等设备名称遵循工程应用习惯，采用主变、开关、闸刀、瓦斯继电器。

由于编者水平有限，书中难免有疏漏和不足之处，恳请读者批评指正。

编　者

2021 年 6 月

目　录

第一章

设备监控信息概述

1. 什么是变电站设备监控信息？总体要求是什么？

答：变电站设备监控信息是指以满足电网监视运行需求为主，在调度远动数据基础上采集的、符合智能电网调度技术支持系统信息模型的变电站设备运行监视数据，其总体要求如下：

（1）变电站监控信息应涵盖变电站内所有一次设备、二次设备和辅助系统，信息采集应完整准确，满足调控机构集中监控和变电站无人值守要求。

（2）变电站设备监控信息应通过直采直送或告警直传的方式上送调控机构。

（3）一次设备、二次设备以及辅助系统均应提供反映设备本身和电网的故障、异常详细告警信号及其运行状态的信息。

（4）变电站监控系统和调度主站集中监控系统均应按 Q/GDW 11398—2015《变电站设备监控信息规范》进行告警等级分类展示，并根据运行情况进行信息优化。

（5）变电站监控信息名称中设备命名应遵循 DL/T 1171—2012《电网设备通用数据模型命名规范》的要求，告警直传方式上送的告警条文格式应遵循 Q/GDW 11021—2013《变电站调控数据交互规范》的要求。

2. 变电站设备监控信息有哪些分类和告警等级？

答：按采集方式，变电站设备监控信息分为遥测信息、遥信信息、遥控信息和遥调信息。遥测信息为模拟量信息，反映电网运行状况的电气和非电气变化量；遥信信息为状态量信息，反映电网和设备的运行状态；遥控信息指对设备进行远程控制后的状态量信息。

根据对电网影响的轻重缓急程度，变电站设备监控信息分为事故信息、异常信息、越限信息、变位信息、告知信息五个等级。

3. 事故告警信息的定义是什么？

答：事故告警信息是电网故障、设备故障等导致的开关跳闸（包含非人工操作的跳闸）、保护及安控装置动作出口跳合闸的信息以及影响全站安全运行的其他信息，是需要实时监控、立即处理的重要信息，主要包括：①全站事故总信息；②单元事故总信息；③各类保护、安全自动装置动作出口信息；④开关异常变位信息。

4. 异常告警信息的定义是什么?

答：异常告警信息是指反映设备运行异常情况和影响设备遥控操作的告警信息，是需要实时监控、及时处理的重要信息，主要包括：①一次设备异常告警信息；②二次设备、回路异常告警信息；③自动化、通信设备异常告警信息；④其他设备异常告警信息。

5. 越限告警信息的定义是什么?

答：越限告警信息是反映重要遥测量超出告警上下限区间的信息。重要遥测量主要包括设备有功、无功、电流、电压、主变油温及断面潮流等，是需实时监控、及时处理的重要信息。

6. 变位告警信息的定义是什么?

答：变位告警信息是指开关类设备状态（分、合闸）改变的信息。该类信息直接反映电网运行方式的改变，是需要实时监控的重要信息。

7. 告知告警信息的定义是什么?

答：告知告警信息是反映电网设备运行情况、状态监测的一般信息，主要包括闸刀、接地闸刀位置信息、主变运行挡位以及设备正常操作时的伴生信息（如保护压板投/退、保护装置、故障录波器、收发信机的启动、异常消失信息、测控装置就地/远方等）。该类信息需定期查询。

8. 监控告警信息各阶段处置重点是什么?

答：变电站监控信息处置以分类处置、闭环管理为原则，分为信息收集、实时处置、分析处理三个阶段。

（1）信息收集阶段，监控员通过监控系统发现监控告警信息后，应迅速确认，根据情况对以下相关信息进行收集，必要时应通知变电运维单位协助收集：

1）告警发生时间及相关实时数据；

2）保护及安全自动装置动作信息；

3）开关变位信息；

4）关键断面潮流、频率、母线电压的变化等信息；

5）监控画面推图信息；

6）现场影音资料（必要时）；

7）现场天气情况（必要时）。

（2）信息实时处置阶段，监控员收集到事故、异常、越限、变位信息后，按照有关规定及时向相关调度汇报，并通知运维单位检查；运维单位在接到监控员通知后，应及时组织现场检查，并进行分析、判断，及时向相关调控中心汇报检查结果。

（3）分析处理阶段，设备监控管理专业人员对于监控员无法完成闭环处置的监控信息，应及时协调运检部门和运维单位进行处理，并跟踪处理情况；设备监控管理专业人员对监控信息处置情况应每月进行统计。对监控信息处置过程中出现的问题，应及时会同调度控制专业、自动化专业、继电保护专业和运维单位人员总结分析，落实改进措施。

9. 事故信息告警如何处置？

答：（1）监控员收集到事故信息后，按照有关规定及时向相关调度汇报，并通知运维单位检查。

（2）运维单位在接到监控员通知后，应及时组织现场检查，并进行分析、判断，及时向相关调控中心汇报检查结果。

（3）事故信息处置过程中，监控员应按照调度指令进行事故处理，并监视相关变电站运行工况，跟踪了解事故处理情况。

（4）事故信息处置结束后，变电运维人员应检查现场设备运行状态，并与监控员核对设备运行状态与监控系统是否一致，相关信号是否复归。监控员应对事故发生、处理和联系情况进行记录，并按相关规定展开专项分析，形成分析报告。

10. 异常信息告警如何处置？

答：（1）监控员收集到异常信息后，应进行初步判断，通知运维单位检查处理，必要时汇报相关调度机构。

（2）运维单位在接到通知后应及时组织现场检查，并向监控员汇报现场检查结果及异常处理措施。如异常处理涉及电网运行方式改变，运维单位应直接向相关调度汇报，同时告知监控员。

（3）异常信息处置结束后，现场运维人员检查现场设备运行正常，并与监控员确认异常信息已复归，监控员做好异常信息处置的相关记录。

11. 越限信息告警如何处置？

答：（1）监控员收集到输变电设备越限信息后，应汇报相关调度机构，并根据情况通知运维单位检查处理。

（2）监控员收集到变电站母线电压越限信息后，应根据有关规定，按照相关调度机构颁布的电压曲线及控制范围，投切电容器、电抗器和调节变压器有载分接开关，如无法将电压调整至控制范围内时，应及时汇报相关调度机构。

12. 变电站设备全面监视包括哪些内容？

答：全面监视是指监控员对所有监控变电站进行全面的巡视检查，330kV 及以上变电站每值至少两次，330kV 以下变电站每值至少一次，内容包括：

（1）检查监控系统遥信、遥测数据是否刷新。

（2）检查变电站一、二次设备、站用电等设备运行工况。

（3）核对监控系统检修置牌情况。

（4）核对监控系统信息封锁情况。

（5）检查输变电设备状态在线监测系统和监控辅助系统（视频监控等）运行情况。

（6）检查变电站监控系统远程浏览功能情况。

（7）检查监控系统 GPS 时钟运行情况。

（8）核对未复归、未确认监控信息及其他异常信息。

13. 变电站设备正常监视包括哪些内容？

答：正常监视是指监控员值班期间对变电站设备事异常、越限、变位信息及输变电设备状态在线监测告警信息进行不间断监视。正常监视要求监控员在值班期间不得遗漏监控信息，并对监控信息及时确认。正常监视发现并确认的监控信息应按照调控机构设备监控信息处置管理规定要求，及时进行处置并做好记录。

14. 变电站设备特殊监视包括哪些内容？

答：特殊监视是指在某些特殊情况下，监控员对变电站设备采取的加强监视措施，如增加监视频度、定期查阅相关数据、对相关设备或变电站进行固定画面监视等，并作好事故预想及各项应急准备工作。遇有下列情况，应对变电站相关区域或设备开展特殊监视：

（1）设备有严重或危急缺陷，需加强监视时。

（2）新设备试运行期间。

（3）设备重载或接近稳定限额运行时。

（4）遇特殊恶劣天气时。

（5）重点时期及有重要保电任务时。

（6）电网处于特殊运行方式时。

（7）其他有特殊监视要求时。

15. 什么是监控信息告警优化？优化原则是什么？

答：变电站设备监控信息告警优化是指从监控运行角度出发，对智能电网调度控制系统中以时序排列方式呈现的监控告警信息，按照事件为单位进行组合、归并的展示处置机制，通常包括延时、计时计次、压缩处理等。变电站设备监控信息告警优化应遵循安全可靠、不漏信息、减少干扰、提高效率的原则，优化设置兼顾上窗信息的完整性、正确性和有效性，过滤干扰告警，杜绝优化后信息漏发、频发及引起歧义等。

16. 监控信息告警优化措施有哪些？

答：（1）监控信息告警优化工作应按监控范围开展，加强监控信息分层分区管理。

（2）遥信告警优化主要针对异常类信息进行。反映电网设备故障的事故类信息及反映位置状态和设备动作的变位类信息禁止进行延时处置。

（3）对量测数据越限产生的告警信息应按照延时过滤、压缩处理、设置返回系数等方式进行告警优化。

（4）站用电短时消失、设备运行临界状态、伴生信息、接点抖动等引起的遥信告警应进行延时过滤处置，对重要信息的延时值需要相应专业认可。

（5）对遥信信息应进行延时过滤、压缩处理、计时计次、信息合成、告警等级提升等告警优化处置，结合设备运行特点、告警信息等级等，选用一组或多组优化策略，准确反映运行情况。

（6）有条件时进行信息合成优化处置，按相关规则将一系列告警信息对应到某一特定事件（电网故障、遥控操作、设备重大异常等）的告警，实现特定事件的综合智能告警。

17. 变电站监控信息接入总体要求是什么？

答：（1）工程设计阶段，设计单位根据有关规程、现场设备技术资料和监控信息接入要求编制监控信息表初稿，并作为施工图纸一并提交给工程建设管理部门。监控信息表的设计保证完整性、正确性和规范性，信息及命名与现场实际情况一致。

（2）对扩建（改建、技改）项目，工程建设管理部门提供原有监控信息接入资料和工程资料，设计单位根据原有资料编制监控信息表，并对变动部分明确标识。

（3）工程建设管理部门于新（扩、改）建工程投运前两个月提供监控信息表初稿，由调控中心对监控信息表的规范性、正确性和完整性进行审核，由运维检修部对监控信息接入对应关系的正确性和完整性进行审核。

（4）重大基建（改造）工程，由调控中心组织相关单位人员，对监控信息表进行集中审核。

18. 监控信息联调验收总体要求是什么？

答：监控信息联调验收严格按照监控信息表（含信息接入对应关系）开展。运行变电站的信息联调验收原则上采用实际传动试验的方式，不具备条件的可采用不停电联调方式。新建、改建、扩建变电站监控信息联调验收工作必须在工程验收结束前完成，并作为启动投产的必要条件。联调验收过程中，应根据联调验收情况逐条核对、逐一记录并签名留底，形成联调验收记录，工作结束后编制主站联调验收报告。

监控信息联调验收过程中，如遇紧急突发情况应立刻中断联调工作；如发现监控信息表错误、现场接入信息与监控信息表不一致的情况，安装调试单位及时上报工程建设管理部门，经相关专业确认，由设计单位出具变更单或调控中心下发信息变更通知后，进行相关信息整改工作。

19. 监控信息联调验收的必要条件有哪些？

答：（1）调度技术支持系统运行正常，主站与变电站传输通道及规约均调试正常。

（2）主站已完成联调变电站的图模库维护（包括间隔图、光字牌索引图、光字牌图及保护画面制作、模型生成、信息点录入、告警分类、光字牌定义、通道参数配置等）工作，信息对象、参数、序号和画面链接正确。

（3）变电站站内监控系统调试工作已完成，远动通信工作站已完成监控信息表下装配置。

（4）变电站监控信息联调验收方案已编制完成，联调验收申请已批复，联调验收资料准备完毕，主站工作票已签发。

20. 监控信息现场验收阶段的工作要求是如何规定的？

答：监控信息现场验收列为专业专项验收，验收合格作为变电站竣工验收合格的必要条件。

新建或整站改造的220kV及以上变电站应开展专项的监控信息现场验收，验收时间不少于2个工作日；110kV及以下变电站则可结合工程竣工验收进行，验收时间不少于1个工作日。

验收资料包括监控信息变电站端调试记录和调试报告、联调验收报告、监控信息表、验收大纲等。

安装调试单位提出验收申请，由调控中心组织相关单位参加验收。安装调试单位在验收前10个工作日提供验收大纲。现场验收按调控中心确认后的验收大纲开展验收工作。

验收结束后应出具验收报告。验收发现的问题应及时整改，主站端问题由调控中心负责，变电站端问题由工程建设管理部门负责督促安装调试单位及时整改，必要时履行设计变更手续。

第二章

设备监控信息原理

1. 什么是综合自动化变电站中的“四遥”？

答：“四遥”指的是遥测、遥信、遥控、遥调。

遥测就是量测量采集，采集内容包括电流、电压、功率、功率因数、频率温度等。

遥信操作是完成开关、闸刀等位置信息采集，一、二次设备及回路告警信息采集，本体信息、保护动作信息和变压器档位信息采集。

遥控操作是完成开关、闸刀分、合控制、软压板投切。

遥调操作是完成变压器档位调节、发电机输出功率调节、保护定值区切换。

2. 综合自动化变电站数据采集主要有哪几种方式?

答：综合自动化变电站数据的采集有两种方式：

（1）通过测控装置获取数据，如电流、电压、开关量等，测控装置在处理后把数据导入到监控后台和远动机的实时数据库；

（2）通过通信接口获得数据，即面向其他智能装置直接获取计算机数据，经处理后导入数据库。

3. 综合自动化变电站的遥测值的采集和传输方式是什么?

答：综合自动化变电站的遥测值一般由测控装置处理，即电流互感器和电压互感器以及变送器通过电缆把相应的电流、电压以及直流量输入测控装置的遥测板，测控装置处理后以通信报文（一般为 IEC 60870-5-103 规约）的方式把遥测量传输给监控后台和远动机，远动机再以 IEC 60870-5-101 或者 IEC 60870-5-104 规约的方式把遥测量传输给调度主站。

4. 综合自动化变电站的遥测值上送至调度主站的方式有哪些?

答：遥测值通过远动机上送至调度主站一般有两种方式：

（1）归一化值，即所谓的码值，需要调度主站在变比等参数的基础上设置系数，工作量较大；

（2）浮点数，也就是实际数值，包括一次浮点数和二次浮点数。采用一次浮点数上送时，主站无须设置遥测系数，工作量小，但对厂站上送数据的质量要求较高，特别是遥测的极性。

5. 综合自动化变电站遥信的采集方式是什么?

答：遥信要求采用无源接点方式，即某一路遥信量的输入应是一对继电器的接点状态，闭合或者断开。通过遥信端子将继电器接点的闭合或断开状态转换成为低电平或高电平信号送入测控装置的遥信模块。遥信功能通常用于采集开关的位置信号、闸刀的位置信号、变压器内部故障信号、保护装置动作信号等。

6. 综合自动化变电站的模拟量主要有哪几种类型?

答：综合自动化变电站的模拟量主要有三种类型：

(1) 工频变化的交流电气量，如交流电压，交流电流等。

(2) 变化缓慢的直流电气量，如直流电压、直流电流。

(3) 变化缓慢的非电气量，如温度、湿度等。

7. 模拟量输入通道的五个基本组成部分及各部分功能有哪些?

答：如图 2-1 所示，模拟量输入通道由以下五部分组成：

(1) 电压形成回路：电量变换，将一次设备电流互感器（TA)、电压互感器（TV）的二次回路与微机 A/D 转换系统隔离，提高抗干扰能力。

(2) 模拟低通滤波：阻止高频进入 A/D 转换系统，防止信号混叠。

(3) 采样保持器：在 A/D 进行采样期间，在一个极短时间内测量模拟信号在该时刻的瞬时值，并在 A/D 转换器转换为数字量的过程内保持不变，以保证转换精度。

(4) 多路转换开关：使多个模拟信号共用一个采样保持器和 A/D 转换器进行采样和转换。

(5) A/D 转换器：将模拟输入量转换成数字量。

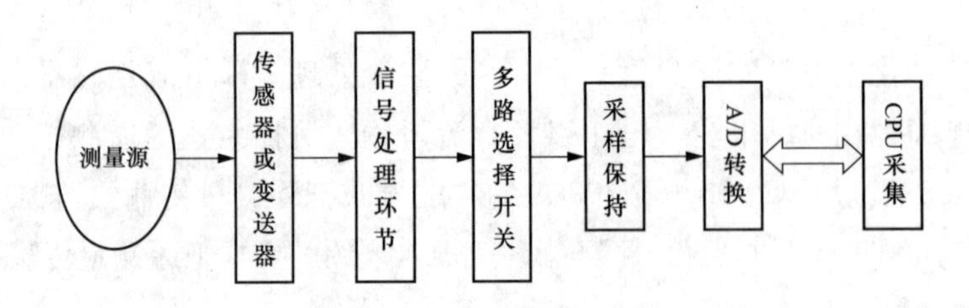

图 2-1 模拟量输入通道

8. 什么是交流采样方式?

答：交流采样就是直接对输入的交流电流、电压进行采样，采样值经 A/D 转换后变为数字量传送给 CPU，CPU 根据一定算法获得全部电气量信息。交流采样的工作过程主要包括采用频率的提取、交流采样控制、交流采样算法实现及数据的平滑处理四部分。

9. 交流采样的特点是什么？综合自动化站中以保护和监控为目的的交流采样算法各是什么？

答：交流采样是直接对所测交流电流和电压的波形进行采样，然后通过一定算法计算出其有效值。具有以下五个特点：

（1）实时性好，它能避免直流采样中整流、滤波环节的时间常数大的影响，特别是在微机保护中必须采用。

（2）能反映原来电流、电压的实际波形，便于对所测量的结果进行波形分析，在需要谐波分析或故障录波场合，必须采用交流采样。

（3）有功、无功功率是通过采样得到的 u、i 计算出来的，因此可以省去有功、无功变送器，节约投资并减少量测设备占地。

（4）对 A/D 转换器的转换速率和采样保持器要求较高，为了保证测量的精度，一个周期须有足够的采样点数。

（5）测量准确性不仅取决于模拟量输入通道的硬件，还取决于软件算法，因此采样和计算程序相对复杂。

以监测为目的的交流采样是为了获得高精度的有效值和有功、无功功率等，一般采用均方根算法；以保护为目的的交流采样是为了获得与基波有关的信息，对精度要求不高，一般采用全波或半波傅氏算法。

10. 什么是直流采样方式？

答：直流采样是指将现场不断连续变化的模拟量通过变送器转换成和被测量呈线性关系的 0～5V 直流电压或 4～20mA 电流小信号，再送至测控单元，测控单元对此直流量进行采样。直流采样对 A/D 转换器的转换速率要求不高，软件算法简单，数据刷新速度较慢。

11. 什么是硬接点信号？什么是软报文信号？

答：硬接点信号指一次设备、二次设备及辅助设备以电气接点方式接入测控装置或智能终端的信号；软报文信号指一次设备、二次设备及辅助设备自身产生并以通信报文方式传输的信号。

12. 监控系统中变电站一次主接线图画面上的遥测、遥信数据来源是什么？间隔图上的遥测遥信数据来源是什么？

答：一次主接线图画面上的设备位置、遥测数据来源是对应遥信点、遥测点在实时库中的值。开关位置对应的是开关表中的遥信值；闸刀位置对应的是闸刀表中的遥信值；接地闸刀位置对应的是接地闸刀表中的遥信值。线路遥测数据对应的是交流线路端点表中的有功值、无功值和电流值；母线遥测数据对应的是母线表中的 A 相电压幅值、B 相电压幅值、C 相电压幅值和 AB 线电压幅值；负荷遥测数据对应的是负荷表中的有功值、无功值和电流值；并联电容、电抗器的遥测数据对应的是并联电容、电抗器表中的无功值和 A 相电流幅值；主变遥测数据对应的是变压器绕组表中的有功值、无功值、电流值和分接头位置以及变压器表中的油温；母联、母分开关、主变分支开关的遥测数据对应的是开关表中的有功值、无功值和电流值。

间隔图上的设备位置、遥测数据来源与主接线图上该间隔的设备位置、遥测数据来源一致。光字牌状态来源是保护信号表中的光字牌值在实时库中的值。

13. 设置遥测零值死区的目的是什么?

答：设置遥测的零值死区主要目的是消除遥测的零漂，一般设置为0.2%，即0.2%的额定值以下的遥测量测控装置（远动机）会将数值置为零。目前，零值死区一般设置在测控装置内。

14. 设置遥测变化量死区的目的是什么?

答：遥测的变化量死区主要目的是降低测控装置（远动机）传输遥测值的负载，一般设置为0.2%，即遥测值变化幅度在0.2%额定值以内的遥测变化值不上传。变化量死区一般设置在测控装置内，数值设置的大小影响遥测值上送调度主站频度，在电流互感器变比较大且负荷较轻时，有可能影响主站遥测曲线。

15. 常规变电站遥测、遥信信息流向如何示意?

答：如图2-2所示，遥测、遥信上送信息流顺序为⑤→④→③→②→①。

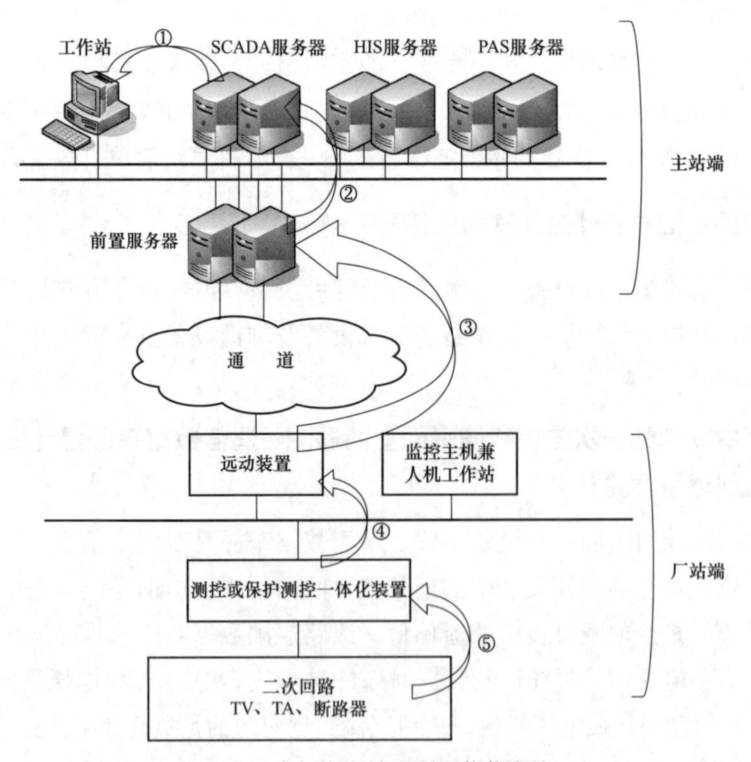

图2-2　常规变电站遥测遥信信息流

16. 智能变电站遥测、遥信信息流向如何示意?

答：如图 2-3 所示，遥测上送顺序为⑦→⑤→④→③→②→①；

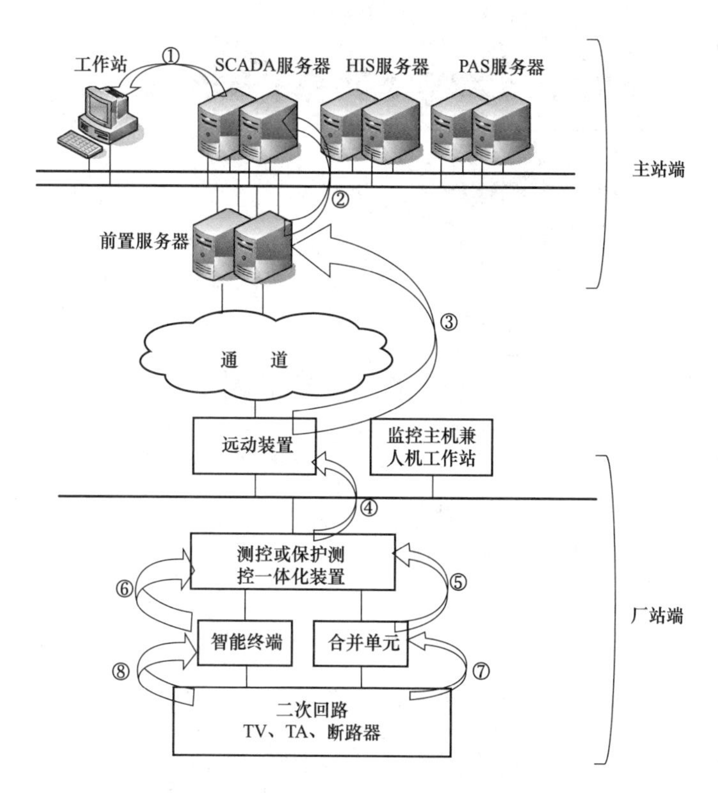

图 2-3 智能变电站遥测遥信信息流

遥信上送顺序为⑧→⑥→④→③→②→①。

17. 常规变电站遥控信息流向如何示意?

答：如图 2-4 所示，遥控预置顺序为①→②→③→④。

遥控返校顺序为⑤→⑥→⑦→⑧。

遥控执行顺序为①→②→③→④→⑨。

18. 智能变电站遥控信息流向如何示意?

答：如图 2-5 所示，遥控预置顺序为①→②→③→④。

遥控返校顺序为⑤→⑥→⑦→⑧。

遥控执行顺序为①→②→③→④→⑨→⑩。

19. 在开关、闸刀位置信号中，单位置遥信、双位置遥信的优缺点有哪些?

答：单位置遥信信息量少，采集、处理和使用简单，但是无法判断该遥信接点状态正常与否；双位置遥信采集信息量比单位置遥信多一倍，利用两个状态的组合表示遥信状态，可以发现 1 个遥信接点故障，达到遥信接点状态监视的作用，但是信息的采集、处理较复杂，一般在站端将双位置遥信转换为单位置遥信状态后再上传到调度和集控主站。

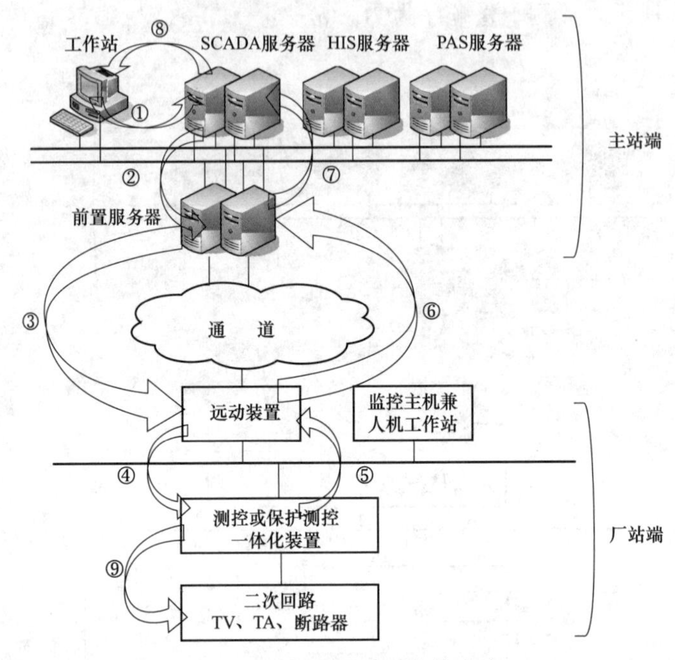

图 2-4　常规变电站遥控信息流

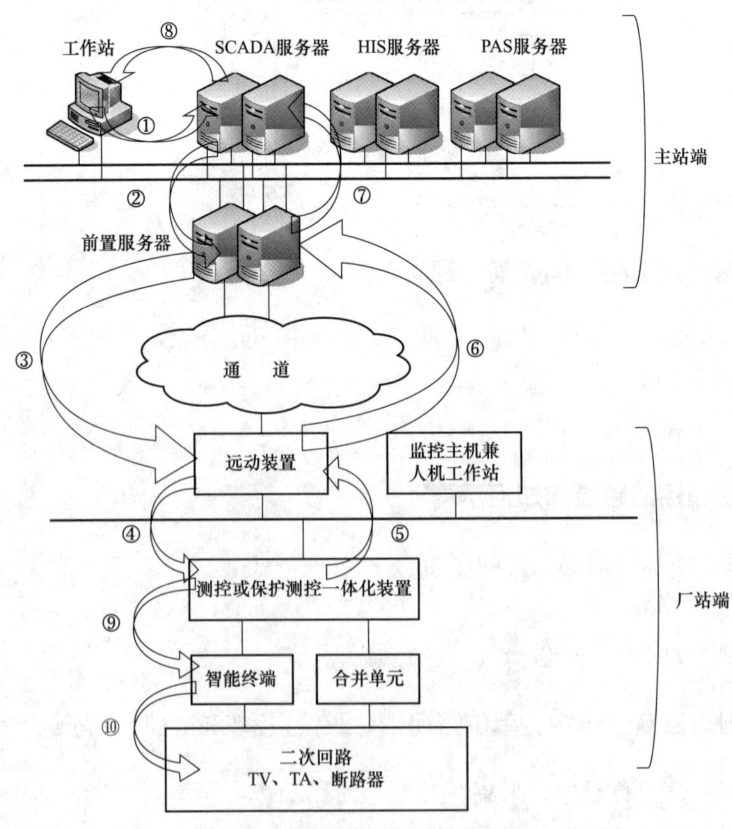

图 2-5　智能变电站遥控信息流

20. 变送器的类型、输出方式有哪几种？

答：变送器一般可分为电气量变送器和非电气量变送器两类，变电站常用的变送器有电流变送器、电压变送器、有功功率变送器、无功功率变送器、直流电压变送器、直流电流变送器、频率变送器、非电量变送器等。变送器按采用0～5V直流恒压源或者4～20mA直流恒流源输出方式。

21. 量测数据“对端代”的功能是什么？

答：当线路本端的量测异常或质量不好时，采用线路对端的量测代替本端量测。“对端代”取数时大小相等，正负相反。“对端代”分为自动“对端代”和手动“对端代”。

22. 变电站全站事故总信号合成要求是什么？

答：变电站全站事故总信号作为变电站事故跳闸启动音响的信号，提醒监控运行人员注意，全站事故总信号合成分为两种：

（1）各电气间隔事故信号通过中央信号回路电气连接形成全站事故音响信号。

（2）通过厂站自动化系统将各电气间隔事故信号进行逻辑组合，采用触发加15s自动复归方式形成全站事故总信号。实际应用中因无法避免检修设备间隔试验时启动全站事故总信号，将对监控运行造成极大干扰，若变电站已采全各电气间隔事故信号并启动音响的，可将全站事故总信号告警降级处理。

23. 变电站的间隔事故总信号如何生成？采集要求有哪些？

答：如图2-6所示，变电站的间隔事故总信号根据位置不对应的原理生成，将操作回路中的合后位置继电器KKJ的动合触点与跳闸位置继电器TWJ的动合触点串联。正常运行时，KKJ触点闭合，TWJ触点断开，事故总信号回路不通。当手分或者遥分开关时，KKJ触点将断开，TWJ触点闭合，不会发事故总告警。当保护动作跳开开关（或开关偷跳）时，KKJ触点保持闭合，而TWJ触点闭合，发出事故总信号告警。

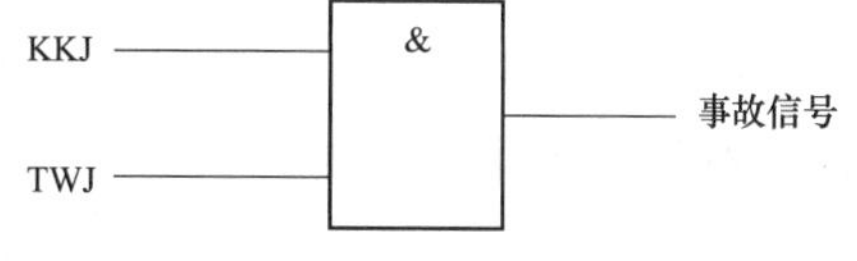

图2-6 间隔事故总信号原理图

对于常规变电站，间隔事故总信号既可以通过硬接点开出，也可以由通信软遥信发送给相应的测控装置，在智能变电站中则由该开关间隔智能终端通过光缆上送给测控装置。为了避免在正常的开关合闸操作瞬间，KKJ触点闭合而TWJ触点还未断开时误发事故总告警，需要对该信号进行一定的延时。

间隔事故信号以各间隔为单位，是判断本间隔是否发生事故的重要信号，具备自保持功能。间隔事故信号优先选择操作箱开关异常跳闸信号（如手合继电器KKJ触点与跳闸位置继电器TWJ触点串联输出）作为间隔事故信号。

24. 什么是COS和SOE? COS时标与SOE时标的区别有哪些? 为什么要同时送COS信息和SOE信息?

答：COS是事件变位记录，主要用于遥信画面位置等信息的显示和告警，当发生开关或遥信变位时，不带时标直接送往主站，传输时间短，时效性强。

SOE是事件顺序记录，当发生开关或遥信变位时，自动记录下变位时间，与变位信息、变位状态一起送往主站。由于SOE信息带有时标，可在统一的时间标度下还原事件发生过程。

COS时标通常指遥信信息接收到的时间，一般精确到秒级；SOE时标则为测控装置本身的时间，会精确至毫秒级，并列出了各设备之间信息发生的先后顺序。

25. 开关、保护信号状态对应的报文是什么?

答：在单点遥信情况下，若主站设置为正极性，则报文01对应开关、保护信号的合、动作，报文00对应开关、保护信号的分、复归，负极性则相反。在双点遥信情况下，若主站设置为正极性，则报文10对应开关、保护信号的合、动作，报文01对应开关、保护信号的分、复归，负极性则相反，报文00和11则为不定态。

26. 告警信息中带后缀“备通道补”的含义是什么?

答：用于防范主备通道切换过程中遗漏变位信息，其逻辑是备通道接收到变位后，与主通道变位情况进行比较，一旦发现主通道在前、后各10s内没有接收到这个告警，则判定为变位，并标注“备通道补”。

27. 告警信息中带后缀“全数据判定”的含义是什么?

答：一般出现在101协议或104协议中，用于主站总召唤子站上传全数据，全数据接收时发现某个遥信值与当前值不一致，就会判定为变位，并标注“全数据判定”。

28. 信息优化中告警延时是如何实现的?

答：(1) 保护动作后在延迟时间内收到复归信号则这两条告警均不上送告警窗，仅保存至历史库。

(2) 在延迟时间内未收到复归信号，则在延迟时间结束后发出动作告警，按正常的告警处理。

29. 实时遥测数据不刷新可能的原因有哪些?

答：(1) 该工作站网络中断。

(2) 图形所属态或者应用误切换。

（3）资源定位失败，无法从数据刷新服务获取数据。

30. 主站告警窗发现告警信息漏报时，要检查哪些环节？

答：（1）检查该信息光字牌是否置牌。

（2）检查该信息光字牌有无告警抑制或封锁。

（3）检查该信息是否属于监控员责任区。

（4）检查二次遥信定义表该信息告警配置是否正确。

（5）检查告警窗设置是否正确。

（6）检查实时库中该信息原状态是否正确，是否满足告警条件。

（7）检查前置是否收到该点的上送报文。

31. 监控告警窗发现有个别信息报警迟报或漏报，可能的原因有哪些？

答：（1）工作站网络中断。

（2）该信息不在工作站当前责任区范围内。

（3）该信息被告警抑制或封锁。

（4）工作站消息功能异常。

32. 如果整个变电站出现大量遥测死数据，可以采取的处理措施是什么？

答：在对应变电站一次接线图的空白处点右键调出“通用菜单”，左键点击“召唤全数据”；若没有效果，可以在通道监视界面中找到对应变电站的值班通道，进行通道初始化；若还是不行，可以尝试切换值班通道。

33. 如何实现母线潮流平衡的计算？

答：计算母线潮流平衡时，同一电压等级所有母线为一个整体，若该电压等级母线所接的全部线路和主变的有功值、无功值总加之和的绝对值小于设定阈值，则母线平衡，大于设定阈值，则母线不平衡。母联、母分开关有功值、无功值不参与计算。有功值、无功值流入母线为负，流出母线为正。

34. 远动数据采集处理采用零值死区的原因是什么？

答：（1）将低值数转换为零。

（2）校正零漂干扰。

35. 单个遥测点、全站死数据的判据是什么？

答：可在通信厂站表中设置遥测不变化判断时间（秒），当某个遥测点数据不变化时间超过设置值时，即判该遥测点死数据。当该厂站所有前置遥测点均为死数据时，即判该厂站死数据。

36. 220kV 线路由运行改为冷备用会有哪些监控信息?

答：220kV 线路由运行改为冷备用监控信息见表 2-1。表 2-1 中，××**** 表示设备双重命名，××为间隔名称，**** 为间隔编号，其余表格均使用该表达方式。

表 2-1　　220kV 线路由运行改为冷备用监控信息

操作任务		××**** 线由运行改为冷备用
典型操作步骤		监控信息
1	拉开××**** 开关	遥信：××**** 线开关 A、B、C 相分闸，××**** 开关第一、二组控制回路断线动作、复归，××**** 线路失压(线路对侧开关已拉开)； 遥测：如解环操作，开关三相电流由负荷电流变为 0，有功、无功均变为 0；如线路为空充状态，则电流、有功及无功在开关断开前已为 0，线路电压变为 0
2	检查××**** 开关确已断开	
3	合上××**** 线路闸刀操作电源空气开关 QF1	遥信：××**** 线路闸刀电机电源消失复归
4	拉开××**** 线路闸刀	遥信：××**** 线路闸刀分闸
5	检查××**** 线路闸刀确已断开	
6	拉开××**** 线路闸刀操作电源空气开关 QF1	遥信：××**** 线路闸刀电机电源消失动作
7	合上××**** 副母闸刀操作电源空气开关 QF1	遥信：××**** 副母闸刀电机电源消失复归
8	拉开××**** 副母闸刀	遥信：220kV 母差保护开入变位动作、××**** 线副母闸刀分闸
9	检查××**** 副母闸刀确已断开	
10	拉开××**** 副母闸刀操作电源空气开关 QF1	遥信：××**** 副母闸刀电机电源消失动作
11	拉开××**** 线路 TV 二次电压空气开关 ZKK	遥信：××**** 线路压变电压空开跳开动作
12	检查 220kV 母差保护液晶屏上××**** 副母闸刀变位正确，并复归	遥信：220kV 母差保护开入变位复归
13	取下××**** 开关母差跳闸压板 LP15	
14	取下××**** 开关母差启动远跳压板 LP35	
15	取下××**** 开关失灵启动压板 LP55	

37. 220kV 线路由冷备用改为运行会有哪些监控信息?

答：220kV 线路由冷备用改为运行监控信息见表 2-2。

表 2-2　　220kV 线路由冷备用改为运行监控信息

操作任务		××**** 线由冷备用改为运行
典型操作步骤		监控信息
1	合上××**** 线路 TV 二次电压空气开关 ZKK	遥信：××**** 线路压变电压空气开关跳开动作
2	检查××**** 开关确已断开	
3	合上××**** 副母闸刀操作电源空气开关 QF1	遥信：××**** 副母闸刀电机电源消失复归

续表

操作任务		××**** 线由冷备用改为运行
典型操作步骤		监控信息
4	合上××**** 副母闸刀	遥信：220kV 母差保护开入变位动作、××**** 线副母闸刀合闸
5	检查××**** 副母闸刀确已合上	
6	拉开××**** 副母闸刀操作电源空气开关 QF1	遥信：××**** 副母闸刀电机电源消失动作
7	合上××**** 线路闸刀操作电源空气开关 QF1	遥信：××**** 线路闸刀电机电源消失复归
8	合上××**** 线路闸刀	遥信：××**** 线路闸刀合闸
9	检查××**** 线路闸刀确已合上	
10	拉开××**** 线路闸刀操作电源空气开关 QF1	遥信：××**** 副母闸刀电机电源消失动作
11	检查 220kV 母差保护液晶屏上××**** 副母闸刀变位正确，并复归	遥信：220kV 母差保护开入变位复归
12	测量××**** 开关母差跳闸压板 LP15 两端确无电压，并放上	
13	测量××**** 开关母差启动远跳压板 LP35 两端确无电压，并放上	
14	测量××**** 开关失灵启动压板 LP55 两端确无电压，并放上	
15	合上××**** 开关（检同期）	遥信：××**** 线开关 A、B、C 相合闸，××**** 开关第一、二组控制回路断线动作、复归，××**** 线开关机构弹簧未储能动作、复归； 遥测：开关三相电流由 0 变为负荷电流，有功、无功均为负荷功率
16	检查××**** 开关确已合上	
17	检查 220kV 母差保护“差流”信号正常	

38. 220kV 线路由副母运行倒至正母运行会有哪些监控信息?

答：220kV 线路由副母运行倒至正母运行监控信息见表 2-3。

表 2-3　220kV 线路由副母运行倒至正母运行监控信息

操作任务		××**** 线由副母运行倒至正母运行
典型操作步骤		监控信息
1	检查 220kV 母联确已运行	
2	放上 220kV 母差保护互联运行投入压板 LP76	遥信：220kV 母差保护互联动作
3	检查 220kV 母差保护“互联”指示灯亮，并不能被复归	
4	拉开 220kV 母联开关第一组控制电源空气开关 4K1	遥信：220kV 母联开关控制回路断线、控制回路电源消失
5	拉开 220kV 母联开关第二组控制电源空气开关 4K2	
6	合上××**** 正母闸刀操作电源空气开关 QF1	遥信：××**** 正母闸刀电机电源消失复归
7	合上××**** 正母闸刀	遥信：220kV 母差保护开入变位动作，××**** 线正母闸刀合闸

续表

操作任务		××**** 线由副母运行倒至正母运行
典型操作步骤		监控信息
8	检查××**** 正母闸刀确已合闸位置	
9	拉开××**** 正母闸刀操作电源空气开关 QF1	遥信：××**** 正母闸刀电机电源消失动作
10	合上××**** 副母闸刀操作电源空气开关 QF1	遥信：××**** 正母闸刀电机电源消失复归
11	拉开××**** 副母闸刀	遥信：××**** 线副母闸刀分闸
12	检查××**** 副母闸刀确已分闸位置	
13	拉开××**** 副母闸刀操作电源空气开关 QF1	遥信：××**** 正母闸刀电机电源消失动作
14	复归 220kV 母差保护信号	遥信：220kV 母差保护开入变位动作复归
15	检查 220kV 母差保护液晶屏上××**** 正、副母闸刀变位正确	
16	合上 220kV 母联开关第一组控制电源空气开关 4K1	
17	合上 220kV 母联开关第二组控制电源空气开关 4K2	遥信：220kV 母联开关控制回路断线、控制回路电源消失，220kV 母联开关位置恢复正常
18	取下 220kV 母差保护互联运行投入压板 LP76	遥信：220kV 母差保护互联动作复归
19	复归 220kV 母差保护“互联”指示灯信号	

39. 220kV 正母线由运行改为检修有哪些监控信息？

答：220kV 正母线由运行改为检修监控信息见表 2-4。

表 2-4　　220kV 正母线由运行改为检修监控信息

操作任务		220kV 正母线由运行改为检修
典型操作步骤		监控信息
1	检查 220kV 母联确已运行	
2	放上 220kV 母差保护互联运行投入压板 LP76	遥信：220kV 母差保护互联动作
3	检查 220kV 母差保护“互联”指示灯亮，并不能被复归	
4	拉开 220kV 母联开关第一组控制电源空气开关 4K1	遥信：220kV 母联开关控制回路断线、控制回路电源消失
5	拉开 220kV 母联开关第二组控制电源空气开关 4K2	
6	合上＃1 主变 220kV 副母闸刀操作电源空气开关 QF1	遥信：＃1 主变 220kV 副母闸刀电机电源消失复归
7	合上＃1 主变 220kV 副母闸刀	遥信：220kV 母差保护开入变位动作，＃1 主变 220kV 副母闸刀合闸
8	检查＃1 主变 220kV 副母闸刀确已合闸位置	
9	拉开＃1 主变 220kV 副母闸刀操作电源空气开关 QF1	遥信：＃1 主变 220kV 副母闸刀电机电源消失动作
10	合上＃1 主变 220kV 正母闸刀操作电源空气开关 QF1	遥信：＃1 主变 220kV 正母闸刀电机电源消失复归
11	拉开＃1 主变 220kV 正母闸刀	遥信：＃1 主变 220kV 正母闸刀分闸

续表

操作任务		220kV 正母线由运行改为检修
典型操作步骤		监控信息
12	检查#1主变 220kV 正母闸刀确已分闸位置	
13	拉开#1主变 220kV 正母闸刀操作电源空气开关 QF1	遥信：#1主变 220kV 正母闸刀电机电源消失动作
14	合上××**** 副母闸刀操作电源空气开关 QF1	遥信：××**** 副母闸刀电机电源消失复归
15	合上××**** 副母闸刀	遥信：××**** 副母闸刀合闸
16	检查××**** 副母闸刀确已合闸位置	
17	拉开××**** 副母闸刀操作电源空气开关 QF1	遥信：××**** 副母闸刀电机电源消失动作
18	合上××**** 正母闸刀操作电源空气开关 QF1	遥信：××**** 正母闸刀电机电源消失复归
19	拉开××**** 正母闸刀	遥信：××**** 正母闸刀分闸
20	检查××**** 正母闸刀确已分闸位置	
21	拉开××**** 正母闸刀操作电源空气开关 QF1	遥信：××**** 正母闸刀电机电源消失动作
22	复归 220kV 母差保护信号	遥信：220kV 母差保护开入变位复归
23	检查 220kV 母差保护液晶屏上所有正、副母闸刀变位正确	
24	合上 220kV 母联开关第一组控制电源空气开关 4K1	
25	合上 220kV 母联开关第二组控制电源空气开关 4K2	遥信：220kV 母联开关控制回路断线、控制回路电源消失，220kV 母联开关位置恢复正常； 遥测：220kV 母联开关电流、有功、无功均变为 0，因为正母线空充状态
26	取下 220kV 母差保护互联运行投入压板 LP76	遥信：220kV 母差保护互联复归
27	复归 220kV 母差保护“互联”指示灯信号	
28	检查 220kV 母联三相电流为零	
29	拉开 220kV 母联开关	遥信：220kV 母联开关 A、B、C 相合闸，220kV 母联开关第一、二组控制回路断线动作、复归。220kV 母差保护装置异常动作； 遥测：220kV 正母线 A、B、C 各相电压均变为 0
30	检查 220kV 母联开关确已分闸位置	
31	复归 220kV 母差保护信号	遥信：220kV 母差保护装置异常复归
32	检查 220kV 母差保护屏上 220kV 母联开关开入变位信号正确	
33	取下 220kV 母联开关母差跳闸压板 LP11	
34	放上 220kV 母差保护分列运行投入压板 LP73	
35	合上 220kV 母联开关副母闸刀操作电源空气开关 QF1	遥信：220kV 母联开关副母闸刀电机电源消失复归
36	拉开 220kV 母联开关副母闸刀	遥信：220kV 母联开关副母闸刀分闸，220kV 母差保护开入变位
37	检查 220kV 母联开关副母闸刀确已分闸位置	
38	拉开 220kV 母联开关副母闸刀操作电源空气开关 QF1	遥信：220kV 母联开关副母闸刀电机电源消失动作
39	合上 220kV 母联开关正母闸刀操作电源空气开关 QF1	遥信：220kV 母联开关正母闸刀电机电源消失复归

续表

操作任务		220kV 正母线由运行改为检修
典型操作步骤		监控信息
40	拉开 220kV 母联开关正母闸刀	遥信：220kV 母联开关正母闸刀分闸
41	检查 220kV 母联开关正母闸刀确已分闸位置	
42	拉开 220kV 母联开关正母闸刀操作电源空气开关 QF1	遥信：220kV 母联开关正母闸刀电机电源消失动作
43	拉开 220kV 正母 TV 二次电压空气开关 ZKKⅠ	遥信：220kV 正母 TV 电压空气开关动作
44	取下 220kV 正母 TV 二次计量电压 A 相熔丝 1RD	
45	取下 220kV 正母 TV 二次计量电压 B 相熔丝 2RD	
46	取下 220kV 正母 TV 二次计量电压 C 相熔丝 3RD	
47	取下 220kV 正母 TV 同期电压熔丝 RD1	
48	合上 220kV 正母 TV 闸刀操作电源空气开关 QF1	遥信：220kV 正母 TV 闸刀电机电源消失复归
49	拉开 220kV 正母 TV 闸刀	遥信：220kV 正母 TV 闸刀分闸
50	检查 220kV 正母 TV 闸刀确已分闸位置	
51	拉开 220kV 正母 TV 闸刀操作电源空气开关 QF1	遥信：220kV 正母 TV 闸刀电机电源消失动作
52	在 220kV 正母线上验明确无电压	
53	合上 220kV 正母＃1 接地闸刀	遥信：220kV 正母＃1 接地闸刀合闸
54	检查 220kV 正母＃1 接地闸刀确已合闸位置	
55	合上 220kV 正母＃2 接地闸刀	遥信：220kV 正母＃2 接地闸刀合闸
56	检查 220kV 正母＃2 接地闸刀确已合闸位置	

40. 220kV 正母线由检修改为运行有哪些监控信息？

答：220kV 正母由检修改为运行监控信息见表 2-5。

表 2-5　220kV 正母由检修改为运行监控信息

操作任务		220kV 正母线由检修改为运行
典型操作步骤		监控信息
1	拉开 220kV 正母＃1 接地闸刀	遥信：220kV 正母＃1 接地闸刀分闸
2	检查 220kV 正母＃1 接地闸刀确已分闸位置	
3	拉开 220kV 正母＃2 接地闸刀	遥信：220kV 正母＃2 接地闸刀分闸
4	检查 220kV 正母＃2 接地闸刀确已分闸位置	
5	合上 220kV 正母 TV 闸刀操作电源空气开关 QF1	遥信：220kV 正母 TV 闸刀电机电源消失复归
6	合上 220kV 正母 TV 闸刀	遥信：220kV 正母 TV 闸刀合闸
7	检查 220kV 正母 TV 闸刀确已合闸位置	
8	拉开 220kV 正母 TV 闸刀操作电源空气开关 QF1	遥信：220kV 正母 TV 闸刀电机电源消失动作

续表

操作任务		220kV 正母线由检修改为运行
典型操作步骤		监控信息
9	放上 220kV 正母 TV 二次计量电压 A 相熔丝 1RD	
10	放上 220kV 正母 TV 二次计量电压 B 相熔丝 2RD	
11	放上 220kV 正母 TV 二次计量电压 C 相熔丝 3RD	
12	放上 220kV 正母 TV 同期电压熔丝 RD1	
13	合上 220kV 正母 TV 二次电压空气开关 ZKKⅠ	遥信：220kV 正母 TV 电压空气开关复归
14	检查 220kV 母联开关确已分闸位置	
15	合上 220kV 母联开关正母闸刀操作电源空气开关 QF1	遥信：220kV 母联开关正母闸刀电机电源消失复归
16	合上 220kV 母联开关正母闸刀	遥信：220kV 母联开关正母闸刀合闸
17	检查 220kV 母联开关正母闸刀确已合闸位置	
18	拉开 220kV 母联开关正母闸刀操作电源空气开关 QF1	遥信：220kV 母联开关正母闸刀电机电源消失动作
19	合上 220kV 母联开关副母闸刀操作电源空气开关 QF1	遥信：220kV 母联开关副母闸刀电机电源消失复归
20	合上 220kV 母联开关副母闸刀	遥信：220kV 母联开关副母闸刀合闸
21	检查 220kV 母联开关副母闸刀确已合闸位置	
22	拉开 220kV 母联开关副母闸刀操作电源空气开关 QF1	遥信：220kV 母联开关副母闸刀电机电源消失动作
23	取下 220kV 母差保护分列运行投入压板 LP73	
24	放上 220kV 母联充电保护投入压板 8LP4	
25	测量 220kV 母联保护第一组跳闸出口压板 8LP1 两端确无电压，并放上	
26	测量 220kV 母联保护第二组跳闸出口压板 8LP2 两端确无电压，并放上	
27	检查 220kV 母联保护定值确在“01”区，打印定值并核对正确	
28	用无压合上 220kV 母联开关	遥信：220kV 母联开关 A、B、C 相合闸，220kV 母联开关第一、二组控制回路断线动作、复归，220kV 母联开关机构弹簧未储能动作、复归； 遥测：220kV 正母线 A、B、C 各相电压均变为正常值
29	检查 220kV 母联开关确已合闸位置	
30	检查 220kV 正母母设测控三相电压正常	
31	检查 220kV 电能表重动屏正母三相电压正常	
32	取下 220kV 母联保护第一组跳闸出口压板 8LP1	
33	取下 220kV 母联保护第二组跳闸出口压板 8LP2	
34	取下 220kV 母联充电保护投入压板 8LP4	
35	复归 220kV 母差保护信号	遥信：220kV 母差保护开入变位复归
36	检查 220kV 母差保护屏上 220kV 母联开关开入变位信号正确	

续表

操作任务		220kV 正母线由检修改为运行
典型操作步骤		监控信息
37	测量 220kV 母联开关母差跳闸压板 LP11 两端确无电压，并放上	
38	放上 220kV 母差保护互联运行投入压板 LP76	遥信：220kV 母差保护互联动作
39	检查 220kV 母差保护“互联”指示灯亮，并不能被复归	
40	拉开 220kV 母联开关第一组控制电源空气开关 4K1	遥信：220kV 母联开关控制回路断线、控制回路电源消失
41	拉开 220kV 母联开关第二组控制电源空气开关 4K2	
42	合上＃1 主变 220kV 正母闸刀操作电源空气开关 QF1	遥信：＃1 主变 220kV 正母闸刀电机电源消失复归
43	合上＃1 主变 220kV 正母闸刀	遥信：＃1 主变 220kV 正母闸刀合闸，220kV 母差保护开入变位动作
44	检查＃1 主变 220kV 正母闸刀确已合闸位置	
45	拉开＃1 主变 220kV 正母闸刀操作电源空气开关 QF1	遥信：＃1 主变 220kV 正母闸刀电机电源消失动作
46	合上＃1 主变 220kV 副母闸刀操作电源空气开关 QF1	遥信：＃1 主变 220kV 副母闸刀电机电源消失复归
47	拉开＃1 主变 220kV 副母闸刀	遥信：＃1 主变 220kV 副母闸刀分闸
48	检查＃1 主变 220kV 副母闸刀确已分闸位置	
49	拉开＃1 主变 220kV 副母闸刀操作电源空气开关 QF1	遥信：＃1 主变 220kV 副母闸刀电机电源消失动作
50	合上×× **** 正母闸刀操作电源空气开关 QF1	遥信：×× **** 正母闸刀电机电源消失复归
51	合上×× **** 正母闸刀	遥信：×× **** 正母闸刀合闸
52	检查×× **** 正母闸刀确已合闸位置	
53	拉开×× **** 正母闸刀操作电源空气开关 QF1	遥信：×× **** 正母闸刀电机电源消失动作
54	合上×× **** 副母闸刀操作电源空气开关 QF1	遥信：×× **** 副母闸刀电机电源消失复归
55	拉开×× **** 副母闸刀	遥信：×× **** 副母闸刀分闸
56	检查×× **** 副母闸刀确已分闸位置	
57	拉开×× **** 副母闸刀操作电源空气开关 QF1	遥信：×× **** 副母闸刀电机电源消失动作
58	复归 220kV 母差保护信号	遥信：220kV 母差保护开入变位复归
59	检查 220kV 母差保护液晶屏上所有正、副母闸刀变位正确	
60	合上 220kV 母联开关第一组控制电源空气开关 4K1	
61	合上 220kV 母联开关第二组控制电源空气开关 4K2	遥信：220kV 母联开关控制回路断线、控制回路电源消失，220kV 母联开关位置恢复正常； 遥测：220kV 母联开关电流、有功、无功均有数值
62	取下 220kV 母差保护互联运行投入压板 LP76	遥信：220kV 母差保护互联复归
63	复归 220kV 母差保护“互联”指示灯信号	

第三章

变电站设备监控系统组成及原理

1. 变电站设备监控系统由哪些部分组成？

答：变电站设备监控系统由站控层设备、间隔层设备及过程层设备组成，其中：站控层设备包括监控主机、操作员站、工程师工作站、数据通信网关机、综合应用服务器、防火墙、正向隔离装置、反向隔离装置、网络安全监测装置、同步相量测量装置（Phasor Measurement Unit，PMU）数据集中器、工业以太网交换机及打印机等；间隔层设备包括测控装置、保护装置、网络报文记录及分析装置等；过程层设备包括智能终端、合并单元等。

2. 变电站监控系统哪些设备采用直流供电？哪些设备采用交流供电？

答：变电站监控系统采用站内直流供电的设备主要有远动装置、测控装置、保护装置、站控层交换机、间隔层交换机、智能终端、合并单元、时间同步装置等。

变电站监控系统采用站内交流供电不间断电源（Uninterruptible Power System，UPS）的设备主要有接入路由器、Ⅰ区实时交换机、Ⅱ区非实时交换机、纵向加密认证装置、防火墙、监控后台主机、数据库服务器等。

3. 电网调度控制系统的基本结构是怎样的？

答：如图3-1所示，调度主站系统分布于安全Ⅰ区、Ⅱ区和Ⅲ区。安全Ⅰ区主要承担实时监视和控制类功能，部署有数据采集与监视控制（Supervisory Control and Data Acqui-sition，SCADA）服务器、前置服务器、数据库服务器、网络分析服务器、AVC服务器、AGC服务器、WAMS服务器、磁盘阵列及调度监控工作站等设备；安全Ⅱ区主要承担生产优化类功能，部署有DTS服务器、调度计划服务器等设备。安全Ⅲ区主要承担信息发布和对外接口等功能，部署有Web服务器、数据库服务器、公共代理服务器、磁盘阵列。安全Ⅰ区、Ⅱ区间网络边界采用逻辑隔离，一般部署防火墙设备；安全Ⅰ区、Ⅱ区和安全Ⅰ区、Ⅲ区间网络边界采用物理隔离，一般部署正向隔离装置和反向隔离装置。

4. 调度主站系统中前置服务器的功能是什么？

答：前置服务器的功能是：

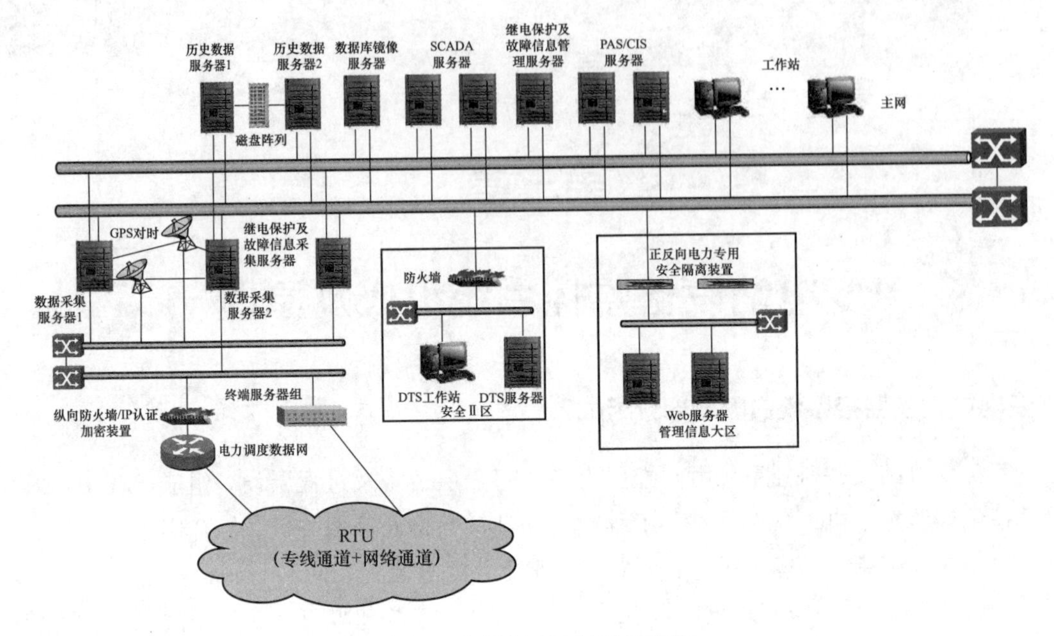

图 3-1　电网调度控制系统结构

(1) 实现多规约的厂站远动信息收发功能。

(2) 实现多规约转发功能。

(3) 将收到的各厂站数据进行预处理，并传送给主机。

(4) 统计各通道运行情况。

(5) 可以实现 GPS 的对时功能。

5. 站控层功能及设备由哪些部分组成？

答：站控层包括自动化站级监视控制系统、站域控制、通信系统、对时系统等，实现面向全站设备监视、控制、告警及信息交互功能，完成信息采集和监视控制、操作闭锁以及同步相量采集、电能量采集、保护信息管理等相关功能。站控层由监控主机、综合应用服务器、数据服务器、Ⅰ、Ⅱ、Ⅲ、Ⅳ区数据通信网关机、数据网及网络安全等设备组成。

6. 间隔层功能及设备由哪些部分组成？

答：间隔层由若干二次设备组成，实现对被监视设备的保护、测量、控制、监测等，并将相关信息传输至站控层，设备包括继电保护装置、测控装置、故障录波装置、网络记录分析仪及稳控装置等。

7. 变电站电力调度数据网功能及设备组成有哪些？

答：变电站电力调度数据网设备由路由器、交换机、通信设备等设备组成，是变电站业务接入的网络，实现质量保证和访问控制。接入节点由直接面向终端用户的网络节点组成，允许终端用户连接或访问到网络。

8. 变电站计算机监控系统中事件顺序记录 SOE 的功能是什么？

答：事件顺序记录 SOE 的内容包括开关跳、合闸记录、保护及自动装置的动作顺序记录。SOE 要求具备很高的时间分辨率，一般要求不大于 2ms。SOE 记录重要信息动作的变化时间，并按发生时间的先后进行排序。SOE 信息保存在站控层的主机，可随时调用和显示在计算机屏幕上或打印输出。为方便快速查询顺序事件数据，一般在站控层主机中专门设置 SOE 信息区，以便与其他监视、告警信息分开。

9. 变电站计算机监控系统中事故追忆功能及要求有哪些？

答：事故追忆功能是对电力系统事故发生前和事故发生后一定时间段（时间段可调）内的事故全过程进行全面的记录保存。保存的记录作为事故分析的基本资料，事后可以对事故过程进行全场景和全过程的事故反演，事故追忆是对电力系统事故发生前后的运行情况进行记录，其要求有：

（1）监控系统应允许选择各种判据（模拟量、状态量或混合组合方式）来触发要追忆的信号。

（2）监控系统应能支持追忆全站的模拟量。

（3）一幅画面应至少可显示 8 个追忆量。

（4）事故追忆的范围为事故前 1min 到事故后 2min 的所有相关的模拟量，采样周期可设置（2～10s）。

10. 安全区Ⅰ、Ⅱ、Ⅲ、Ⅳ是如何进行划分的？

答：生产控制大区分为控制区（安全区Ⅰ）和非控制区（安全区Ⅱ）。

信息管理大区分为生产管理区（安全区Ⅲ）和管理信息区（安全区Ⅳ）。

（1）安全区Ⅰ典型系统：SCADA、能量管理系统、广域相量测量系统、调度自动化系统、变电站自动化系统、继电保护、安全自动控制系统等。

（2）安全区Ⅱ典型系统：水库调度自动化系统、电能量计量系统、继电保护及故障录波信息管理系统、调度员模拟培训、电力交易系统等。

（3）安全区Ⅲ典型系统：调度生产管理系统、雷电监测系统、统计报表系统等。

（4）全区Ⅳ典型系统：管理信息系统、办公自动化系统、客户服务系统等。

11. 数据通信网关机主要功能有哪些？

答：数据通信网关机分为Ⅰ区、Ⅱ区、Ⅲ/Ⅳ区。Ⅰ区数据通信网关机通过直采直送的方式实现与调度（调控）中心的实时数据和信息交互，实现遥信、遥测、遥控等功能；Ⅱ区数据通信网关机是用来获取Ⅱ区数据和模型信息，并通过防火墙获取Ⅰ区数据和模型等信息与调控中心进行信息交互，提供信息查询和远程浏览服务；Ⅲ/Ⅳ区数据通信网关机是用来实现与生产信息管理系统、输变电设备状态监测等其他主站系统的信息传输。

12. 远动通道方式、远动通道类型和运行状态主要有哪几种?

答：远动通道主要采用网络、串口方式。网络通道通常采用IEC 104规约，报文传输速度快；串口通道常用的规约有IEC 60870-5-101、循环远动规约等，报文传输速度比网络通道慢，安全性较好。

远动通道分值班和备用两种类型，一般情况下，只有值班通道数据会送往SCADA，才能下发遥控、遥调等命令。当值班通道退出运行时，前置应用会将备用通道切换为值班通道。

远动通道有投入、退出、封锁投入、封锁退出、故障等运行状态。

13. 前置服务器切换对实时监控有什么影响?

答：在所有前置服务器应用都正常的情况下，如果某个厂站是单通道接收数据，并被人工封锁，切换可能影响监控数据；如果所有厂站都是双通道运行，则无影响。

14. 变电站调控数据交互原则及要求有哪些?

答：变电站调控交互数据包含调度监控实时数据、告警直传信息、远程浏览信息。变电站调控数据交互应遵循告警直传、远程浏览、数据优化、认证安全的技术原则，主要要求如下：

（1）变电站调度监控实时数据应分类、优化后上传，并满足准确性、可靠性、实时性要求。

（2）变电站监控系统应对站内各类信息进行综合分析，自动生成告警信息，并上传至调控中心。

（3）变电站应提供标准格式的图形文件和实时数据，满足远端用户浏览访问的要求。

（4）变电站应具有对调控中心发送的远程操作指令进行安全认证的功能。

15. 主接线图、间隔画面上关于分相开关的总位置和分相位置如何显示?总位置与分相位置的逻辑关系是怎样的?

答：一般情况下主接线画面显示为开关总位置，间隔画面显示开关总位置和分相位置；ABC三相位置均为合时，总位置才为合；ABC三相位置只要有一相为分，则总位置为分。

16. 对监控信息进行封锁、置数和抑制的操作后，信息状态会有什么区别?

答：信息封锁操作后，监控系统将以人工封锁的状态为准，不再接受实时的状态，直到封锁解除为止。

信息置数操作后，在该信息未被新数据刷新之前以置位状态为准，当有变化数据或全数据上送后，置位状态即被刷新。

信息的抑制是指不在实时告警窗展示，其他功能正常。

17. 主站端遥测能刷新，但数据不准确，可能有什么原因？

答：主站遥测数据不准确的原因有：

（1）规约设置错误，如规约类型、起始地址等。

（2）遥测参数设置错误，如采集点号、系数、基值、满码值等。

18. 某厂站开关状态现场实际为合位，但主站侧厂站接线图中显示为分位，原因有哪些？

答：主站接线图上开关状态与现场实际状态不同的原因有：

（1）开关遥信被封锁。

（2）一次接线图上该开关关联设备错误。

（3）该间隔或设备被挂检修牌。

（4）前置遥信定义极性、点号或通道关联错误。

（5）前置接收遥信状态（质量标志）为无效。

（6）前置机上值班通道的遥信变化报文丢失。

（7）该开关在转发、计算或其他数据源。

19. 制造报文规范（Manufacturing Message Specification，MMS）报文检修处理机制有哪些？

答：MMS报文主要用于间隔层和站控层之间的三遥信息传输。MMS报文检修处理机制主要包括：

（1）当装置检修压板投入时，本装置除检修压板本身信号外的信息品质q的Test位应置位。

（2）当装置检修压板退出时，经本装置转发的信号应能反映GOOSE信号的原始检修状态。

（3）监控后台根据上送报文中的品质q的Test位判断报文是否为检修报文并做出相应处理。当报文为检修报文时，报文内容应不显示在简报窗中，不发出音响告警，但应该刷新画面，保证画面的状态与实际相符，检修报文应存储，并可通过单独的窗口进行查询。

（4）数据通信网关机收到信息报文中品质q的Test位后，根据远动规约映射成相应的品质位。

20. 同步相量测量（Phasor Measurement Unit，PMU）装置的同步相量和测控装置遥测数据有什么差别？

答：PMU相量与遥测数据的差别有：

（1）PMU装置的同步相量要进行严格的同步，测控装置的遥测数据没有此要求。

（2）PMU装置的相量为基波值，不含谐波分量，测控装置的遥测数据含谐波分量。

（3）PMU装置的同步相量有相位指标要求，测控装置的遥测数据没有明确的相位指标要求。

（4）PMU装置上送主站的实时数据都带同步精度为1μs的绝对时标，测控数据没有这个要求。

21. 网络报文记录及分析装置由哪些单元组成，分别具备什么功能？

答：网络报文记录及分析装置由采集单元和管理单元组成。

采集单元应具备以下功能：

（1）报文连续采集与记录。

（2）对通信过程的所有层级报文进行在线解析，能够识别网络、协议、应用数据等的异常现象，并能监视网络流量、模型一致性等。

（3）与管理单元进行信息交互。

（4）自复位。

管理单元应具备以下功能：

（1）汇集并存储各个采集单元的解析结果。

（2）记录文件的召唤。

（3）不间断存储。

22. 主子站联调过程中应注意哪些相关联动信号及品质的上送？

答：主子站联调过程中应注意以下联动信号及品质的上送：

（1）开关遥控分合闸过程中、相关控制回路信息的变化情况以及联动信号。

（2）保护带开关进行传动过程中联动信息的变化情况。

（3）主变压器挡位调节过程中挡位信息的变化情况。

（4）测控装置投退检修压板相关信息品质的变化情况。

（5）测控装置模拟通信中断恢复相关信息品质的变化情况。

（6）程序化控制过程中相关信息的确认情况。

23. 智能对点概念及方法是什么？

答：智能对点技术主要通过全景信息扫描方式，获取完整的数据通信网关机内的转发关系，通过判断这份转发关系与调控信息对应表内容的一致性来完成校核工作，主要方法有：

（1）通过导入SCD文件，仿真数据模型，进行预处理，确定全站的信息。

（2）使用仿真工具，通过站控层网络和数据通信网关机发送带有SOE时标的MMS报文。

（3）在发送MMS报文的同时，形成仿真工具的操作记录文件。

（4）数据通信网关机在收到MMS报文后，根据配置的转发表，向模拟主站转发信息。

（5）监控系统在收到MMS报文后，形成监控后台记录文件。

（6）模拟主站工具对收到的信息进行解析并记录，形成模拟主站记录文件。

（7）多数据源离线处理工具读取调控信息表、仿真工具记录文件、监控后台记录文件、模拟主站记录文件，根据 SOE 时标和地址等信息要素进行信息关联和核对。

（8）多数据源离线处理工具自动给出调试报告和实际的信息映射表。

（9）完成站端的智能对点工作后，在通道开通后，进行选点核对即可。

24. 智能对点主要解决什么问题？智能对点相比于传统的信息联调有哪些优势？

答：智能对点主要解决智能变电站主子站信息联调在传统方式下存在的耗时、耗力、受其他调试工作影响等弊端，是依托 IED 仿真技术、SOE 时间和 104 地址的唯一性等条件提出的一种针对远动装置全站遥信配置的快速校核技术。

智能对点相对于传统的信息联调的优势是：

（1）使远动装置遥信配置校核工作离线化、机器化。

（2）使远动装置遥信配置校核工作更加完整。

（3）大大缩短信息联调工作的调试时间。

25. 什么是告警直传和远程浏览？

答：告警直传根据站内遥测越限、数据异常、通信故障等信息，对电网实时运行信息、一次设备信息、二次设备信息及辅助设备信息进行综合分析和标准化处理，通过逻辑推理，由变电站监控系统完成，经由图形网关机（或远动工作站）直接以文本格式传送到调度主站及设备运维站，分类显示在相应的告警窗并存入告警记录文件。

远程浏览是从远端访问变电站内监控系统图形的实时数据。

26. 什么是时间同步装置失步？失步会出现什么后果？

答：时间同步装置失去时间源，即报失步，此时时间差异会逐渐累积，导致时间偏差逐渐增大，导致和其对时的装置时间偏差。

27. 同步相量测量装置能够提供哪些信息和数据？

答：同步相量测量装置可为电网安全提供丰富的数据源，包括正常运行时的实时监测数据、小扰动情况下的离线数据记录、大扰动情况下的录波数据记录。

同步相量测量实时监测数据包括线路的三相电压、三相电流、开关量以及发电机机端三相电压、三相电流、开关量、励磁信号、AGC、AVC、PSS 等信号。

同步相量测量装置能记录扰动数据，具备暂态录波功能，用于记录瞬时采样的系统动态数据。

28. 同步相量测量装置对电网安全监测具有哪些意义？

答：同步相量测量装置对电网安全监测的意义有：

（1）进行快速的故障分析：通过 PMU 实时记录的带有精确时标的波形数据对事故的分析提供有力的保障，同时通过实时信息可在线判断电网中发生的各种故障以及复杂故障的起源和发展过程，辅助调度员处理故障。

（2）捕捉电网的低频振荡：捕捉电网的低频振荡是 PMU 装置的一个重要功能，通过传统的 SCADA 系统分析低频振荡，由于其数据通信的刷新速度为秒级，不能很可靠地判断出系统的振荡情况，基于 PMU 的高速实时通信可快速获取系统运行信息。

（3）实时测量发电机功角信息：发电机功角是发电机转子内电动势与定子端电压或电网参考点电压正序相量之间的夹角，PMU 装置实时测量到的发电机功角是表征电力系统安全稳定运行的重要状态变量之一，是电网扰动、振荡和失稳的重要记录数据。

（4）分析发电机的动态特性及安全裕度：通过 PMU 装置高速采集的发电机组励磁电压、励磁电流、PSS 控制信号等，可进行发电机的动态调频特性和安全裕度分析，为分析发电机的动态过程提供依据，监测发电机进相、欠励、过励等运行工况，根据实时测量数据确定发电机的运行点，实时计算发电机运行裕度，在异常运行时告警。

29. UPS 的组成及工作原理是什么？UPS 故障会造成什么影响？

答：如图 3-2 所示，UPS 是由整流器、逆变器、蓄电池、静态开关等组成。原理如下：正常工作时，由交流工作电源输入，经整流器整流滤波为纯净直流，送入逆变器转变为稳频稳压的交流，经静态开关向负载供电，整流器同时向蓄电池浮充电。当交流工作电源或整流器故障时，由逆变器利用蓄电池的储能无间断地对负荷提供交流电。

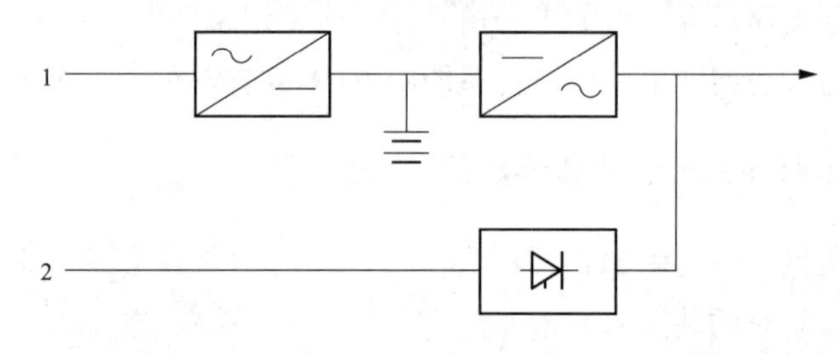

图 3-2　UPS 接线

UPS 故障会造成数据网设备及监控主机失电，完全失去对变电站的监视。当 UPS 内部不正常时，由 UPS 内部静态开关自动切换至市电，由旁路电路持续供应电力给负载设备，使 UPS 不会因此造成电力中断。切换到市电这条通路就是旁路。

30. 什么是站内程序化控制？

答：站内程序化控制是指由监控主机发出控制指令，按照预设的操作票实现单间隔或跨间隔设备操作的过程。程序化控制每执行一步操作前自动进行各种控制和防误闭锁逻辑判断，以确定操作任务是否能够执行，并实时反馈操作过程信息，达到减少或无须人工操作、减少人为误操作、提高操作效率的目的。

31. 远方程序化操作主厂站交互流程是怎样的？

答：远方程序化操作主厂站交互流程如图 3-3 所示。

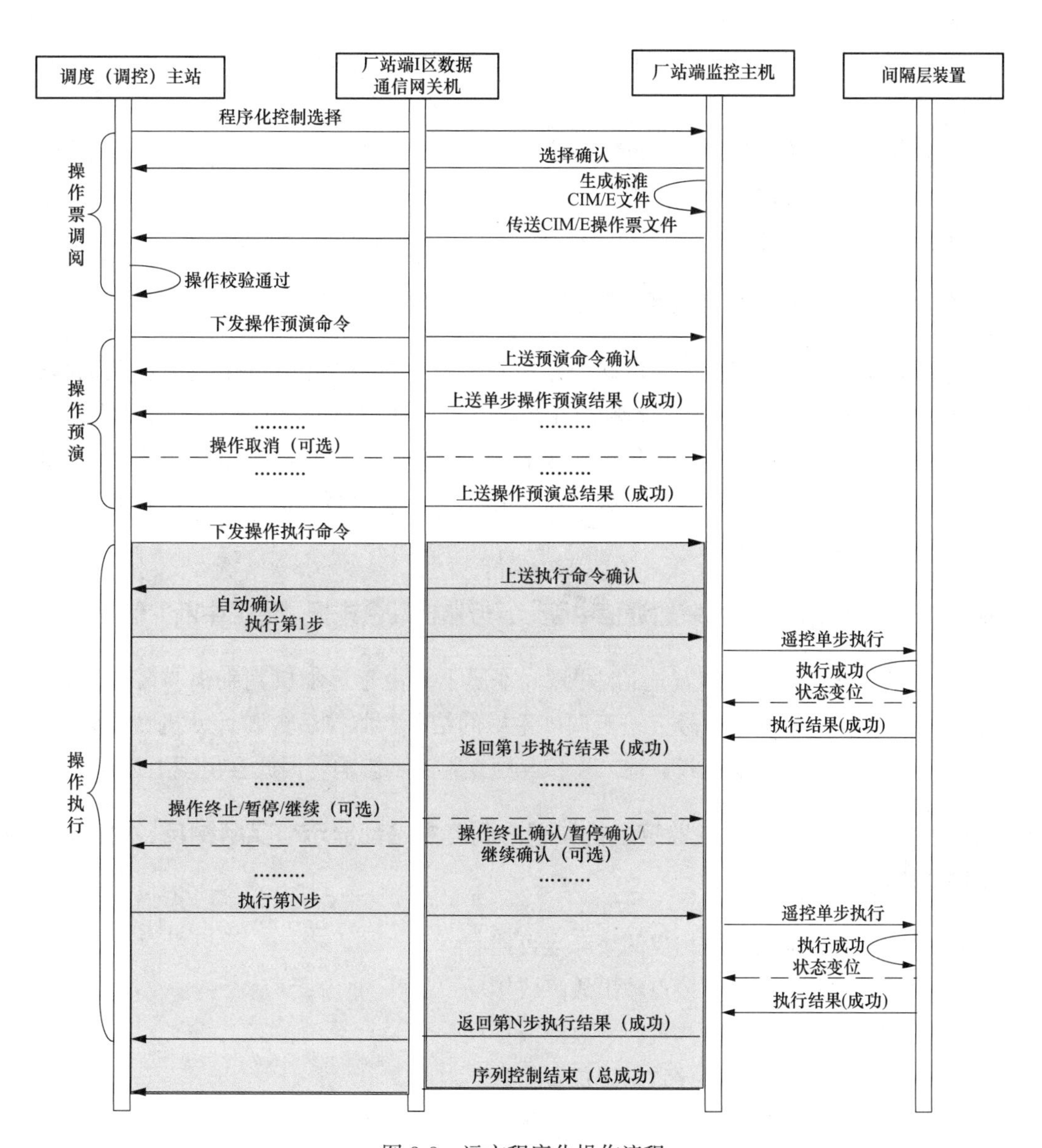

图 3-3　远方程序化操作流程

32. 远方程序化操作与普通遥控操作的区别是什么？

答：普通遥控操作采用 IEC 60870-101 或 104 规约，以单个设备为操作对象，按照选择→返校→执行的流程与远动机和测控装置进行交互。远方程序化操作采用 IEC 60870-104 扩展规约，以单个间隔或多个间隔的设备为操作对象，按照操作防误→操作令编辑→操作票调用→操作票预演→操作票执行流程与远动机和监控后台进行交互，操作票的执行由监控后台与测控装置完成。

33. 远方程序化操作的基本功能要求有哪些？

答：远方程序化操作是直接调用站内程序化操作的操作票来实现的，基本功能要求有：

（1）执行站内和远端发出的控制指令，经安全校核正确后，自动完成符合要求的设备控制。

（2）应具备自动生成典型操作流程的功能。

（3）应具备投、退保护压板功能。

（4）应具备急停功能。

34. 什么是负荷批量控制？什么是负荷批量控制序位表？

答：负荷批量控制是指在智能电网调度控制系统中预先设定与限电负荷相关的多个开关，在事故、异常等情况下批量执行拉路限电，达到快速控制负荷限额目标的目的。

负荷批量控制序位表是指依据报地方政府相关部门批准的事故限电序位表和保障电力系统安全的（超供电能力）限电序位表，维护在负荷批量控制功能中的一组或几组开关序列，作为程序拉闸选线的依据。

35. 为什么调度主站报“××装置通信中断”，但监控后台未报“通信中断”信号？

答：调度主站报“××装置通信中断”，本质上是由于远动机判别出与装置通信中断了，远动机把相关通信中断信号上送至调度主站的结果，监控后台和远动机在与装置通信时，采用的是不同的客户端模式，即二者相互独立，互不影响，因此会出现上述现象。

36. 智能变电站某闸刀位置在监控主机和远方调度主站都显示与实际相反，可能的故障点有哪些？

答：闸刀位置遥信与实际相反的故障点可能有：

（1）闸刀本体故障，位置接点输出故障或接反。

（2）闸刀与智能终端间的位置回路故障或接反。

（3）智能终端配置错误，导致闸刀位置信息不对应。

（4）智能终端与测控装置间通信故障，闸刀位置变化后，未上送至测控。

（5）测控装置配置错误，导致闸刀位置信息不对应。

（6）监控主机和数据通信网关机对该闸刀做了位置置反操作。

（7）测控装置与监控主机、数据通信网关机通信故障，闸刀位置变化后，未上送至监控主机和数据通信网关机。

37. 智能变电站监控主机画面中显示某线路有功与实际不相符，可能的原因有哪些？

答：监控主机画面上线路有功与实际不相符的原因有：

（1）监控主机画面数据关联错误。

（2）监控主机数据库配置错误。

（3）监控主机与测控装置通信故障，导致遥测不变化。

（4）测控装置故障或参数设置错误。

（5）测控装置与合并单元通信故障。

（6）合并单元故障。

（7）电压电流二次测量回路错误。

（8）线路电压互感器或线路电流互感器故障。

38. 远方调度主站控制某智能变电站内一个开关，预置成功后，下达执行令，并确定变电站数据通信网关机已经收到执行令，但开关却没有成功动作，可能的原因有哪些？

答：遥控执行令发出后开关没有动作的原因可能有：

（1）调度主站操作指令与开关位置不对应，出现“合控合、分控分”现象。

（2）数据通信网关机在接受调度主站遥控预置时未校验到测控装置，出现预置成功，但执行不成功的现象。

（3）数据通信网关机的遥控信息表中该开关的点号配置或属性配置错误，导致实际被控制的对象不是该开关。

（4）测控装置的远方/就地把手切至就地位置，且测控装置对选择命令的返校不检查远方/就地位置，导致远方遥控执行不成功。

（5）测控装置CPU、开出功能、通信光口等存在异常，导致未发出正确的控制报文。

（6）测控装置与智能终端之间通信存在异常，导致智能终端未能收到测控装置发出的控制报文。

（7）测控装置与智能终端之间的虚端子连线错误，导致实际动作的一次设备不是该开关。

（8）智能终端故障，导致操作无法开出。

（9）智能终端与开关机构之间的回路问题，如遥控出口压板未投入、操作电源消失，导致执行不成功。

（10）开关机构问题，如控制切至就地位置、机构闭锁或机构故障。

（11）检同期不满足条件。

第四章

变电站一次设备及监控信息

第一节　变　压　器

1. 电力变压器主要部件包括哪些？

答：变压器外观及结构如图 4-1 和图 4-2 所示。电力变压器主要部件包括：

（1）铁芯、绕组：铁芯和绕组称为器身，是变压器的主要部件，分别构成了磁路和电路，按照电磁感应原理实现变换电压和传输能量的功能。

（2）油箱、储油柜：变压器器身装在充满变压器油的油箱内，变压器油有绝缘和散热作用，而储油柜起着储油和补油的作用，确保油箱内充满油，并缩小了油与空气的接触面，减缓油的劣化速度。

（3）绝缘套管：变压器绕组的引出线从油箱内部引到箱外时必须经过绝缘套管，使引线与油箱绝缘，绝缘套管主要由中心导电杆和瓷套组成，其结构主要取决于电压等级，10～35kV一般采用空心充气套管，110kV 及以上采用电容式充油套管，绝缘套管不但起着绝缘作用，而且担负着固定引线的作用。

（4）呼吸器：从储油柜上部用一铁管引下，连通到一个内装干燥剂的玻璃容器构成呼吸器，是储油柜与外部的通道。当储油柜内的空气随变压器油的体积膨胀或缩小时，排出或吸入的空气都经过呼吸器，呼吸器内的干燥剂吸收空气中的水分，从而减缓油的劣化速度。

图 4-1　变压器外观

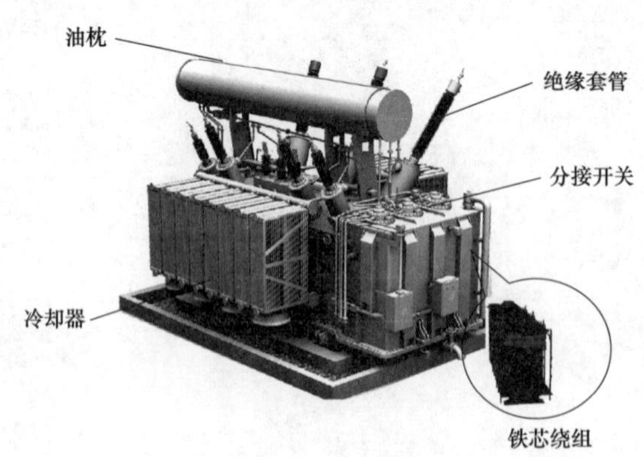

图 4-2　变压器结构

（5）冷却器：冷却器直接装配在变压器的油箱壁上，将变压器铁芯和绕组产生的热量散发出去。

2. 全绝缘变压器和分级绝缘变压器各有什么特点？

答：电力变压器中性点的绝缘结构有两种：①全绝缘结构，其特点是中性点的绝缘水平与三相端部出线电压等级的绝缘水平相同，此种绝缘结构主要用于绝缘要求较高的中性点非有效接地系统；②分级绝缘结构，其特点是中性点的绝缘水平低于三相端部出线电压等级的绝缘水平。分级绝缘的变压器主要用于110kV及以上电压等级的中性点有效接地系统。采用分级绝缘的变压器可以使内绝缘尺寸减小，从而使整个变压器尺寸缩小，这样可以降低造价。

3. 容量较大的变压器低压侧为什么总接成三角形？

答：变压器因三次谐波的影响，其相电压畸变成尖顶波，大容量变压器中三次谐波分量可达基波的54%～60%，严重危害线圈的绝缘。而低压侧采用三角形接线，三角形侧的三次谐波可以形成环流，星形无三次谐波与之平衡，故三角形侧的三次谐波便成为励磁性质的电流，与星形的基波电流共同励磁，从而使其磁通及其感应电势接近正弦波，消除了三次谐波对变压器的影响。

4. 变压器铁芯为什么必须接地，且只允许一点接地？

答：变压器在运行或试验时，铁芯及零件等金属部件均处在强电场之中，由于静电感应作用，在铁芯或其他金属结构上产生悬浮电位，造成对地放电而损坏零件，这是不允许的。除穿螺杆外，铁芯及其所有金属构件都必须可靠接地。

如果有两点或两点以上的接地，在接地点之间便形成了闭合电路，当变压器运行时，其主磁通穿过此闭合回路时，就会产生环流，将会造成铁芯的局部过热，烧毁部件及绝缘造成事故，所以只允许一点接地。

5. 变压器本体构造有哪些安全保护设施？其主要作用是什么？

答：变压器本体构造中的安全保护设施有：

（1）油枕：其容量约为变压器油量的8%～10%，作用是容纳变压器因温度变化引起的变压器油体积变化，限制变压器油与空气的接触，减少油受潮和氧化程度。油枕上安装吸湿器，防止空气中水分进入变压器；

（2）吸湿器和净油器：吸湿器又称呼吸器，内部充有吸附剂，为硅胶式活性氧化铝，其中常放入一部分变色硅胶，当由蓝变红时，表明吸附剂已受潮，必须干燥或更换。净油器又称过滤器，净油缸内充满吸附剂，为硅胶式活性氧化铝等，当油经过净油器与吸附剂接触，其中的水分、酸和氧化物被吸收，使油清洁，延长油的使用年限。

（3）压力释放阀：安装在变压器箱盖上，作为变压器内部发生故障时防止油箱内产生高压力的释放保护。当变压器内部发生故障，压力升高，压力释放阀动作并接通回路报警或跳闸。

此外，变压器还具有瓦斯保护、温度计、油表等安全保护和测量装置。

6. 什么是变压器的温升？变压器绕组的温升规定为多少度？

答：变压器的上层油温与变压器周围环境的温度之差叫变压器的温升。变压器绕组温升决定于负载电流，运行中必须监视和控制负载电流，使变压器油箱内上层油温不超过最大限值。

变压器运行中负载电流产生铜耗发热，铁芯主磁通产生铁耗发热，使绝缘材料劣化，影响变压器的使用寿命，油浸电力变压器多采用A级绝缘材料，国际上规定A级绝缘变压器绕组最高允许工作温度为105℃，环境按最高温度40℃计算，允许最高温升为65℃。

7. 变压器油温、绕组温度如何采集？

答：变压器油温采用直接采集的方法，变压器油温探头驱动油温变送器，油温变送器通过输出0～5V或4～20mA直流量接入监控系统或综合自动化系统，测控装置直接接入温度测控回路并传送至综合自动化系统，监控系统或综合自动化系统将数据进行编码后上送主站，主站经过系数转换实现油温测量数据显示。

变压器绕组温度无法直接采集，目前是采用一种利用热模拟测量技术测量变压器正常运行的最高绕组温度，是在易测量的变压器顶层油温基础上，再施加一个变压器负荷电流变化的附加温升，测量值为两者之和，并不能完全反映变压器整个绕组的真实温度。

8. 自耦变压器的中性点为什么必须接地？

答：运行中自耦变压器的中性点必须接地，因为当系统中发生单相接地故障时，如果自耦变压器的中性点非有效接地，就会出现中性点位移，使非接地相的电压升高，甚至达到或超过线电压，并使中压侧线圈过电压。为了避免上述现象，中性点必须接地。接地后的中性点电位就是地电位，发生单相接地故障后中压侧也不会过电压了。

9. 自耦变压器运行中应注意些什么问题？

答：自耦变压器运行中应注意的问题：

（1）由于自耦变压器的一、二次侧有直接的电联系，为防止一次侧单相接地故障引起二次侧的电压升高，在电网中自耦变压器的中性点必须可靠地直接接地。

（2）由于一、二次侧有直接的电联系，一次侧受到过电压时，二次侧会严重过电压。为避免这种危险，须在一、二次侧都加装避雷器。

（3）由于自耦变压器短路阻抗较小，其短路电流较普通变压器大，因此在必要时需采取限制短路电流的措施。

（4）运行中注意监视公用绕组的电流，使之不过负荷，必要时可调整第三绕组的运行方式，以增加自耦变压器的交换容量。

10. 有些变压器的中性点为何要装避雷器？

答：当变压器的中性点接地运行时，是不需要装避雷器的。但是，由于运行方式的需要，中性点有效接地系统中有部分变压器的中性点是不接地运行的。在这种情况下，对于中性点绝缘不是按照线电压设计（即分级绝缘）的变压器中性点应装避雷器。原因是当三相承受雷电波时，由于入射波和反射波的叠加，在变压器中性点上出现的最大电压约为入射波幅值的 2 倍，这个电压会使中性点绝缘损坏，所以必须装一个避雷器保护。

11. 变压器中性点接地方式的安排一般如何考虑？

答：安排变压器中性点接地方式时应尽量保持变电站的零序阻抗基本不变。遇到因变压器检修等原因使变电站的零序阻抗有较大变化的特殊运行方式时，应根据规程规定或实际情况临时处理。具体如下：

（1）变电站只有一台变压器，则中性点应接地，计算正常保护定值时，可只考虑变压器中性点接地的正常运行方式。当变压器检修时，可作特殊运行方式处理，例如改定值或按规定停用、启用有关保护段。

（2）变电站有两台变压器时，应只将一台变压器中性点接地运行，当该变压器停运时，将另一台中性点不接地变压器改为接地。如果由于某些原因，变电站正常必须有两台变压器中性点接地运行，当其中一台中性点接地的变压器停运时，按特殊运行方式处理。

（3）双母线运行的变电站有三台及以上变压器时，应按两台变压器中性点接地方式运行，并把它们分别接于不同的母线上，当其中一台中性点接地变压器停运时，将另一台中性点不接地变压器接地。若不能保持不同母线上各有一个接地点时，按特殊运行方式处理。

（4）为了改善保护配合关系，当某一短线路检修停运时，可以用增加中性点接地变压器台数的办法来抵消线路停运对零序电流分配关系产生的影响。

（5）自耦变压器和绝缘有要求的变压器中性点必须接地运行。

12. 在中性点有效接地系统中，运行中的变压器中性点接地闸刀需倒换时，应如何操作？

答：应先合上另一台变压器的中性点接地闸刀，再拉开原来变压器的中性点接地闸刀。其目的是接地故障时形成零流通路，符合继电保护的整定要求，抑制系统过电压幅度。当变压器中性点由间隙接地改为直接接地时，应在接地闸刀合上前退出间隙接地零流保护；当变压器中性点由直接接地改为间隙接地时，应在接地闸刀拉开后投入间隙接地零流保护；不论中性点采用何种方式，直接接地零流保护均投入。

13. 变压器运行电压过高或过低对变压器有何影响？

答：变压器最理想的运行电压是额定电压，但由于系统电压在运行中随负荷变化波动相当大，往往出现加于变压器的电压不等于额定电压的现象。加于变压器的电压低于额定电压对变压器不会有任何不良后果，只是影响用户的供电质量。加于变压器的电压高于额定值会导致变压器铁芯严重饱和，励磁电流增大，铁芯严重发热，变压器的使用寿命将会受影响，同时电压波形畸变也会影响用户的供电质量。

14. 新变压器或大修后的变压器为什么正式投运前要做冲击试验？

答：新变压器投入需冲击五次，大修后的变压器需冲击三次。

新变压器或大修后的变压器在正式投运前要做冲击试验的原因如下：

（1）检查变压器绝缘强度能否承受全电压或操作过电压的冲击。当拉开空载变压器时，切断的是很小的励磁电流，由于开关的截流现象，可能在励磁电流到达零点之前发生强制熄灭，使具有电感性质的变压器产生操作过电压。操作过电压幅值除与开关的性能、变压器结构等有关外，变压器中性点的接地方式也影响切空载时变压器的过电压。一般不接地变压器或经消弧线圈接地的变压器，过电压幅值可达 4～4.5 倍相电压，而中性点有效接地的变压器，操作过电压幅值一般不超过 3 倍相电压，这也是要求做冲击试验的变压器中性点有效接地的原因。

（2）考核变压器在大的励磁涌流作用下的机械强度，考核继电保护在大的励磁涌流作用下是否会误动。

15. 新变压器投产启动时，继电保护的一般操作原则是什么？

答：新变压器投产启动冲击时，根据整定单要求投入相应的电气量和非电气量保护（本体压力释放保护应投跳闸），用母联（母分）开关向变压器冲击时，可用母联（母分）开关充电保护，且应带 0.2～0.5s 时限，用充电保护时还应考虑此时充电保护能否躲过变压器励磁涌流，如经计算不能躲变压器励磁涌流则应适当提高保护定值。

变压器冲击结束后需带负荷时，应把需要带负荷试验的变压器保护及同一组 TA 回路的其他可能受影响的保护退出。变压器保护为双重化配置的，同一套变压器保护的主、后备保护用同一组 TA 回路的，做带负荷试验时应退出同一套保护；主、后备保护用不同的 TA 回路的，主、后备保护应分别做带负荷试验，即变压器保护做带负荷试验应采用做一套停一套的原则。

16. 变压器核相的目的是什么？如何进行核相？

答：变压器核相的目的是检查即将投入的变压器的高低压侧的相位与并列系统的变压器的相位是否一致、相位是否相同，若不一致或不相同会造成相间短路。

变压器在以下情况下必须进行核相：

（1）新装或大修后投入、异地安装。

（2）变动过内、外接线或接线组别。

（3）电缆线路或电缆接线变动或者架空线走向发生变化。核相时应先用运行的变压器校对两母线上电压互感器的相位，然后用新投入的变压器向下一级母线充电，再进行校相，一般使用相位表或电压表，如测得结果为两同相电压等于零，非同相为线电压，则说明两变压器相序一致。

17. 变压器并列运行的条件是什么？不满足会有哪些影响？

答：变压器并列运行的条件：变压比相等，仅允许相差±0.5%；接线组别相同；短路电压百分比相等，仅允许相差±10%；容量比不得超过3∶1。

变压器并联运行条件不满足的影响：当变比不相同而并列运行时，将会产生环流，影响变压器的输出功率。如果短路电压百分比不相等但并列运行，就不能按变压器的容量比例分配负荷，也会影响变压器的输出功率。接线组别不相同但并列运行时，会使变压器短路。

18. 变压器新安装或大修投入后出现轻瓦斯继电器频繁动作原因有哪些？怎样处理？

答：轻瓦斯的动作原因：可能在投运前未将空气排除，当变压器运行后，因温度上升，形成油的对流，内部储存的空气逐渐上升，空气压力造成轻瓦斯动作。

处理方法：应收集气体并进行化验，密切注意变压器运行情况，如温度变化、电流、电压数值及声响有无异常。如上述化验和观察未发现异常，可将气体排除后继续运行。

19. 变压器送电操作有哪些注意事项？

答：变压器送电操作的注意事项有：

（1）变压器在送电前，必须将中性点接地闸刀合上。

（2）变压器送电时，应先合高压侧开关，后合中低压侧开关。停运时操作顺序相反。对于有多侧电源的变压器，应同时考虑差动保护的灵敏度和后备保护情况。

（3）变压器并列运行时应符合并列运行的条件，即接线组别相同、变比相等、短路电压比相等。当上述条件不符合时，必须经过计算合格，才允许并列运行。

（4）并列运行的变压器，在倒换中性点接地闸刀时，应先合上不接地变压器的中性点接地闸刀，再拉开接地变压器的中性点接地闸刀，且两个接地点的并列时间越短越好。

20. 变压器过励磁产生的原因有哪些？有何危害？如何避免？

答：在电压升高或频率下降时，变压器铁芯工作磁通密度增加，使铁芯出现饱和现象，称为变压器过励磁。

产生过励磁的原因是：

（1）电网因故解列后甩负荷引起过电压。

（2）电网出现铁磁谐振过电压。

（3）变压器分接头调整不当。

（4）长线路末端带空载变压器或其他操作不当。

（5）发电机自励磁等产生的过高的电压。

危害：铁芯饱和产生的漏磁增加，使箱体等金属构件涡流损耗增加；铁芯饱和导致铁损增大，使铁芯温度升高、变压器过热，加速绝缘老化，影响变压器寿命，严重时造成局部损坏，甚至烧毁变压器。

避免方法：

（1）防止变压器运行电压过高。

（2）加装反时限特性的过励磁保护，根据变压器特性曲线和允许过励磁倍数动作于信号或切除变压器。

21. 变压器停送电操作时，其中性点为什么一定要接地？

答：中性点接地主要是为了防止过电压损坏被投退变压器。

对于一侧有电源的受电变压器，当其开关非全相断、合时，若其中性点不接地，会有以下危害：

（1）变压器电源侧中性点对地电压最大可达相电压，这可能损坏变压器绝缘。

（2）变压器的高、低绕组之间有电容，这种电容会造成高压对低压的传递过电压。

（3）当变压器高低压绕组之间有电容耦合，低压侧会有电压达到谐振条件时，可能会出现谐振过电压，损坏绝缘。

对于低压侧有电源的送电变压器：

（1）由于低压侧有电源，在并入系统前，变压器高压侧发生单相接地，若中性点未接地，其中性点对地电压将为相电压，则可能损坏变压器绝缘。

（2）非全相并入系统时，在一相与系统相连时，由于发电机和系统的频率不同，变压器中性点未接地，该变压器中性点对地电压最高将是 2 倍相电压，未核相的电压最高可达 2.73 倍相电压，将造成绝缘损坏。

22. 对空载变压器充电操作时，有何要求？

答：（1）充电变压器应有完备的继电保护，用小电源向变压器充电时应核算继电保护灵敏度。

（2）考虑变压器励磁涌流对继电保护的影响。

（3）在充电变压器发生故障跳闸后，能保证系统稳定。

（4）应检查调整充电侧母线电压及变压器分接头位置，保证充电后各侧电压不超过规定值。

（5）变压器充电或拉停时，各侧中性点应保持接地。

（6）500kV 变压器可在带低抗的情况下，从 500kV 或 220kV 侧充电或拉停，但此时应充分考虑对所在母线电压的影响。

23. 三绕组变压器一侧停电，其他两侧继续运行应注意什么？

答：三绕组变压器任何一侧停运，其他两侧均可继续运行，但应注意的是：

（1）若低压侧为三角形接线，停运后应投入避雷器。

（2）高压侧停运，中性点接地闸刀必须投入。

（3）应根据运行方式考虑继电保护的运行方式和整定值。

（4）注意容量比，运行中监视负荷情况。

24. 变压器在正常运行时为什么要调压?

答：变压器正常运行时，由于负载变动或一次侧电源电压的变化，二次侧电压也是经常在变动的，电网各点的实际电压一般不能恰好与额定电压相等，这种实际电压与额定电压之差称为电压偏移，电压偏移的存在是不可避免的，但要求这种偏移不能太大，否则就不能保证供电质量，会对用户带来不利影响，因此要对变压器进行调压。

25. 在什么情况下，应禁止或终止操作分接开关?

答：出现下列情况，应禁止或终止操作分接开关：

（1）遥调操作分接开关发生拒动、误动。

（2）电压和电流变化异常。

（3）电动机构或传动机械故障。

（4）分接位置指示不一致。

（5）压力释放保护装置动作。

（6）变压器过负荷。

（7）变压器本体轻瓦斯发出信号时。

（8）有载调压装置的瓦斯保护频繁发出信号时。

（9）有载调压装置的油标中无油位时。

（10）有载调压装置的油箱温度低于－40℃时。

26. 有载调压变压器分接开关的故障是由哪些原因造成的?

答：分接开关的故障是由以下五点原因造成的：

（1）辅助触头中的过渡电阻在切换过程中被击穿烧断。

（2）分接开关密封不严，进水造成相间短路。

（3）由于触头滚轮卡住，使分接开关停在过渡位置，造成匝间短路而损坏。

（4）分接开关油箱缺油。

（5）调压过程中遇到穿越故障电流。

27. 造成变压器的有载调压装置操作失败的原因有哪些?

答：（1）操作电源电压消失或过低。

（2）电机绕组断线烧毁。

（3）联锁触点接触不良。

（4）转动机构脱扣及销子脱落。

28. 变压器本体油位异常产生的原因有哪些？

答：变压器油位异常产生的原因主要有渗漏油产生的低油位、环境温度和负荷过低造成的低油位、环境温度和负荷过高造成的高油位、因呼吸器堵塞引起的高油位等。发生油位异常时应检查环境温度、负载状况和判断是否有假油位情况。

29. 变压器冷却器全停告警的原因和风险是什么？监控如何处置？

答：原因：①冷却器电源故障或失缺；②二次回路问题。

风险：造成变压器油温过高，如果运行时间过长，将危及变压器安全运行，缩短寿命甚至损坏，造成事故。

监控处置：汇报调度，通知运维单位，加强运行监控，做好相关操作准备。

时刻监视变压器油温值，了解现场处置的基本情况和处置原则，根据处置方式制定相应的监控措施，及时掌握 $N-1$ 后设备运行情况。

30. 强迫油循环风冷变压器冷却装置全停后，最长能运行多长时间？

答：强迫油循环风冷变压器外壳是平的，其冷却面积很小，甚至不能将变压器空载损耗所产生的热量散出去。因此，强迫油循环变压器完全停了冷却系统的运行是危险的。

强迫油循环风冷变压器冷却装置全停后，带负荷或空载运行，一般是允许运行 20min。如必须运行，最长不超过 1h。

31. 变压器冷却器电源消失信息告警原因及造成的后果是什么？

答：变压器冷却器电源消失信息是指变压器冷却器装置工作电源或控制电源消失，其原因有装置的电源故障、二次回路问题误动作、上级电源消失。

造成后果：变压器冷却器电源消失，冷却器停止工作，将造成变压器油温过高，危及变压器安全运行。

32. 变压器事故跳闸后的处理原则是什么？

答：变压器事故跳闸后的处理原则：

（1）检查相关设备有无过负荷问题。

（2）若主保护（瓦斯、差动等）动作，未查明原因消除故障前不得送电。

（3）如变压器后备过流保护（或低压过流）动作，在找到故障并有效隔离后，可以试送一次。

（4）有备用变压器或备用电源自动投入的变电站，当运行变压器跳闸时应先启用备用变压器或备用电源，然后再检查跳闸的变压器。

（5）如因线路故障，保护越级动作引起变压器跳闸，则故障线路开关断开后，可立即恢复变压器运行。

33. 变压器过负荷的风险有哪些？变压器过负荷的处理原则是什么？

答：变压器过负荷的风险有：变压器发热加速绝缘老化，影响变压器寿命甚至烧毁。

处理原则如下：

（1）加强运行监视，禁止变压器调挡，检查过负荷起始时间、负荷值及当时环境温度和变压器温度。

（2）如果负荷侧接有电厂，应立刻增加其发电出力。

（3）投入备用变压器。

（4）改变系统运行方式，转移部分负荷。

（5）启动有序用电预案或事故限电方案，限制负荷。

34. 变压器油温高告警或油温越限时，监控员应如何处置？

答：影响油温变化的因素有负荷的变化、环境温度的变化、内部故障及冷却装置的运行状况等。

变压器油温高告警或油温越限时，监控员应采取下列相应的措施：

（1）记录越限时间和温度值，查看变压器负荷情况和油温高信号动作情况，判断越限告警是否正常。

（2）通知现场开启变压器全部冷却器，加强测温，并汇报调度，尽快转移负荷。

（3）温度越限后应监视温度变化趋势，若变压器或电抗器负荷及环境温度均正常，且短时间内温度上升较快，应通知现场详细检查设备，汇报调度并做好操作准备。

35. 变压器压力释放阀的作用是什么？压力释放阀动作的原因是什么？监控员应如何处置？

答：变压器压力释放阀的作用相当于早期变压器的防爆筒，起安全阀的作用。

压力释放阀动作的原因：

（1）变压器内部故障。

（2）呼吸系统堵塞。

（3）变压器温度过高，内部压力升高。

（4）变压器补充油时操作不当。

监控员处置：汇报调度，通知运维单位，加强运行监控，做好相关操作准备。采取相应的措施：

（1）了解变压器压力释放原因，了解现场处置的基本情况和处置原则。

（2）根据处置方式制定相应的监控措施，及时掌握 $N-1$ 后设备运行情况。

36. 变压器油位异常告警的原因和风险是什么？监控人员应如何处置？

答：变压器油位异常告警的原因：

（1）变压器内部故障。

（2）变压器过负荷。

（3）变压器冷却器故障或异常。

（4）变压器漏油造成的油位低。

（5）环境温度变化造成油位异常。

造成的风险：变压器本体油位偏高可能造成油压过高，有导致变压器本体压力释放阀动作的危险；变压器本体油位偏低可能影响变压器绝缘。

监控员处置：汇报调度，通知运维单位，加强运行监控，做好相关操作准备。采取相应的措施：

（1）了解变压器油位异常原因，了解现场处置的基本情况和处置原则。

（2）根据处置方式制定相应的监控措施，及时掌握 $N-1$ 后设备运行情况。

37. 变压器测控装置故障告警的原因和风险是什么？

答：变压器测控装置故障告警的原因：

（1）装置内部通信出错。

（2）装置自检、巡检异常。

（3）装置内部电源异常。

（4）装置内部元件、模块故障。

风险：造成变压器遥信、遥测、遥控功能失效。

38. 变压器本体重瓦斯保护出口信息的原因有哪些？监控员应如何处置？

答：变压器本体重瓦斯动作的原因：

（1）变压器内部发生严重故障。

（2）二次回路问题误动作。

（3）油枕内胶囊安装不良，造成呼吸器堵塞，油温发生变化后，呼吸器突然冲开，油流冲动造成继电器误动跳闸。

（4）变压器附近有较强烈的震动。

（5）瓦斯继电器误动。

监控员处置：核实开关跳闸情况并汇报调度，通知运维单位，加强运行监控，做好相关操作准备。采取相应的措施：

（1）了解变压器重瓦斯动作原因；了解现场处置的基本情况和处置原则。

（2）根据处置方式制定相应的监控措施，及时掌握 $N-1$ 后设备运行情况。

39. 变压器本体轻瓦斯告警的原因和风险是什么？监控员应如何处置？

答：变压器本体轻瓦斯告警的原因：

（1）变压器内部发生轻微故障。

（2）因温度下降或漏油使油位下降。

（3）因穿越性短路故障或震动引起。

（4）油枕空气不畅通。

（5）直流回路绝缘破坏。

（6）瓦斯继电器本身有缺陷等。

（7）二次回路误动作。

风险：发轻瓦斯保护告警信号。若设备内部存在故障，轻瓦斯信号未及时处理，故障可能持续发展，导致重瓦斯或差动保护动作，损坏变压器。

监控员处置：汇报调度，通知运维单位，加强运行监控，做好相关操作准备。采取相应的措施：

（1）了解变压器轻瓦斯告警原因；了解现场处置的基本情况和处置原则。

（2）根据处置方式制定相应的监控措施，及时掌握 $N-1$ 后设备运行情况。

（3）认定为缺陷的启动缺陷管理程序。

40. 变压器固定灭火装置上传远方监视信息有哪些？

答：（1）监视变压器固定灭火装置各控制回路异常类信息，命名为变压器灭火装置故障信息。现场接入源端为变压器固定灭火装置防误动箱中，合并了重动继电器失电告警、直流 24V 失电告警和交流 220V 失电告警。

（2）监视变压器固定灭火装置启动回路事故类信息，命名为变压器灭火装置总电磁阀动作、××变压器灭火装置电动控制阀动作（每台变压器独立上送）。现场分别接入源端为变压器固定灭火装置防误动箱的电磁启动阀启动、××变压器电动控制阀启动。

第二节　开　　关

1. 开关由哪几个部分组成？

答：如图 4-3 所示，开关由导电主回路、绝缘支撑件、灭弧室和操动机构等组成：

（1）导电主回路：通过动触头、静触头的接触与分离实现电路的接通与隔离。

（2）灭弧室：使电路分断过程中产生的电弧在密闭小室的高压力下于数十毫秒内快速熄灭，切断电路。

（3）操动机构：通过若干机械环节使动触头按指定的方式和速度运动，实现电路的开断与关合。

（4）绝缘支撑件及传动部件：通过绝缘支柱实现对地的电气隔离，传动部件实现操动功的传递。

2. 开关的监控信息有哪些？

答：开关的设备遥信信息应包含开关灭弧室、操动机构、控制回路等各重要部件信息，

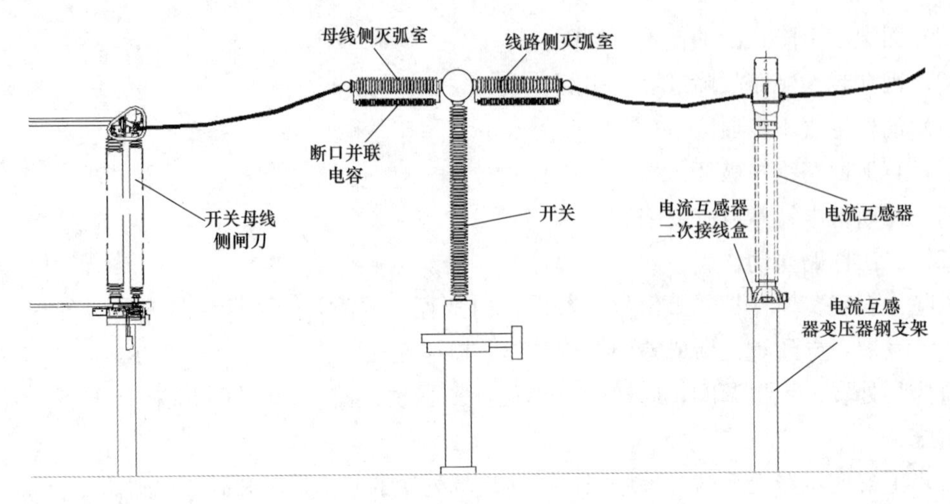

图 4-3　开关外部结构

用以反映开关设备的运行状况和异常、故障情况。开关应采集电流信息，对母联、分段、旁路开关还应采集有功、无功信息。分相开关应按相采集开关位置。开关遥控合闸宜区分强合、同期合、无压合。开关的监控信息包括运行数据、动作信息、告警信息、控制命令四方面，主要有开关机构三相不一致跳闸、控制回路断线、开关 SF_6、油压低告警、分合闸闭锁、机构储能电机故障、机构就地控制、油泵打压超时等信号。

3. 开关的灭弧类型有哪些?

答：电力系统中的高压开关，按照灭弧介质不同分为油开关、SF_6 开关、真空开关等。真空开关灭弧室不存在气体压力继电器告警，油开关已经基本退出使用。SF_6 开关采用 SF_6 气体作为灭弧和绝缘介质，开断能力强，开断性能好，电气寿命长，单断口电压高，结构简单，维护少，在各个电压等级（尤其是在高电压领域）得到了越来越广泛的应用。

4. SF_6 开关有哪些特点?

答：SF_6 开关有下列特点：

（1）断口电压高，适用于高压、超高压和特高压领域。

（2）开断能力强，开断性能好。

（3）寿命长，可以开断 20～40 次额定短路电流不用检修，额定负荷电流可以开断 3000～6000 次，机械寿命可达 10000 次以上。

（4）品种多，系列性好。

（5）SF_6 开关没有燃烧危险：SF_6 气体不可燃，也不支持燃烧，运行更安全，不含碳分子，在电弧反应中没有碳或碳化物形成，绝缘和灭弧性能好。

5. SF_6 开关气体压力告警有哪些类型?

答：（1）SF_6 压力低告警也称补气报警信号，一般比额定工作气体压力低 5%～10%。

（2）SF_6 压力低闭锁：当压力降到某数值时，不允许进行合闸和分闸操作，一般该值比额定工作气压低8%～15%。

6. 开关的操动机构是什么？有哪些分类？

答：开关的操动机构可以瞬间提供巨大动力，使得开关在很短时间内实现分、合闸。开关在分、合闸过程中会产生电弧，对开关设备造成巨大伤害，加速分合闸速度，缩短电弧存在时间可以有效保护设备。同时，提高开关的分闸速度可以增强灭弧能力，减少电弧重燃的可能性，提高开关开断能力。

开关的操动机构一般有液压机构、弹簧机构、液簧机构、气动机构等几种。不同的操动机构的监控信息各不相同。

7. 开关弹簧机构的工作原理是什么？

答：弹簧机构的工作原理是：利用电动机对合闸弹簧储能，并由合闸掣子保持，在开关合闸时利用合闸弹簧释放的能量操作开关合闸。与此同时，对分闸弹簧储能，并由分闸掣子保持，开关分闸时利用分闸弹簧释放能量操作开关分闸。

8. 液压碟簧机构的特点有哪些？

答：有一种液压与弹簧相结合的机构称为液压碟簧机构。它以碟簧作为储能介质，以液压油作为传动介质，易获得高压力，结构小巧紧凑，其主要特点为：

（1）液压系统的压力基本不受环境温度变化的影响。

（2）排除了氮气泄漏或油氮互渗引起的压力变化的可能性。

（3）碟簧刚度大、单位体积材料的变形能较大，所以可以将液压系统工作压力定得较高，减少系统损耗，提高效率，减小整体体积。

（4）具有变刚度特性。

（5）采用不同的组合方式，可以得到不同的弹簧数值特性，对合增大位移，叠合增大力值，复合则同时增大位移和力值。

（6）可在支撑面和叠合面间采用圆钢丝支撑并涂润滑油减少摩擦。

（7）在储能电动机到油泵的传动中，啮合的圆锥齿轮材料分别为钢和工程塑料，优点是传动噪声小，无须润滑。

（8）防慢分可靠。液压碟簧操动机构采用了钢球斜面阀系统和拐臂连杆两套防慢分装置，机构一旦出现失压意外，能可靠地防止开关慢分。

9. 开关液压机构压力低会影响开关使用的哪些功能？

答：开关液压机构压力低信号分为告警信号和闭锁信号两种，告警信号不影响开关功能的使用，闭锁信号会不同程度影响开关的分合闸功能，具体表现为：当压力值低于告警定值时油泵自动打压，机构发“油泵启动”信号，每天最多1～2次，信号过多时应安排人员及时检查处理；当压力值降低至闭锁重合闸定值时，机构发“压力低重合闸闭锁”信号，闭锁保护装置重合闸功能的使用；当压力值继续降低至闭锁合闸定值后，机构发“压力低合闸闭锁”信号，闭锁开关合闸功能的使用；当压力值再降低至闭锁分闸定值后，机构发“压力低分合闸总闭锁”信号，闭锁开关分合闸功能的使用。

10. 为什么提高开关分闸速度能减少电弧重燃的可能性、提高灭弧能力？

答：提高开关的分闸速度，即在相同的时间内触头间的距离增加较大，电场强度降低，与相应的灭弧室配合，使之在较短时间内具有强有力的灭弧能力，又能使熄弧后的间隙在较短时间内获得较高的绝缘强度，减少电弧重燃的可能性。

11. 为什么开关跳闸辅助触点要先投入，后断开？

答：串在跳闸回路中的开关辅助触点称作跳闸辅助触点。先投入是指开关在合闸过程中，动触头与静触头未接通之前跳闸辅助触点就已经接通，做好跳闸准备，一旦开关合于故障时就能迅速跳开。后断开是指开关在跳闸过程中，动触头离开静触头之后，跳闸辅助触点再断开，以保证开关可靠地跳闸。

12. 开关“控制回路断线”告警信息的产生原理是什么？

答：如图 4-4 所示，开关的控制回路断线信息由跳闸位置继电器 TWJ 的动断触点和合闸位置继电器 HWJ 的动断触点串联启动。TWJ 监视开关合闸回路完好，HWJ 监视开关跳闸回路完好，当控制回路都正常时，TWJ 和 HWJ 总有一个得电，一个失电，动断触点总有一个是打开的，因此发信回路不会导通。当 TWJ 和 HWJ 同时失电时，动断触点均闭合，发信回路导通发出控制回路断线信息。

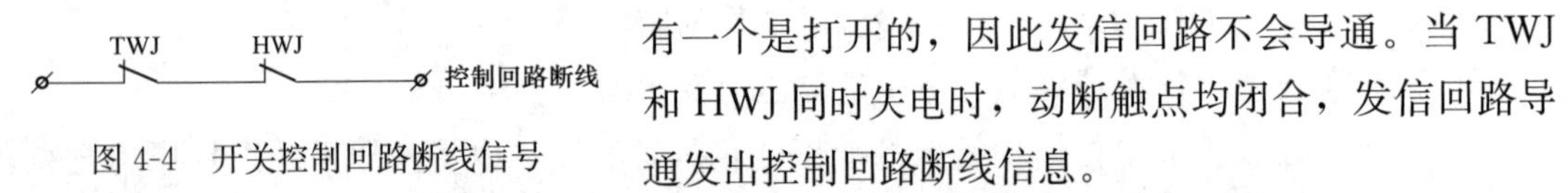

图 4-4　开关控制回路断线信号

当开关动作时，TWJ 和 HWJ 的变位并不是完全同步的，中间一般会有数十毫秒两者动断触点均闭合，因此往往采用延时判断的方法来避免误报控制回路断线信息。此外，部分开关会把弹簧储能或气压闭锁等触点串入合闸回路，当开关分闸后储能电机开始储能，在储完能之前，合闸回路是断开的，TWJ 状态上不来而 HWJ 已经失电，也会报控制回路断线。储能完毕，合闸回路接通，控制回路断线信息复归。

在 220kV 及以上电压等级中，根据双重化配置原则，均配置有双套保护装置，其两组控制回路也是相互独立且分别告警的。

13. 控制回路断线信息能否监视出口压板？

答：开关的部分控制回路如图 4-5 所示，合闸位置继电器 HWJ 只能监视其之后的跳闸回路是否完好，而出口压板 1LP1 位于 HWJ 之前，在开关合位时即使出口压板 1LP1 未投入，HWJ 也带电，不会报控制回路断线信息，因此控制回路断线信息不能监视出口压板的投入状态。

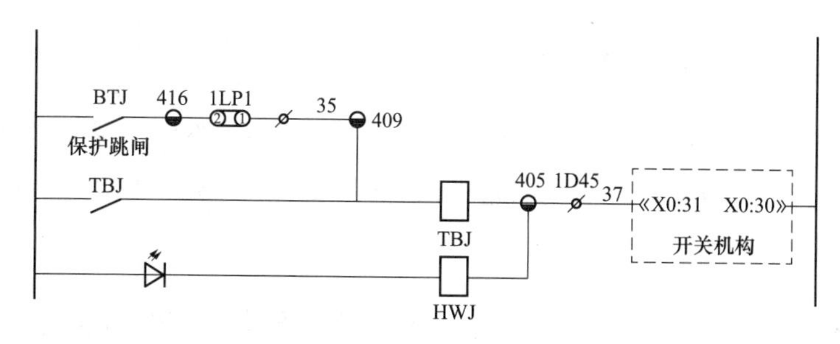

图 4-5　开关部分控制回路

如图 4-6 所示，将 HWJ 前移至出口压板之前，在开关合位时如果出口压板未投，HWJ 会失电，发出控制回路断线信息。但这种方式也会带来问题，当保护改信号或者停用时出口压板将退出，此时压板下端口②将由 HWJ 引入一个正电，且控制回路断线信息会持续发出，无法复归，对相关人员造成不必要的干扰。

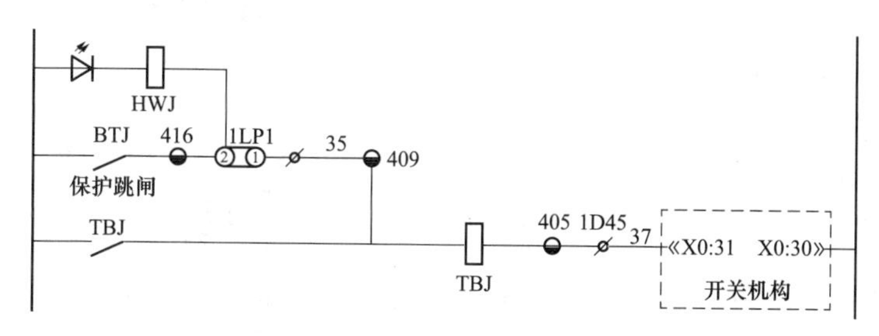

图 4-6　将 HWJ 移至出口压板之前

14. 220kV 开关若报“第二组控制回路断线”，开关还能正常分、合闸吗?

答：220kV 开关可以正常分合闸，因为开关机构配置有两组跳闸线圈和一组合闸线圈，合闸回路一般采用第一套操作回路。因此当报“第二组控制回路断线”时，第一组跳闸回路与合闸回路均正常，不影响第一套保护、重合闸功能，也不影响测控遥控分合闸功能，仅影响第二套保护跳闸。

15. 开关分合闸时，为何瞬间发出控制回路断线信息?

答：在开关分合闸瞬间，由于 TWJ 或 HWJ 位置触点未能及时返回而造成的“控制回路断线”信息告警，经短暂时间后会自行复归。

16. 弹簧未储能信息会同时闭锁开关的分合闸功能吗?

答：弹簧未储能信息会闭锁合闸功能，不会闭锁分闸功能。

由于开关合闸所需功率较大，故在开关完成一次合闸操作后，必须依靠储能电机或是手动操作对开关的合闸弹簧进行储能，储备用于下一次合闸动作的能量。同样的，弹簧未储能的辅助触点也会串接在开关的合闸回路中，闭锁储能不足情况下的开关合闸动作。

对于开关分闸而言，其所需能量要小于合闸，分闸弹簧依靠合闸弹簧在动作时释放的能量就可完成其储能过程，故不会受到弹簧未储能信号的闭锁影响。

17. 哪些因素会引起开关机构的储能异常？

答：开关机构储能异常主要包括弹簧未储能和储能超时两种情况。储能电源异常、行程开关位置不正确、中间继电器功能异常、时间继电器定值整定不当、储能电机异常等情况均会导致开关机构储能异常。

18. 为什么部分保护测控一体化装置，在开关分位情况下，不显示实际电流采样值而直接显示并向后台送“0”值？

答：主要考虑在开关分位情况下，电流采样由于零漂的存在会测得非零值，影响后台显示与潮流计算，因此当开关分位时，自动屏蔽零漂，送“0”值。

此类保护测控一体化装置开关分位自动屏蔽零漂，可能出现开关机构故障假分位无法显示潮流的风险。开关机构故障假分位现象可通过保护测控一体化异常信息判断。

19. 开关常见的故障有哪些？

答：开关本身常见的故障有闭锁分合闸、三相不一致、操动机构损坏或压力降低、切断能力不够造成喷油或爆炸以及具有分相操作能力的开关不按指令的相别动作等。

20. 开关操动机构哪些异常会影响运行？

答：操动机构为开关实现分合提供动力，常见影响开关正常运行的异常情况有：

（1）液压操动机构异常，包括油泵频繁启动、油泵压力异常、油泵打压超时、操动机构严重漏油、漏氮。

（2）弹簧机构异常，包括弹簧未储能、储能电机故障、分合闸线圈故障、弹簧出现裂纹等。

（3）气动操动机构异常，包括气压异常、汽水分离装置故障、气动机构加热装置故障、管路或阀体结冰、压缩机故障、储气罐泄漏等。

21. 开关液压机构打压频繁的原因有哪些？

答：开关液压机构打压频繁的原因有：

（1）油泵故障。

（2）机构内部密封件渗油。

（3）液压油泄漏到氮气储压桶。

（4）信号接点受潮或爬电。

22. 造成液压机构油压下降的原因有哪些？

答：造成液压机构油压下降的原因有：

（1）操作引起。

（2）液压回路内部泄漏。

（3）环境温度下降。

（4）氮气泄漏。

23. 开关机构三相不一致跳闸信息原理是什么？

答：开关机构上实现的三相不一致功能，是当开关（特别是分相开关）出现三相不一致时，通过开关的三相机构辅助触点可以直接发现，直接作用于机构跳闸。与电气回路的三相不一致逻辑相比，动作更可靠，反应更迅速，其逻辑图如图 4-7 所示，基本原理是：三相开关共有 6 个辅助触点，将三相开关的三个动断触点并联，三个动合触点并联，再串联在一起。当开关三相一致时，回路必然处于断开状态，当其中任意一相开关出现不一致时，回路都将导通，三相不一致继电器 K16 动作，延时触点滞后 1s 后动作，以躲过开关分合闸三相之间微小的不同步差异，导通 K61 后启动开关分闸回路跳闸。

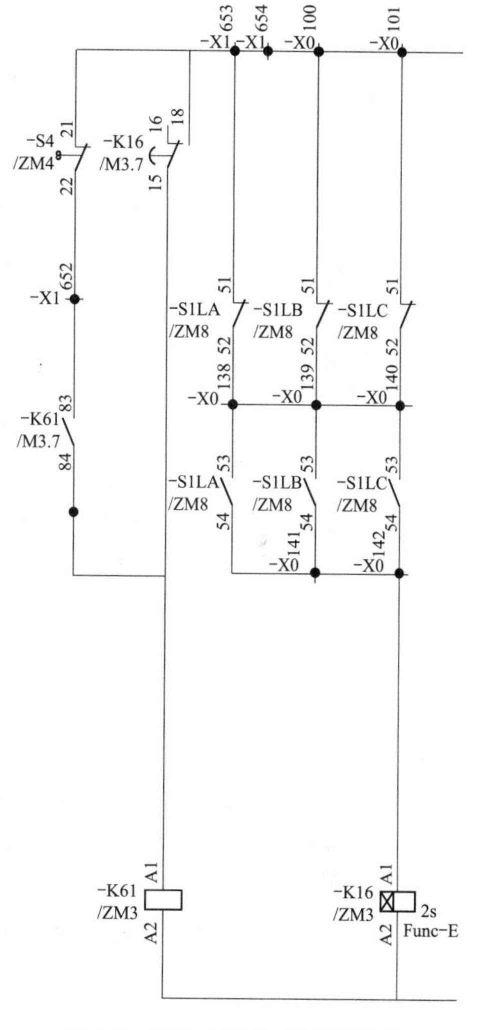

图 4-7　开关三相不一致逻辑接线

24. 开关油压重合闸闭锁、开关油压低合闸闭锁、开关油压低分合闸总闭锁原理是什么？

答：使用液压操动机构或液簧操动机构的开关，因泄漏等因素导致油压降低，按照油压高低不同，共分三个限值，分别是重合闸闭锁、合闸闭锁和分合闸总闭锁。

当油压降低到正常以下，首先达到的是第一限值，即重合闸闭锁。此时继电器动作断开重合闸信号回路，重合闸动作无法出口，开关仍能正常分合闸。

油压继续降低，达到第二限值，即合闸闭锁时，继电器动作断开控制回路中的合闸回路，合闸操作与重合闸动作无法出口，开关仍能正常分闸。

由于操动机构油压持续降低，达到第三限值，即分合闸总闭锁时，压力继电器或弹簧行程开关动作，直接断开开关控制回路中的分合闸回路。液压机构中的液压油起到传导动力作用，一旦发生泄漏，会导致动力无法传导到位造成分合闸失败。

表 4-1 为某公司的 220kV 的 3AQ1-EE 型号开关的液压机构压力监视数据。

表 4-1　3AQ1-EE 型号开关的液压机构压力监视数据　单位：MPa

项目	数值
额定压力	32.0
油泵启动压力	32.0
油泵停止压力	33.6

续表

重合闸闭锁压力	30.8
合闸闭锁压力	27.3
分闸闭锁压力	25.3
安全阀释放压力	37.5
安全阀返回压力	33.75
氮气予压力	20.0

25. 开关氮气泄漏告警信息原理是什么？

答：该信息来自使用液压操动机构的开关，液压机构利用液体不可压缩原理，以液压油作为传递介质，将高压油送入工作缸两侧来实现开关分合闸。在液压机构中，由于油不可压缩，通常在蓄能器上部充满氮气作为动力源。当油泵带动油压缩蓄能器中的氮气时，能量储存在氮气中，操作时，氮气膨胀释放能量，推动机构快速动作。由此可见，氮气在液压机构中起到非常重要的作用，如果氮气因泄漏缺失，液压机构就无法积聚足够动力，可能导致分合闸失败。在液压机构的蓄能器上装有压力继电器，达到告警定值发出告警，此时开关仍能正常操作。

26. 开关油泵打压超时的信息原理是什么？

答：开关油泵打压超时信息来自液压操动机构或液簧操动机构，该信息出现代表补压时间已超过正常时间。当油压降低至油泵启动值时，油泵启动打压，默认补压时间为3min。油压升至正常值后，油泵将自动停止打压工作。油压回路存在泄漏现象，会导致压力无法补到规定值；也可能是时间继电器故障，导致补压时间没有达到默认的3min；还有可能是油泵效率降低，无法将压力补到规定值。该信息出现同时一般伴有开关机构油压低信息。

27. 开关气泵空气压力高告警信息告警的原理是什么？

答：该信息来自气动操动机构。气动系统对压力变动比较灵敏，很容易受到环境温度影响，需要更严格地监视空气压缩机的工作状态。如某气动机构的启动压力为3.05MPa，停止压力为3.15MPa。增加空气压力高告警有助于监视空气压缩机的工作状态，气泵空气压力高不闭锁开关分合闸操作，当气压达到泄压压力时通过安全阀泄压。

28. 开关机构弹簧未储能信息告警的原理是什么？

答：该信息来自弹簧操动机构或液簧操动机构。在这些开关操动机构中使用弹簧作为储能元件。在弹簧机构中，开关的分闸与合闸过程分别由分闸弹簧和合闸弹簧来完成，弹簧机构只有处在储能状态后才能合闸操作，因此必须将合闸控制回路经弹簧储能位置开关触点进行连锁。弹簧未储能或正在储能过程中均不能合闸操作，并且要发出相应的信号。另外，在运行中一旦发出弹簧未储能信号，就说明该开关不具备一次快速自动重合闸的能力，应及时进行处理。

29. 开关机构储能电机故障信息告警的原理是什么?

答：该信息来自弹簧操动机构。储能电机配有热开关，当电机卡死过热导致热开关跳开，则向测控装置发出电机故障信号，表明电机无法继续承担打压工作，需要对开关机构上的电机热开关进行复归后电机才能正常工作。

30. 什么是开关就地控制?

答：开关的就地控制一般有测控装置的就地控制和开关机构的就地控制两级。在进行远方遥控时，遥控命令通过测控装置下发到开关操作箱，沟通开关跳闸回路与合闸回路进行操作。当测控装置选择就地控制后，不再接收遥控指令，只对测控装置上的操作进行下发。当开关机构上选择就地控制之后，不接收从测控装置下发的操作指令，只允许机构本身的分合闸按钮操作。

31. 开关跳闸时监控员应如何处置?

答：开关跳闸后，监控员应向相关调度简要汇报并通知运维单位检查处理，简要汇报的内容应包括故障发生的时间、发生故障的具体设备、故障后的状态以及相关设备潮流变化情况。运维单位接到通知后，应立即组织运维人员赶赴无人值守变电站现场进行检查处置。

在运维人员到达现场前，监控员应远程收集监控告警、故障录波、在线监测、工业视频等相关信息，共同分析判断，并向相关调度详细汇报，详细汇报的内容应包括现场天气情况、一、二次设备动作情况、故障测距以及线路是否具备远方试送条件。

32. 调控主站的监控系统开关遥控合闸指令是如何下达的?

答：如图 4-8 和图 4-9 所示，当调控主站 SCADA 在相应的界面操作遥控开关，该命令首先通过网络变电站现场远动装置，再通过网络传向测控装置，测控装置收到网络命令后驱动相应的继电器，继电器动断触点再去驱动手合中间继电器 1SHJ，由它的触点串在合闸回路中沟通合闸线圈。对于测控装置的“远方（远控）/就地（强制手动)”切换开关 1QK，如果 1QK 切至“远方”则可以由测控装置发出遥控命令，而切至“就地”则只能由测控装置的手动开关 1KK 手柄进行分合闸控制，此时不再接收测控装置的遥控命令。1QK 无论是“远方（远控）还是就地（强制手动)”均不影响保护跳闸。开关机构的“远方/就地”则不然，只有在“远方”才能保证控制回路完好，在“就地”会切断一切经操作箱来的分合闸命令，只接受开关机构的分合闸命令。所以，正常运行的开关绝不允许处于“就地”控制方式。

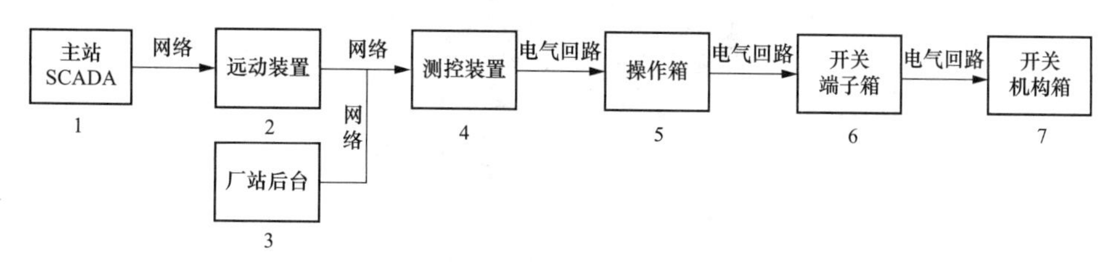

图 4-8 遥控指令下达

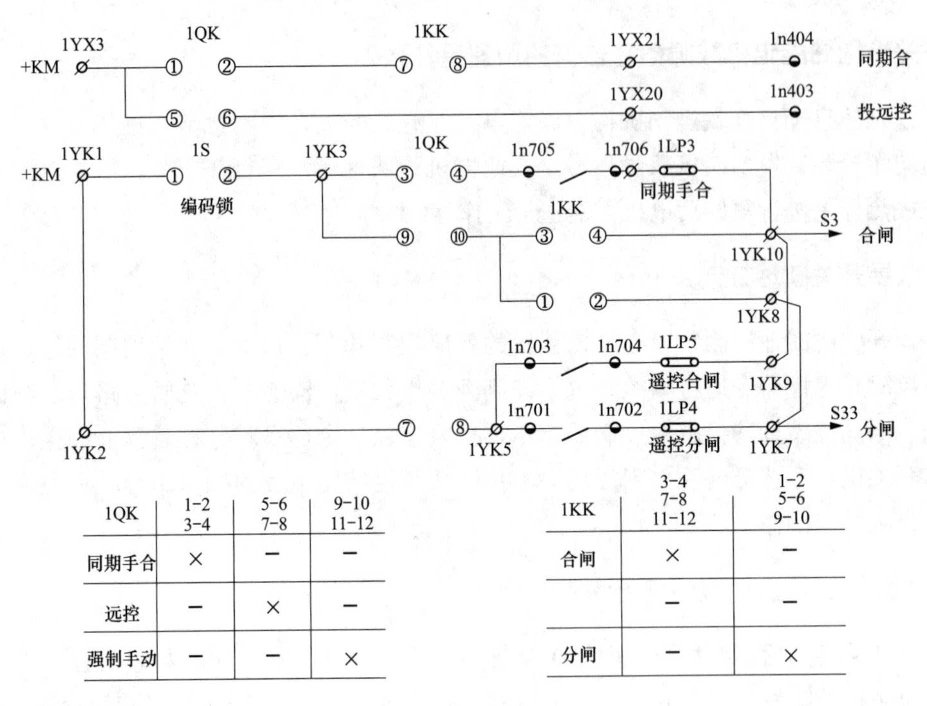

1QK	1-2 3-4	5-6 7-8	9-10 11-12
同期手合	×	—	—
远控	—	×	—
强制手动	—	—	×

1KK	3-4 7-8 11-12	1-2 5-6 9-10
合闸	×	—
	—	—
分闸	—	×

图 4-9 遥控逻辑

第三节 GIS 设备

1. GIS 设备由哪几部分构成?

答：如图 4-10 所示，GIS 设备包括母线、开关、闸刀、快速接地闸刀、电流互感器、电压互感器、电缆终端、汇控柜等。

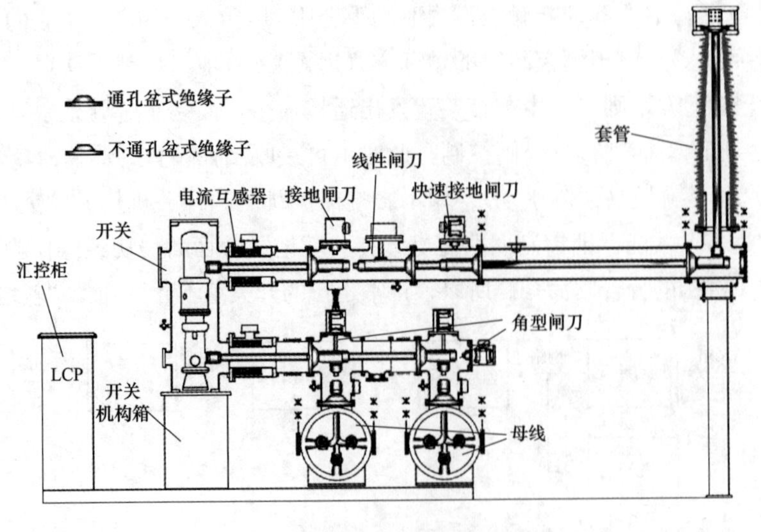

图 4-10 GIS 设备结构图

2. GIS设备每一回路为什么要分成不同的气室或气隔?

答：GIS设备每一回路并不是运行在一个气压系统中，如开关需要灭弧，要求SF_6气压较高，其他如母线、闸刀等只需绝缘，要求SF_6气压较低。所以，每一个回路都分成数个独立的气体系统，用盆式绝缘子隔开，成为若干气隔。分成气隔还可以防止事故范围扩大，有利于各元件分别检修，也便于更换设备。

3. GIS设备的气室是如何划分的?

答：GIS设备的SF_6气室设计原则：按照设备各元件的执行功能，可能减少气隔的数量，同时考虑减小事故和检修时涉及的范围。如图4-11所示，一般情况下，开关和母线闸刀、线路闸刀、母线分别设置独立的气室，并由气体分隔绝缘子将不同气室隔开。每一个气隔单元有一套元件，即SF_6密度计（带SF_6压力表及报警接点）、自封接头、SF_6配管等，它们直接安装在气隔单元的合适位置。开关的SF_6密度计一般安装在机构箱内。

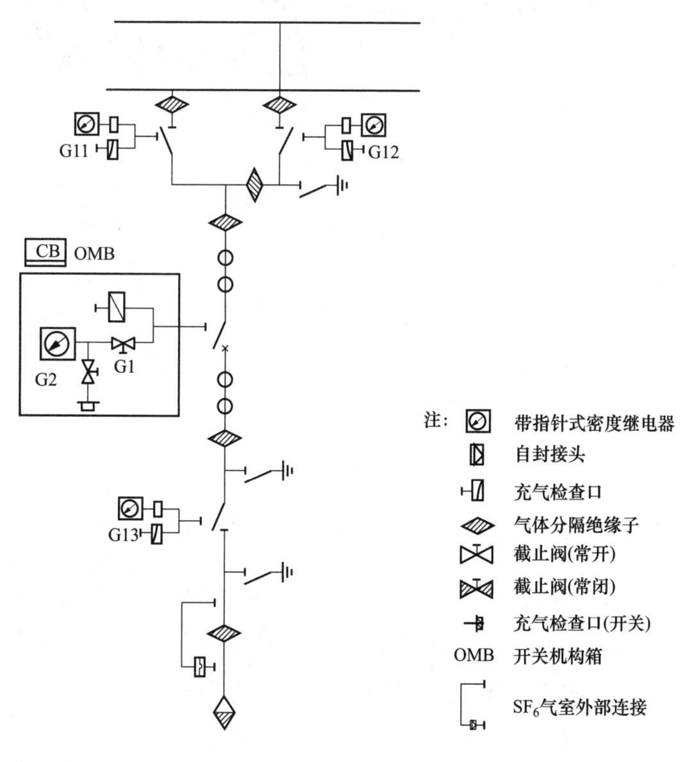

图4-11　GIS气室划分示意图

4. 什么是汇控柜？汇控柜的作用是什么?

答：汇控柜是对GIS进行现场监视与控制的集中控制屏，也是GIS间隔内外各元件以及GIS与主控室之间电气联络的集中端子箱。

汇控柜安装在变电站、开关站现场，属于接口装置，它就地控制GIS的各种信息，并为远端中控室内的集中控制提供信号和远动接口。

5. GIS 电流互感器的结构形式是怎样的?

答：如图 4-12 所示，GIS 配用电流互感器，一般为单相封闭式、穿心式结构，一次绕组为主回路导电杆，二次绕组缠绕在环形铁芯上。导电杆与二次绕组间有屏蔽筒，一次主绝缘为 SF_6 气体绝缘，二次绕组采用浸漆绝缘，二次绕组的引出线通过环氧浇注的密封端子板引出到端子箱，再和各类继电器、测量仪表连接。

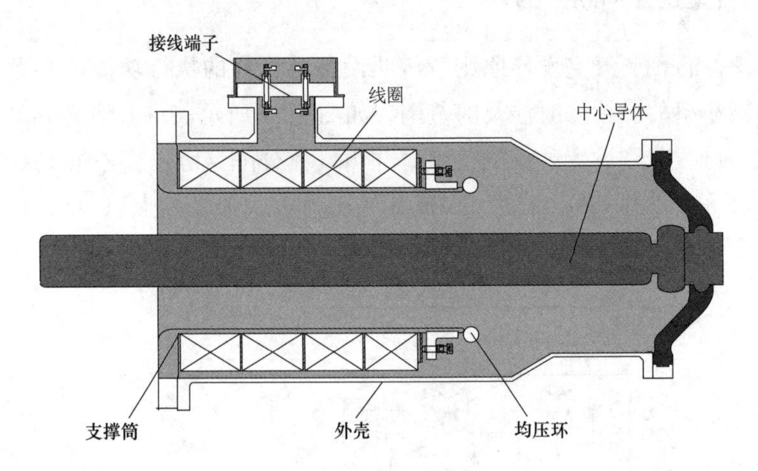

图 4-12　GIS 电流互感器

6. GIS 快速接地闸刀有什么特点?

答：快速接地闸刀与检修接地闸刀相比，多了弹簧操动机构，合闸速度快，并且具有承载接地短路电流的能力，一般装设在进线侧。当带电线路误合接地闸刀时能可靠接地，使线路保护可靠动作，切断故障电流。

7. GIS 母线波纹管的作用是什么?

答：在母线较长时，为防止热胀冷缩、安装误差或者基础形变造成设备破坏，常在母线之间配置波纹管；此外，在 GIS 与外界振动源直接相连时，为了吸收振动，也常配置波纹管。调整型波纹管主要用于装配调整，易于拆卸，减小检修解体范围。温差波纹管主要作用是消除母线热胀冷缩对设备的损害，吸收基础间的相对位移等，在母线上每隔一定距离处设置一组温差波纹管，安装在母线之间连接处，用以吸收母线热胀冷缩产生的应力。

8. GIS 母线盆式绝缘子的结构特点是什么?

答：在母线结构中一般采用盆式绝缘子来支持导电杆和分隔气室，非气隔绝缘子两侧的气体可以相互贯通，属于同一气室。气隔绝缘子两侧的气体完全隔开，分属不同的气室，即使在极限压力差下，气体也不会泄漏到相邻的气室中。气隔绝缘子除了有很好的气密性外，还具有足够的强度，能承受母线外壳内部因接地故障电弧所引起的压力升高。

9. GIS 电缆终端有什么作用?

答：GIS 的电缆终端连接装置是电缆终端、电缆连接外壳及主回路末端的组合，它把交联聚乙烯电力电缆终端与 GIS 作机械和电气的连接，用于电力线路的联络，是电缆进出线必不可少的装置。

10. GIS 设备有哪些典型布置?

答：常见的 GIS 设备布局：

（1）U 形线路或变压器间隔，如图 4-13 所示。

（2）Z 形线路或变压器间隔，如图 4-14 所示。

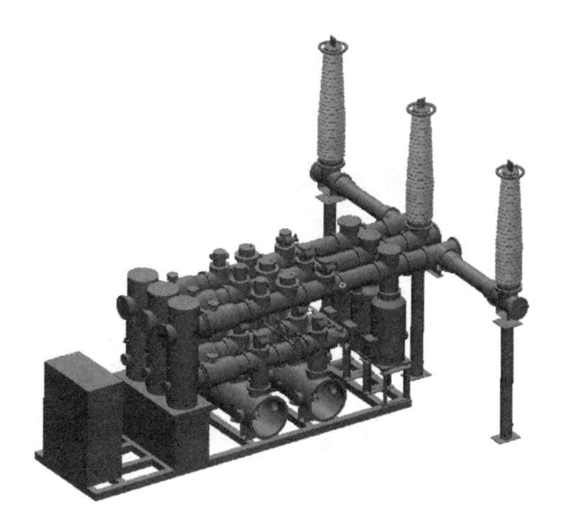

图 4-13　U 形线路或变压器间隔

图 4-14　Z 形线路或变压器间隔

（3）母设间隔，如图 4-15 所示。

（4）母联间隔，如图 4-16 所示。

图 4-15　母设间隔

图 4-16　母联间隔

11. HGIS设备和GIS设备有什么区别？

答：HGIS设备是介于GIS和AIS之间的高压电气设备，HGIS设备与GIS设备不同点在于除母线外开关、闸刀、接地闸刀、电流互感器等设备均采用GIS设备。其优点是母线不安装于SF_6气室，接线清晰、简洁、紧凑，安装及维护检修方便，运行可靠性高。

12. 为什么GIS待用间隔的母线闸刀气室SF_6气压低告警信息要纳入集中监控范围？

答：待用间隔的母线闸刀与母线搭接后，闸刀与母线连接处带电，当闸刀气室压力下降过低时，会造成绝缘击穿，引起母差保护动作，因此，需要将待用间隔的母线闸刀气室SF_6气压低告警信息纳入集中监控范围。

13. GIS汇控柜直流电源消失有哪些影响？出现该信息告警时应如何处置？

答：GIS汇控柜直流电源消失告警信息是由汇控柜内多个直流电源消失告警信息合并而成，其含义是汇控柜中各直流回路电源消失，具体包括开关、闸刀的控制电源。当出现××开关GIS汇控柜直流电源消失信息告警时，该间隔设备将无法进行相关操作或信息无法上送。

出现该信息告警时，应处置如下：

（1）监控员应立即通知运维人员，汇报相关调度，并加强相关信号监视，了解现场处置的基本情况和处置原则，根据处置方式制定相应的监控措施。

（2）运维人员检查汇控柜内各直流电源小空气开关是否有跳闸、虚接等情况信息。

（3）由相关专业人员检查各直流回路完好性，查找原因并处理。

14. GIS汇控柜交流电源消失有哪些影响？出现该信息告警时应如何处置？

答：GIS汇控柜交流电源消失是指汇控柜中各交流回路电源有消失情况，具体包括开关、闸刀的电机电源、汇控柜的照明电源、温湿度控制设备电源等。当出现××开关汇控柜交流电源消失信息时，该间隔设备的闸刀或开关将无法操作。

出现该信息告警时，应处置如下：

（1）监控员应立即通知运维人员，汇报相关调度，并加强相关信息监视，了解现场处置的基本情况和处置原则，根据处置方式制定相应的监控措施。

（2）运维人员检查汇控柜内各交流电源小空气开关是否有跳闸、虚接等情况。

（3）由相关专业人员检查各交流回路完好性，查找原因并处理。

15. GIS汇控柜电气联锁解除有哪些影响？出现该信息时应如何处置？

答：GIS汇控柜中联锁装置分为投入和解除状态，此信息反映联锁装置解除状态。正常情况下，联锁装置是在投入状态。当GIS汇控柜操作面板上的联锁装置解除后，其所有关联设备将失去联锁，可随意操作。

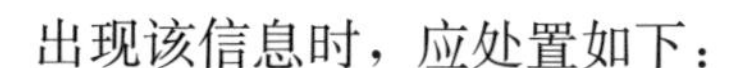

出现该信息时，应处置如下：

（1）通知运维单位，确认是否由现场检修工作引起。

（2）若是因现场检修工作手动将联锁装置解除，待工作完毕后应将联锁投入，并与监控员核对信息。

（3）若不是因检修工作手动解除联锁装置，应由相关专业人员进行检查，查找原因并进行处理。

16. GIS 气室 SF_6 气压低告警有哪些影响？出现该信息时应如何处置？

答：GIS 设备的 SF_6 气压低告警信息是按实际气室个数分别上传，反映的是某独立气室 SF_6 压力低于告警值，密度继电器动作发告警信息。SF_6 气压低告警信息反映气室绝缘降低，影响正常倒闸操作。

出现该信息时，应处置如下：

（1）汇报相关调度，通知运维单位，加强相关信息监视；了解现场处置的基本情况和处置原则；根据处置方式制定相应的监控措施。

（2）运维人员检查现场压力表，检查信息报出是否正确，是否有漏气，检查前注意通风，防止 SF_6 中毒。

（3）如果检查没有漏气，是运行正常压力降低或者温度变化引起压力变化造成，则由专业人员带电补气。

（4）如果有漏气现象，则应密切监视开关 SF_6 压力值，并立即汇报调度，等候处理。

（5）如果是压力继电器或回路故障造成误发信息，应对回路及继电器进行检查，由专业人员及时消除故障。

第四节 闸　　刀

1. 允许闸刀进行的操作有哪些？

答：（1）在电网无接地时拉、合电压互感器。

（2）在无雷击时拉、合避雷器。

（3）在没有接地故障时，拉、合变压器中性点接地闸刀。

（4）拉、合开关旁路闸刀的旁路电流（指与旁路开关并列运行，一般需将开关同时改运行非自动）。

（5）拉、合经计算或试验证明允许的母线充电电流。

2. 什么是电气联锁？常见的电气联锁有哪些？

答：开关、闸刀、接地闸刀均采用带电气闭锁功能的电动操作机构。电气闭锁的基本原理是在开关、闸刀、接地闸刀电动操作控制回路中，依据正确的操作规则串入开关、闸刀、接地闸刀的辅助触点进行相互闭锁。当违反操作规则时，则由相应设备的辅助接点切断该操作设备的控制回路正电源，禁止操作，从而达到防误操作的目的。

常见的电气联锁有：

（1）线路间隔中，开关辅助接点串入线路闸刀控制回路。

（2）封闭式开关柜间隔中，手车试验位置行程接点串入开关控制回路。

（3）电容器间隔中，电容器网门行程接点串入开关控制回路。

（4）无法实现机械闭锁的接地闸刀辅助接点串入闸刀的控制回路。

（5）弹簧机构开关的合闸弹簧储能接点串入开关合闸回路。

3. 闸刀电机电源断电后，还能正常显示闸刀位置吗？

答：闸刀电机电源提供闸刀分合闸所需电能，其分合闸指示回路电源由直流遥信电源提供，故闸刀电机电源断电后，闸刀位置是能够正常显示的。

4. 监控系统中闸刀的位置与实际位置不一致产生的原因有哪些？应如何处置？

答：若监控系统中单一的闸刀的位置与实际位置不一致，常见的情况是闸刀的辅助触点接触不良或倒闸操作过程中辅助触点不到位引起，也可能是测控装置出现故障引起。测控装置出现故障，一般会引起整个间隔多个闸刀及开关位置与实际不对应。

当出现监控系统中闸刀的位置与实际位置不一致时，应进行如下处置：

（1）查看是单一闸刀显示不一致还是整间隔的闸刀位置不一致，并查看是否有测控装置故障等告警信息。

（2）若是单一闸刀显示不一致，待运维人员现场检查确认后，可暂时封锁闸刀位置，使之与实际设备对应，并填报缺陷。

（3）若是测控装置故障引起，由专业人员及时消除故障。

5. 闸刀电机电源消失有哪些影响？出现该信息告警时应如何处置？

答：闸刀电机电源消失反映的是闸刀电机回路电源消失，主要由下列原因引起：

（1）电机电源回路断线或电机电源熔丝熔断（空气开关跳闸）。

（2）站用电消失引起。

（3）倒闸操作时断开闸刀电机电源。

闸刀电机电源消失将导致闸刀无法进行正常电动操作。

出现该信息告警时，应进行如下处置：

（1）通知运维单位并加强相关信息监视，了解现场是否进行倒闸操作、现场处置的基本情况和处置原则，根据处置方式制定相应的监控措施。

（2）运维人员检查电机电源及控制回路是否断线、短路。

（3）运维人员检查控制电源空气开关是否断开。

（4）根据检查情况，由相关专业人员进行处理。

6. 闸刀控制电源消失有哪些影响？该信息告警时应如何处置？

答：闸刀控制电源消失反映闸刀电机操作回路故障，主要由电机操作回路电源故障或消失引起。

闸刀控制电源消失会造成闸刀电机失灵，闸刀无法进行正常电动操作。

出现该信息告警时，应进行如下处置：

（1）通知运维单位并加强相关信息监视，了解现场处置的基本情况和处置原则，根据处置方式制定相应的监控措施。

（2）运维人员检查电机电源及控制回路是否断线、短路。

（3）根据检查情况，由相关专业人员进行处理。

第五节　互　感　器

1. 电压互感器的作用是什么？

答：电压互感器是用来测量电网高电压的特殊变压器，它能将高电压按规定比例转换为较低的电压，以便提供测量和继电保护及自动装置等所需参数，隔离高电压，保障工作人员与设备安全。对于电压互感器二次绕组的额定电压，按照规定，三相系统中相与相之间的单相电压互感器二次绕组的额定电压为100V，相与地之间的单相电压互感器二次绕组的额定电压为$100/\sqrt{3}$V。互感器二次侧取量统一，以利于二次设备标准化。

2. 电压互感器有什么特点？对其有什么要求？

答：电压互感器主要用于测量电压，二次侧可以开路，不能短路；相对于二次侧的负载来说，电压互感器的一次内阻抗较小，可以忽略，可以认为电压互感器是一个电压源；电压互感器正常工作时的磁通密度接近饱和值，系统故障时电压下降，磁通密度下降。

电压互感器并联在电路中，一次绕组比二次绕组匝数多。

3. 电压互感器常用接线方式有哪些？

答：（1）一个单相电压互感器接线方式如图4-17所示，用于对称的三相电路，二次侧可接仪表和继电器。

（2）两个单相电压互感器的Vv形接线如图4-18所示，可测量线电压，但不能测相电压，它广泛应用在20kV以下中性点不接地或经消弧线圈接地的电网中。

（3）三个单相电压互感器YNyn型的接线方式如图4-19所示，可供给要求测量线电压的仪表和继电器以及要求供给相电压的绝缘监察电压表。

（4）三个单相三绕组电压互感器或一个三相五柱式三绕组电压互感器接成Ynynd型如图4-20所示。

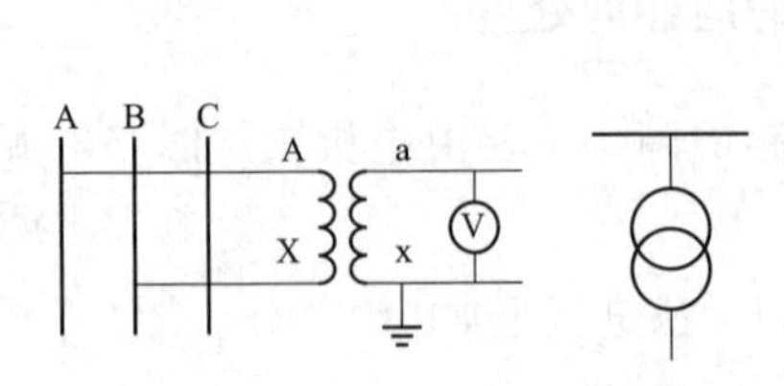

图 4-17　一个单相电压互感器

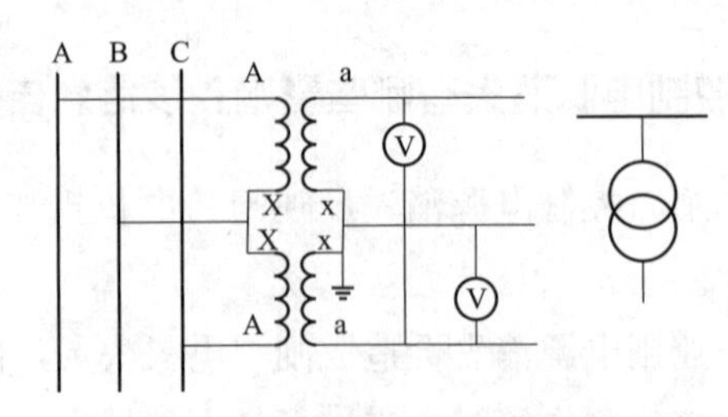

图 4-18　两个单相电压互感器 Vv 形接线

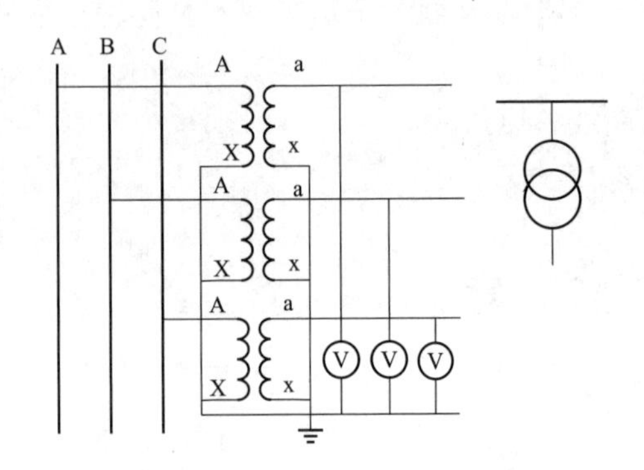

图 4-19　三个单相电压互感器 YNyn 型的接线方式

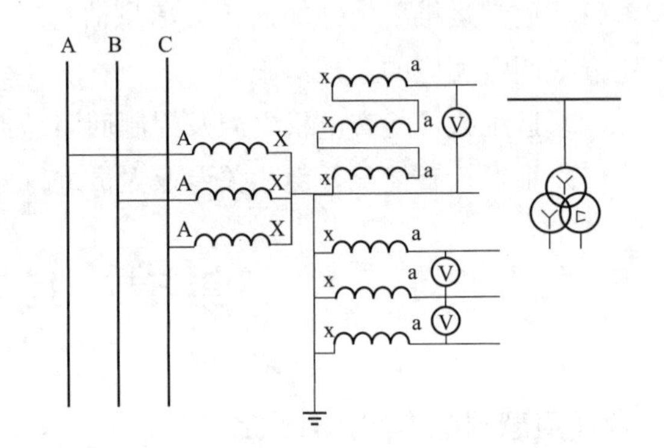

图 4-20　三个单相三绕组电压互感器或一个三相五柱式三绕组电压互感器

接成 YN 形的二次绕组供电给仪表、继电器及绝缘监察电压表等。辅助二次绕组接成开口三角形，供电给绝缘监察电压继电器。当三相系统正常工作时，三相电压平衡，开口三角形两端电压为零。当某一相接地时，开口三角形两端出现零序电压，使绝缘监察电压继电器动作，发出信号。用于 3～220kV 系统（110kV 及以上无高压熔断器），供接入交流电网绝缘监视仪表和继电器用。

4. 电压互感器产生误差的原因有哪些?

答：(1) 励磁电流的存在。

(2) 电压互感器有内阻。

(3) 一次电压影响励磁电流，因此也影响误差的大小。

(4) 电压互感器二次负荷变化将影响电压互感器的二次及一次电流的变化，故亦将对误差产生相应的影响。

(5) 二次负荷的功率因数角的变化将会改变二次电流以及二次电压的相位，故其对误差将产生一定影响。

5. 电压互感器开口三角电压是多少?

答：正常运行时，电压互感器开口三角电压为 0。

对中性点非有效接地系统，二次每相相电压为 100/3V，单相接地时，如 A 相接地，非故障相电压升高为原来 1.732 倍，即 B 相电压 U_b 实际上是原先的 U_{ba}，U_c 电压实际为原来的U_{ca}，两电压U_{ba}、U_{ca}变为（100/3）×1.732V，而两者夹角120°，所以合成电压为(100/3)×1.732×1.732=100V。

对中性点有效接地系统，由于二次每相电压都为100V，当单相接地，开口三角形电压与零序综合阻抗和正序综合阻抗比值有关，如运行中中性点完全直接接地，A相接地时，开口电压相当于B、C两相电压矢量和，由于两相夹角120°，且二次都为100V，故矢量和100V。如运行中中性点变成不接地，非故障相电压升高为原来1.732倍，矢量和接近变成100×1.732×1.732=300V。

6. 电压互感器的开口三角形回路中为什么一般不装熔断器？

答：因电压互感器开口三角两端正常运行时无电压，即使其回路中发生相间短路，也不会使熔断器熔断，而且熔断器的状态无法监视，若熔断器损坏而未发现，在大电流接地系统中，零序方向保护会拒动；在中性点非有效接地系统中，绝缘监察继电器无法正确运行，因此一般不装熔断器。

7. 电压互感器一次未并列前二次为什么不能并列？

答：电压互感器（TV）在原理上是变压器，可以先并一次侧或先并二次侧，但是TV又是提供保护、测量和计量电压的元件，在运行中它要反映一次母线电压数值，如果先并二次侧，两条母线电压一般不等，则二次侧电压反映的就不是本身母线的电压，会造成保护、测量和计量上的误差。所以先并一次侧，再并二次侧就可以避免造成电压误差。

如果一次未并列，而二次并列，若一次设备故障，会造成正常运行的电压互感器二次空开跳开，影响相关保护。

为了避免误操作，在TV并列的操作回路中，串入了母联开关和闸刀的位置接点，如果母联和闸刀不在合闸位置，TV并列无法操作。

8. 什么叫电压互感器反充电？反充电对保护装置有什么影响？

答：通过电压互感器二次侧向不带电母线充电称为反充电。

若反充电电流较大，将造成运行中电压互感器二次侧空气开关跳开或熔断器熔断，使运行中的保护装置失去电压，可能造成保护装置误动或拒动。

9. 电压互感器故障对继电保护有什么影响？

答：电压互感器经常发生的故障包括熔断器熔断、闸刀辅助触点接触不良、二次接线松动等。故障的结果是使继电保护装置的电压降低或消失，对于反映电压降低的保护继电器和反映电压、电流相位关系的保护装置（如方向保护、阻抗继电器等）可能会造成误动和拒动。

10. 电压互感器二次侧短路有哪些危害？

答：电压互感器二次侧不允许短路，短路会使一次侧熔断器熔断。由于电压互感器的内阻很小，当二次出口短路时，二次电流很大，若没有保护措施，将会烧坏电压互感器，影响人身设备安全。处理时，应先将二次负荷尽快切除和隔离。

11. 运行中电压互感器二次回路断线的原因有哪些？应如何处理？

答：二次回路断线的原因：

（1）电压互感器闸刀辅助触点不通。

（2）电压二次回路内部引线断线。

（3）电压互感器二次空气开关断开。

（4）间隔Ⅰ或Ⅱ母闸刀辅助切换回路不通。

（5）端子松动或接触不良。

（6）二次线断线。

交流电压二次回路断线时，相应的继电保护和自动装置会发出告警信息（如保护装置故障信号），运维人员应立即对对应保护和自动装置所接的TV进行检查，并采取相应的处理措施：

（1）检查是否由TV二次空开跳闸引起。

（2）申请退出有关保护。

（3）检查有无明显故障点。

（4）通知专业人员来进行处理。

（5）处理完毕后，因及时投入有关保护。

12. 电压互感器在运行中，一次侧熔丝熔断的原因有哪些？

答：一次侧熔丝熔断的原因有：

（1）二次回路短路而二次侧熔断器未断开。

（2）电压互感器本身内部有单相接地或相间短路。

（3）系统发生铁磁谐振。

（4）系统发生单相间隙电弧接地出现的过电压，可能会使电压互感器铁芯饱和，励磁电流急剧增加，引起高压熔丝熔断。

13. 在中性点非有效接地系统中，若母线电压互感器高压熔丝一相熔断，有什么现象？

答：高压熔丝一相熔断时的现象：

（1）TV断线告警。

（2）母线接地告警。

（3）母线一相电压降低，其他两相电压相等。

（4）与该母线有关的电压、有功、无功功率读数下降。

14. 线路压变空气开关跳开有何影响？出现该信息时应如何处置？

答：当出现线路压变空气开关跳开时，线路保护无法采集线路对侧电压，导致在线路故障重合时，无法实现重合闸的检无压和检同期功能，但不影响保护正常跳闸。

出现该信息时，处置思路如下：

（1）监控员立即通知运维单位，并汇报调度。

（2）运维人员检查线路压变二次空气开关，可进行试合，若空气开关再次跳开，可能二次回路短路或者空气开关故障。

（3）根据检查情况由专业人员处理，线路压变空气开关无法合上时，由调度停用线路重合闸。

15. 常规变电站中，双母线（单母分段）运行方式的母线电压并列功能如何实现？

答：如图 4-21 和图 4-22 所示，两段母线经过各自 TV 闸刀位置重动后的电压（以保护电压为例，A610/B610/C610 和 A620/B620/C620）接入母线电压并列装置。正常运行时，由电压小母线 1YMa/1YMb/1YMc 和 2YMa/2YMb/2YMc 分别输出两段母线的二次电压。

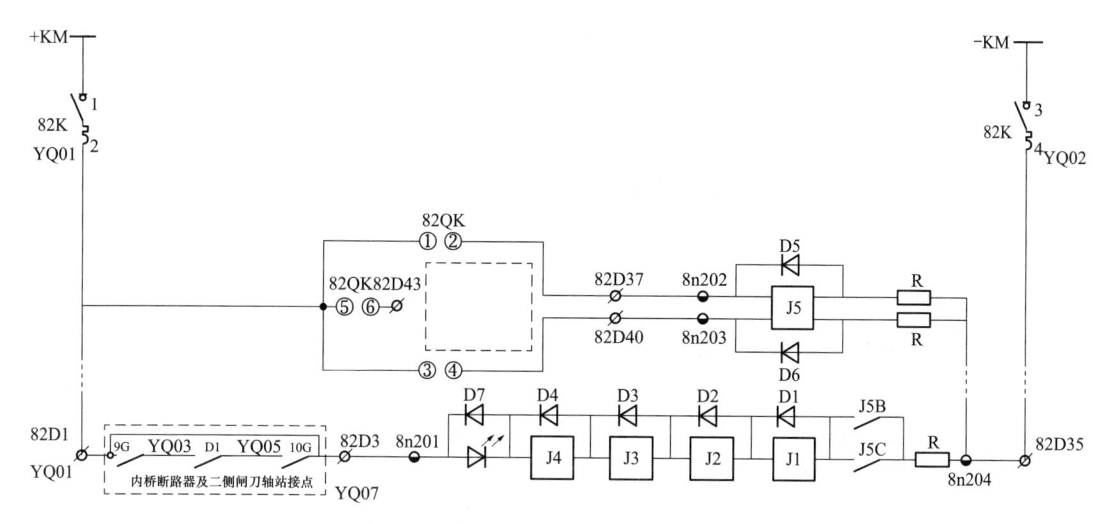

图 4-21　常规变电站母线电压并列原理图

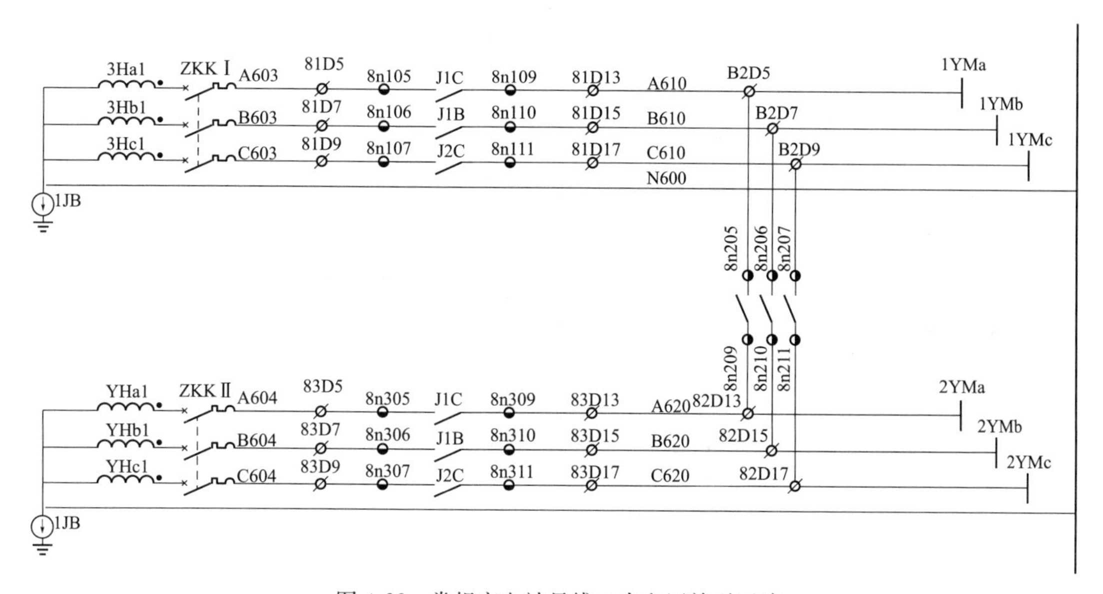

图 4-22　常规变电站母线二次电压并列回路

当某段 TV 出现故障，如在Ⅱ母 TV 故障拉开母线 TV 闸刀后，Ⅱ母 TV 重动继电器 J5 失电，Ⅱ母电压小母线失电，此时在满足一次设备的电压并列条件（分段开关及其两侧闸刀位置触点闭合）后，通过电压并列开关 82QK，使得电压并列继电器 J1～J4 带电，Ⅰ母电压小母线通过电压并列回路输出至Ⅱ段电压小母线，从而实现两段母线的电压并列。

16. “母线 TV 并列”信息产生的原因是什么？

答：母线 TV 并列主要监视双母线方式下正常情况或倒母线过程中闸刀是否合到位。当两母线并列运行，且其中一台母线压变为检修状态时，会采用母线电压并列的方式，以防止检修压变段母线二次电压的失去。

信息产生的原因：

（1）两条母线闸刀都合上时由保护装置的电压切换发出此信息。

（2）继电器损坏。

（3）回路故障。

17. 变电站一段母线电压空开无法合上时能否进行电压并列？

答：当电压二次回路出现短路等故障时将导致母线二次电压空气开关跳开，空气开关常闭辅助接点闭合发出“母线二次电压空开跳开”信号，相关保护装置发出 TV 断线告警。

对于常规变电站，电压并列是电压二次回路的物理并列，此时如果进行电压并列，由于二次回路故障仍然存在，将导致并列上去的母线电压空气开关也跳开，扩大故障范围。

对于智能变电站，电压并列是一个将主用 TV 母线的电压数据复写到被并列母线的电压数据上的过程，其电压二次回路不会形成物理上的并列，因此可以采取电压并列，恢复故障段母线上挂接的保护装置的二次电压采样数据。

18. 双母接线方式下，线路保护电压如何实现切换？

答：如图 4-23 和图 4-24 所示，线路的正、副母线闸刀提供一动合、一动断两对辅助触点。当线路由副母倒至正母运行时，正母闸刀合上后，正母闸刀辅助触点动断触点闭合，继电器 1YQJ1～1YQJ7 励磁，正母电压小母线通过 1YQJ6、1YQJ7 辅助触点经过空气开关与保护相连。

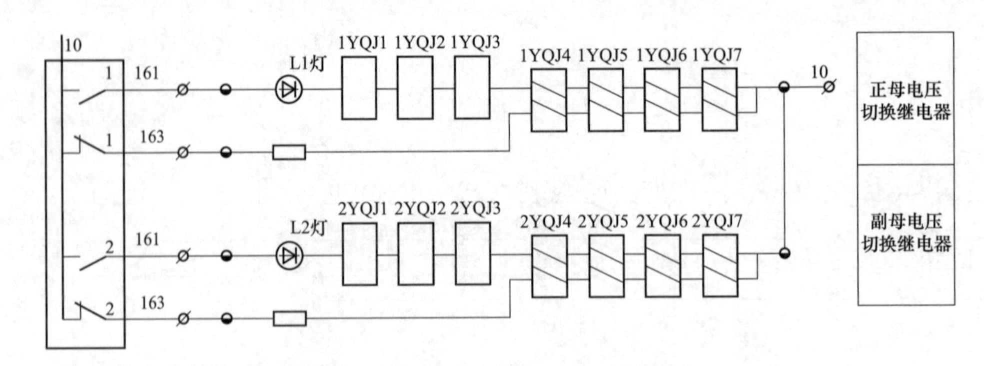

图 4-23　双母线电压切换回路（一）

副母闸刀拉开后，副母闸刀的动断触点断开 2YQJ1～2YQJ3 继电器正电源，使之返回。副母闸刀的动合触点接通 2YQJ4～2YQJ7 复归线圈正电源，将其复位，2YQJ6～2YQJ7 辅助触点断开副母电压小母线与保护的连接，从此完成保护的电压切换过程。

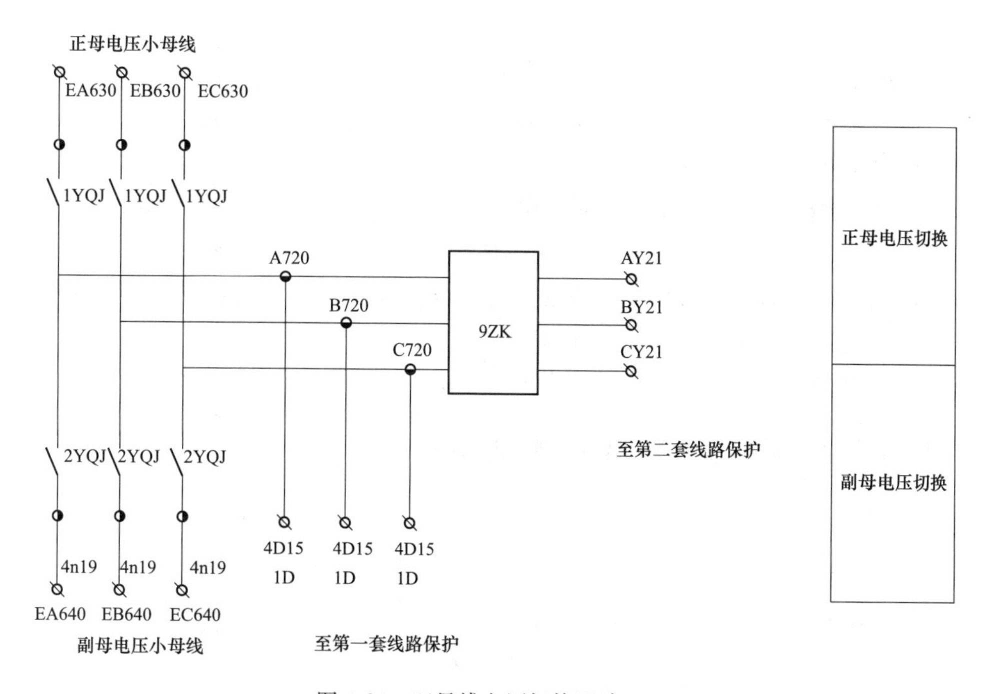

图 4-24　双母线电压切换回路（二）

19. 电压切换回路要求采用单位置启动方式与双位置启动方式各有何优缺点？

答：单位置启动方式：接线简单，但当切换电源失去时，切换接点返回，造成保护失压。

双位置启动方式：切换继电器接点具有自保持特性，当切换电源失去时，仍保持原状态，不会造成保护失压；但其接线相对复杂，造成二次电压回路异常互联的可能性比单位置大。

当切换继电器单套配置时，采用双位置启动方式，以避免切换电源失去引起保护失去；当切换继电器双套配置时，采用单位置启动方式。

20. 电压切换继电器同时动作产生的原因有哪些？

答：线路保护电压切换装置继电器同时动作反应双母接线方式下，Ⅰ、Ⅱ母电压切换继电器同时动作。

产生该信号的原因有：

（1）双母线接线时，母线侧闸刀位置双跨。

（2）母线侧闸刀辅助触点粘死。

（3）电压切换继电器触点粘连。

21. 电压切换装置继电器同时动作应如何处置？

答：当线路保护电压切换装置继电器同时动作时，母差保护将被互联，母差互联保护灯亮。

出现该信息时，处置如下：

（1）倒母线操作时线路Ⅰ、Ⅱ母线闸刀双跨期间，发出此信息属正常情况，操作完毕后此信息应自动复归。

（2）倒母线操作结束或线路运行时，电压切换装置继电器同时动作无法复归，监控员应通知运维单位。

（3）运维人员应检查母线侧闸刀的位置，检查母线侧闸刀辅助触点切换是否正常，检查电压切换箱切换指示灯。

（4）根据检查情况，由相关专业人员处理。

22. 备用间隔是否需要监视“电压切换继电器同时动作”信息？

答：备用间隔若已接入母线电压，则其“电压切换继电器同时动作”的影响与运行间隔是一样的，因此必须高度重视这个信息，将其作为运行间隔来监视。

23. TV 断线对变压器保护有什么影响？

答：变压器保护 TV 断线典型判别条件如下：

（1）正序电压小于 30V，且任意一相电流大于 $0.04I_n$ 或开关在合位状态。

（2）负序电压大于 8V。

（3）相电压中三次谐波分量超过 10V，用来检测 TV 的 N 相是否正常。

满足上述任一个条件，同时保护启动元件未启动，延时 10s 报该侧 TV 异常，并发出报警信号，在电压恢复正常后延时 10s 恢复。

TV 断线对变压器差动保护没有影响。

对于复压过流（方向）保护，高（中）压侧 TV 断线或电压退出后，该侧复压过流（方向）保护退出方向元件，受其他侧复压元件控制；当各侧电压均 TV 断线或电压退出后，高（中）压侧复压过流（方向）保护变为纯过流；低压侧 TV 断线或电压退出后，本侧（或本分支）复压（方向）过流保护变为纯过流。

当变压器后备保护变为纯过流后，需要严格按保护限额控制负荷，防止保护误动。

对于零序过流（方向）保护，TV 断线或电压退出后，本侧零序方向过流保护退出方向元件。

对于阻抗保护，TV 断线时闭锁。

对于过励磁保护，TV 断线时闭锁。

24. TV 断线对线路保护有什么影响？

答：线路保护 TV 断线判别典型逻辑如下：

（1）三相电压相量和大于 8V，保护不启动，延时 1～1.3s 发 TV 断线异常信息。

（2）三相电压相量和小于 8V，但正序电压小于门槛值（28～35V）时，若采用母线 TV 则延时 1～1.3s 发 TV 断线异常信息；若采用线路 TV，则当任一相有流元件动作或 TWJ 不动作时，延时 1～1.3s 发 TV 断线异常信息。

（3）三相电压正常后，经 0.5～10s 延时，TV 断线信息复归。

当线路保护出现 TV 断线后，将退出距离保护和工频变化量阻抗保护，零序过流保护Ⅱ段退出，Ⅲ段不经方向元件控制。对于集成过电压功能的线路保护，根据控制字“TV 断线转无判据”决定是否退出就地判据。

25. TV 断线对母线保护有什么影响？

答：在母差保护中母线电压主要用于复压闭锁，以提高母线保护的可靠性和灵敏性。

当母线保护某段母线 TV 断线时，将引起该段母线的复合电压元件开放，但不闭锁保护功能。

26. TV 断线对重合闸有什么影响？

答：微机保护的重合闸方式非常灵活，有检母线无压、检线路无压、检同期方式。由于检母线无压和检同期方式都需要母线电压的参与，当重合闸运行在检母线无压或者在检同期的方式下，发生母线 TV 断线，重合闸会检测到 TV 断线，并且自动放电，此时没有“充电”的重合闸相当于闭锁，在这种情况下，重合闸不能启动，也不能完成重合功能。当重合闸运行在检线路无压方式下，由于重合闸不用检测母线电压，只检测线路电压，所以 TV 对此方式不会构成影响，重合闸依然能正常工作。

27. 电流互感器的作用是什么？电流互感器极性对什么保护无影响？

答：电流互感器是一种电流变换装置，它将高压和低压大电流变成电压较小的小电流，供给仪表和继电保护装置，并将仪表和保护装置和高压电路隔开。电流互感器相当于电流源。

电流互感器极性对电流速断保护无影响。

28. 电流互感器有什么特点？ 运行中有什么要求？

答：电流互感器用于测量电流，二次侧可以短路，不能开路；电流互感器的一次内阻很大，可认为是一个内阻无穷大的电流源；电流互感器正常工作时磁通密度很低，而系统发生短路时，一次侧电流增大，使磁通密度大大增加，有时甚至远远超过饱和值，会造成二次输出电流的误差增加。因此，应尽量选用不易饱和的电流互感器。

电流互感器串联在电路中，一次绕组比二次绕组匝数少。

29. 电流互感器常用接线方式有哪些？

答：（1）电流互感器单相式接线如图 4-25 所示，其二次侧电流线圈通过的电流，反映一次电路对应相的电流。常用在负荷平衡的三相电路中测量电流，或在继电保护中作过负荷保护。

（2）电流互感器三相Y形接线如图4-26所示，电流互感器三相Y形接线又称完全星形接线，其三个电流线圈通过的电流正好反映各相的电流。广泛用在三相电路中，特别是广泛地用于三相四线制系统，包括TN-C系统、TN-S系统或TN-C-S系统中供测量用。也常用于继电保护中作过电流保护、差动保护等。

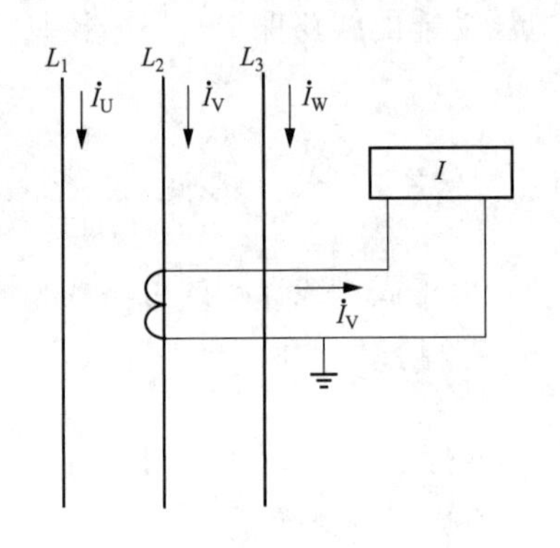

图4-25　单相电流互感器接线

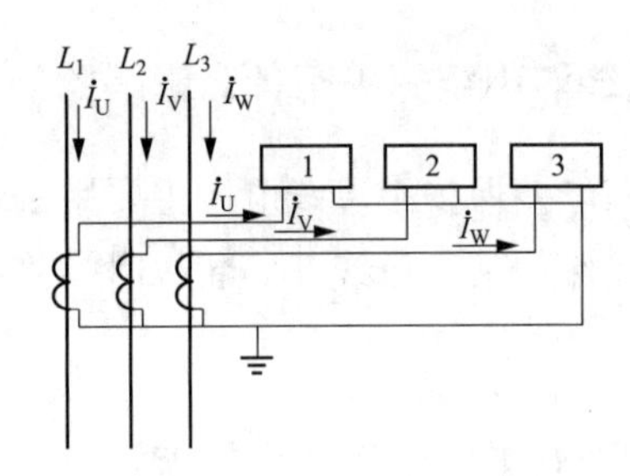

图4-26　三相电流互感器接线

（3）电流互感器两相V形接线如图4-27所示，电流互感器两相V形接线又称为两相两继电器接线或不完全星形，其继电器中流过的电流就等于电流互感器二次电流，反映的是相电流，而电流互感器二次侧公共线上的电流，正好是未接电流互感器的V相的二次电流，因此这种接线的三个电流线圈分别反映了三相的电流。它广泛用于中性点非有效接地的三相三线制电路中，供测量三个相电流之用，也常用于继电保护中作过电流等保护。

（4）电流互感器两相电流差接线如图4-28所示，电流互感器两相电流差接线又称为两相一继电器接线，其二次侧公共线流过的电流，等于两个相电流的矢量差，它多用于三相三线制电路的继电保护中作过电流等保护。

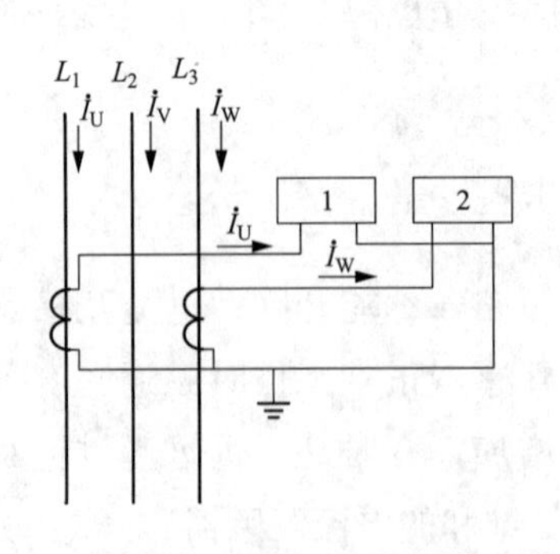

图4-27　两相V形接线

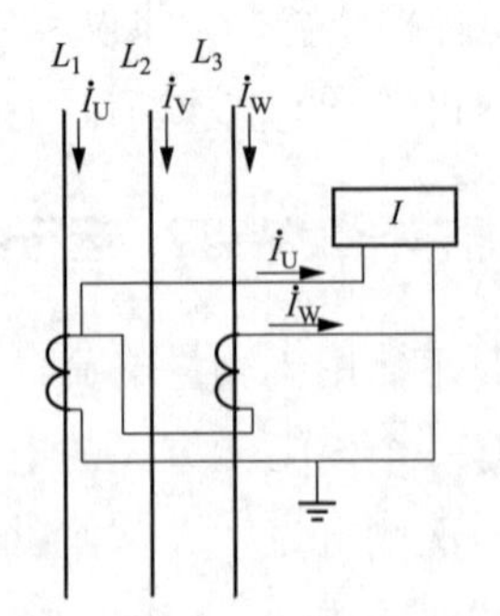

图4-28　两相电流差接线

30. 为什么电流互感器二次侧不可开路？

答：因为电流互感器二次绕组闭合时，一次、二次绕组的磁势互相抵消，铁芯中的磁通很小，两边的感应电势很低，因此不会影响负载工作。若二次侧开路，则一次绕组的磁势将使铁芯磁通剧增，而二次绕组的匝数又多，故使二次绕组的感应电势很高，就会击穿绝缘，损坏设备，危及人身安全。

31. 变压器接地后备保护中零序过流与间隙过流的 TA 是否共用一组?

答：变压器接地后备保护中零序过流与间隙过流的 TA 不能共用一组。变压器接地后备保护中零序过流与间隙过流的 TA 均独立设置，自动实现中性点接地时投入零序过流（退出间隙过流）、中性点不接地时投入间隙过流（退出零序过流）的要求，安全可靠。若两者保护公用一组 TA，当中性点接地运行时，一旦忘记退出间隙过流保护，又遇有系统内接地故障，往往造成间隙过流误动作将本变压器切除，另外间隙过流元件定值很小，若每次接地故障都受到大电流冲击，易造成损坏。

32. TA 断线信息产生的原因是什么?

答：从根本上讲，保护装置不能正确获得电流采样值、造成相关保护功不能正常工作进而闭锁保护功能的情况，都可以认为是 TA 断线。

在常规变电站中，TA 断线信息指示保护装置的二次电流回路（电缆）或保护装置采样回路出现异常，保护报 TA 断线，应进行相应处理。

在智能变电站中，大量采用模拟量输入式合并单元来实现电流采样功能，保护装置通过采样值（Sampled Value，SV）报文获得电流采样值。因此除了电流互感器到合并单元的二次电流回路（电缆）或合并单元装置采样回路出现异常，可引起 TA 断线外，SV 报文不能正确传输的影响也等同于 TA 断线，保护装置一般也按 TA 断线处理。通常 SV 断链、合并单元与保护装置检修不一致都按 TA 断线处理。

通常可以将智能变电站的电流二次回路断线、SV 断链、检修不一致等异常都归入电流无效的范畴，保护装置统一按电流无效（TA 断线）处理。

33. TA 断线对开关保护有什么影响?

答：开关保护 TA 断线典型逻辑如下：

（1）零序电流 $3I_0$ 大于零序启动电流定值，任一相无流且无零序电压，则延时 10s 报“TA 断线”。

（2）TA 断线条件返回后，延时 10s 此告警信息复归。

开关保护出现 TA 断线后将影响失灵、三相不一致、死区保护、充电过流等逻辑判据，降低装置可靠性。

34. TA 断线对变压器差动保护有什么影响?

答：变压器保护 TA 断线典型判别逻辑如下：

（1）本侧 $3I_0$ 大于 0.15 倍本侧额定电流。

（2）本侧异常相电压无突降。

（3）本侧异常相无流并且电流突降。

（4）断线相差流大于 0.12 倍基准额定电流。

同时满足以上条件，判别为该侧 TA 断线。

在变压器保护投入 TA 断线闭锁功能的情况下，当差动电流不大于 $1.2I_N$（额定电流）时，比率差动保护会闭锁，而当差动电流大于 $1.2I_N$ 时，比率差动仍能出口跳闸。当变压器保护不投 TA 断线闭锁功能时，变压器差动保护不受其影响，只要差动电流达到定值，差动保护就动作。工频变化量差动保护始终经过 TA 断线闭锁。变压器差动速断保护不受 TA 断线闭锁的影响。

35. TA 断线对变压器后备保护有什么影响？

答：变压器后备保护通常配置复压闭锁过流保护、零序过流保护、距离保护等，这些保护功能均需要电流判据，当某侧 TA 断线时，该侧相关后备保护均不能正常工作，因此会闭锁。

36. 支路 TA 断线对母线保护有什么影响？

答：母线保护装置支路 TA 断线典型判别条件如下：

母线保护按相判别支路 TA 断线异常，当保护装置判断出有且只有一相差电流大于 TA 断线闭锁定值，该相和电流减小，其他相和电流无变化，同时该相制动电流叠加零序电流小于另两相电流，且小差母线电压不开放，则保护装置认为 TA 断线判据满足，瞬时闭锁本相差动保护，延时两个周波发 TA 断线闭锁信息，上述任一判据不满足后，闭锁及告警延时 5ms 自动返回。

37. 母联开关 TA 断线对母线保护有什么影响？

答：由于母联开关的电流不计入大差，母联电流回路断线时线路 TA 断线的判据并不会满足，母联 TA 断线判据为：大差电流小于 TA 断线整定值，两个小差电流均大于 TA 断线整定值。

母联 TA 断线不影响母线保护对区内、区外故障的判别，不闭锁母差保护，只影响小差元件。当出现母联 TA 断线时，母线强制互联，延时报母联 TA 断线，同时发母线互联信息。当发生区内故障时，不再进行故障母线的选择，跳开两条母线上所有开关。

38. TA 断线对线路纵联差动保护有何影响？

答：在正常负荷下，TA 断线时不会引起纵差保护误动，线路纵联差动保护设有“TA 断线闭锁差动”控制字，当该控制字投入时，如某相 TA 断线，则闭锁零差及该相分相差动保护，其他两相分相差动保护不受影响。当该控制字退出时，TA 断线闭锁零差，分相电流差动抬高断线相差动定值且延时动作，其他两相分相差动保护不受影响。

当TA断线又伴随区外故障时，非断线侧的相电流突变量作为起动元件会起动（起动元件是不带方向性的），当TA断线相负荷电流大于差动整定值时会引起两侧差动都动作，从而跳开该相，因为此时差动继电器抗干扰能力很差，最终可能导致两侧三跳。

TA断线后区内故障能正确动作。

39. “线路保护TA断线”信息告警的原因有哪些？

答：线路保护装置检测到电流互感器二次回路开路或采样值异常等原因造成差动不平衡电流超过定值，延时发TA断线信息。

该信息告警的原因有：

（1）保护装置采样插件损坏。

（2）TA二次接线松动。

（3）电流互感器损坏。

40. 线路保护TA断线有哪些影响？

答：线路保护TA断线的影响有：

（1）线路保护装置差动保护功能闭锁。

（2）线路保护装置过流元件不可用。

（3）可能造成保护不正确动作。

41. 什么是电子式互感器？

答：电子式互感器是一大类新型互感器的总称，由连接到传输系统和二次转换器的一个或多个电压或电流传感器组成，用以传输正比于被测量的量，供给测量仪器、仪表和继电保护或控制装置。电子式互感器包括电子式电流互感器和电子式电压互感器。电子式电流互感器采用低功率线圈、罗氏线圈或光学材料作为一次传感器，电子式电压互感器采用电阻、电容分压器或光学材料作为一次传感器，利用光纤进行信号传输，通过对测量电量的信号处理实现数字量或模拟量的输出。

42. 电子式互感器分类有哪些？

答：如图4-29所示，电子式互感器按高压侧是否需要供能分为无源式电子互感器和有源式电子式互感器；按被测量类型分为电子式电流互感器和电子式电压互感器；从原理上可分为基于电磁感应原理的互感器和基于法拉第磁光效应的光学互感器。

43. 电子式互感器与常规互感器相比有何优缺点？

答：电子式互感器的优点：

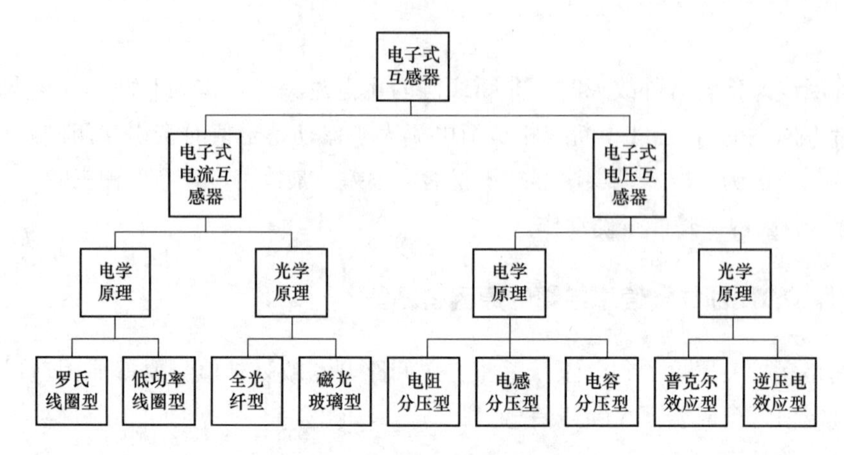

图 4-29 电子式互感器分类

（1）消除了磁饱和现象。常规电流互感器在运行中系统发生短路时，在强大的短路电流作用下，特别是非周期分量尚未衰减时，开关跳闸或在大型变压器空载合闸后，互感器铁芯将保留较大剩磁，铁芯饱和严重，将使互感器暂态性能恶化，使二次电流不能正确反映一次电流，保护拒动或误动。而电子式互感器的光电互感器、罗氏线圈电流互感器没有铁芯，不存在饱和问题，暂态性能比常规互感器好，大大提高了各类保护故障测量的准确性，从而提高保护装置的正确动作率，保证电网的安全运行。

（2）对电力系统故障响应快。现有保护装置（包括微机保护）的保护原理是基于工频量进行保护判断，而不是利用故障时的暂态信号量作为保护判断参量，易受过渡电阻和系统振荡、磁饱和等因素的影响，保护性能难以满足当今电力系统超高压、大容量、远距离发展的要求。利用暂态信号作为保护判断参量是微机保护的发展方向，对互感器的线性度、动态特性都有很高的要求。常规互感器自身性能的限制不能满足这一要求。

（3）消除了铁磁谐振，抗干扰能力强。常规电压互感器中，电磁式电压互感器呈感性，与开关容性断口会产生电磁谐振。此外，电容式电压互感器本身含有电容元件及多个非线性电感元件（如速饱和电抗器、补偿电抗器和中间变压器），在一次侧合闸操作或一次侧短路及二次侧短路并消除故障时，其自身均将产生瞬态过程，此过程可能激发稳定的次谐波谐振，从而导致补偿电抗器和中间变压器绕组击穿，而电子式互感器没有构成电磁谐振的条件，抗电磁干扰力强。

（4）优良的绝缘性能。随着电压等级的提高，电磁式电流互感器、电磁式电压互感器绝缘难度增大，常规采用的油等绝缘材料有爆炸危险，且体积大、重量重。电子式互感器绝缘相对简单，高压侧与低电位侧之间的信号传输采用绝缘材料制造的玻璃纤维，体积小、重量轻、绝缘性能好。

（5）适应电力计量与保护数字化的发展。电子式互感器能够直接提供数字信号给计量、保护装置，有助于二次设备的系统集成，加速整个变电站的数字化和信息化进程，并引发电力系统自动化装置和保护的重大变革。

（6）动态范围大。随着电网容量增加，短路故障时，短路电流越来越大，可达稳态的20～30倍以上。电磁式电流互感器因存在磁饱和问题，难以实现大范围测量，而电子式电流互感器有很宽的动态范围，光电电流互感器和罗氏线圈电流互感器的额定电流为几十安培到几十万安培。一个电子式互感器可同时满足计量和保护的需要。

（7）频率响应范围宽。光电互感器、罗氏线圈电流互感器频率响应均很宽，可以测出高压电力线上的谐波，还可以进行暂态电流、高频大电流与直流电流的测量，而电磁式互感器传感头由铁芯构成，频率响应很低。

（8）经济性好。随着电力系统电压等级的增高，常规互感器的成本成倍上升，而电子式互感器在电压等级升高时，成本稍有增加。此外由于电子式互感器的体积小、重量轻，可以组合到开关或其他一次设备中，共用支撑绝缘子，可减少变电站的占地面积。

电子式互感器的缺点在于：电子式互感器故障率高于常规互感器，故障主要为采集器故障，无源电子式电流互感器的光纤故障、有源电子式电压互感器的绝缘问题。

44. 常用电子式互感器结构和原理是什么？

答：（1）独立型电学原理电流互感器。独立型电学原理电流互感器主要由一次传感器、远端电子模块、光纤绝缘子、合并单元四部分组成。一次传感器位于高压侧，包括一个低功率TA、两个空芯线圈、一个高压电流取能线圈。远端电子模块也称一次转换器，位于高压侧。电学原理电流互感器有两个完全相同的远端模块，两个远端模块互为备用，保证互感器有较高的可靠性。绝缘子为内嵌光纤的实心支柱式复合绝缘子。光纤绝缘子高压端光纤以卡接式圆形头与远端模块对接，低压端光纤以熔接的方式与传输信号的光缆对接。合并单元接收并处理三相电流互感器及三相电压互感器远端模块下发的数据，对三相电流电压信号进行同步，并将测量数据按规定的协议输出供二次设备使用，其结构如图4-30所示。

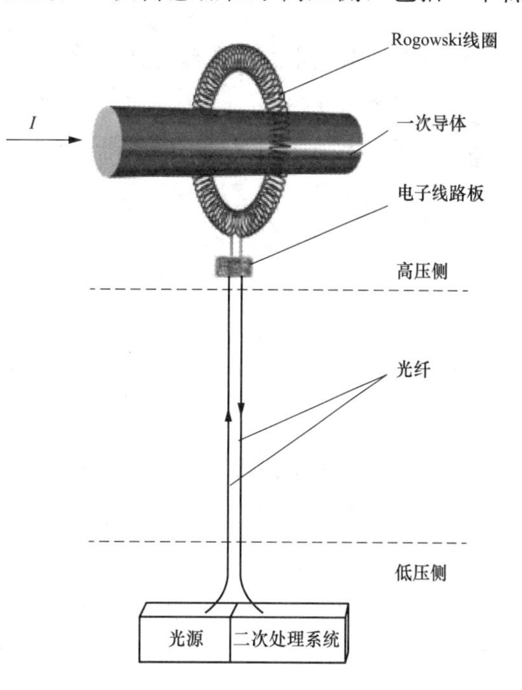

图4-30　独立型电学原理电流互感器

（2）独立型电容分压原理电压互感器如图4-31所示。独立型电容分压原理电压互感器主要由电容分压器、远端电子模块、合并单元三部分组成。电容分压器将被测高电压分出一个较低电压信号给远端模块进行处理。远端电子模块也称一次转换器，位于低压侧的底座内。电子式电压互感器有两个完全相同的远端模块，两个远端模块互为备用，保证互感器具有较高的可靠性。合并单元同时接收并处理三相电压互感器及三相电流互感器远端模块下发的数据，对三相电流电压信号进行同步，并将测量数据按规定的协议输出供二次设备使用，其结构如图 4-31 所示。

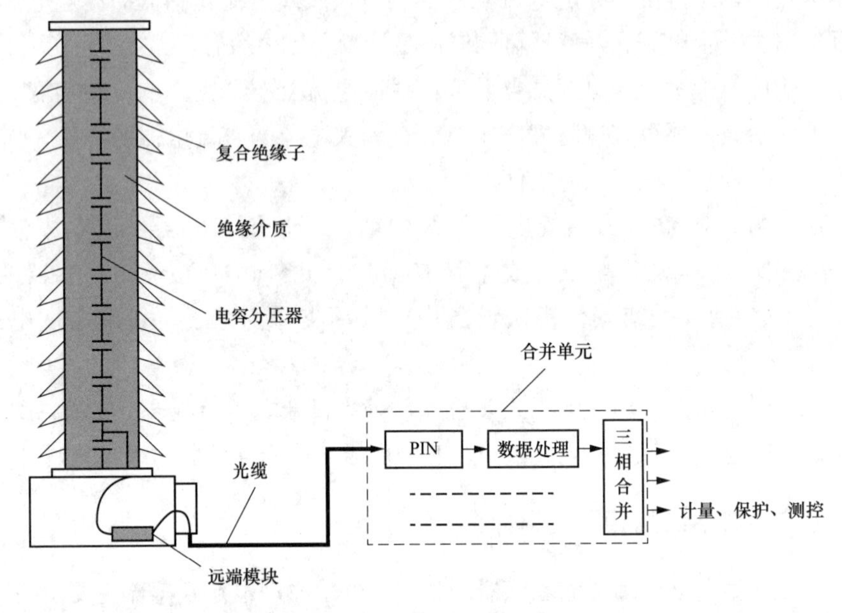

图 4-31　独立型电容分压原理电压互感器

（3）独立型电学原理电流电压组合互感器。独立型电学原理电流电压组合互感器将电流互感器和电压互感器组合为一体，主要由一次电流传感器、远端电子模块、分压器、合并单元四部分组成。一次电流传感器位于高压侧，包括一个低功率 TA、两个空芯线圈、一个高压电流取能线圈。远端电子模块也称一次转换器，位于高压侧。互感器有两个完全相同的远端模块，两个远端模块互为备用，保证互感器具有较高的可靠性。分压器将被测高电压分出一较低电压信号给远端模块进行处理，分压信号从分压器的高压端引出。合并单元既为远端模块提供认能激光，又接收并处理三相电流电压互感器远端模块下发的数据，对三相电流电压信号进行同步，并将测量数据按规定的协议输出供二次设备使用，其结构如图 4-32 所示。

（4）光学原理电流互感器。光学原理电流互感器一般由光纤电流敏感环、电流、电压电气单元及合并单元组成。光学原理电流互感器从原理可分为磁光玻璃式电子互感器和全光纤式电子互感器。

磁光玻璃式电子互感器采用光学玻璃作为电流敏感环，而全光纤式电子互感器中的敏感元件和传输元件都为光纤。电流电气单元介于光纤电流敏感环和合并单元之间，实现光探测信号的发送、电流信息的采集和处理及与合并单元的通信等功能，是全光纤电子式电流互感器的重要组成部分。电流电气单元主要有密闭箱体结构和机架式结构两种。合并单元主要功能是同步采样和处理多路的电子式互感器输出的光纤数字信号，并将测量数据按规定的协议输出供二次设备使用，其结构如图 4-33 所示。

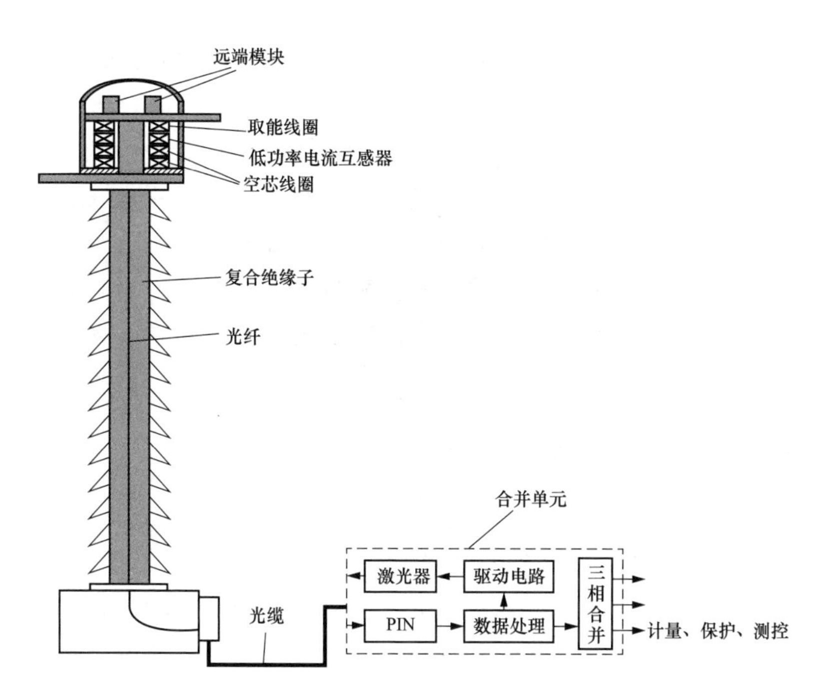

图 4-32　独立型电学原理电流电压组合互感器

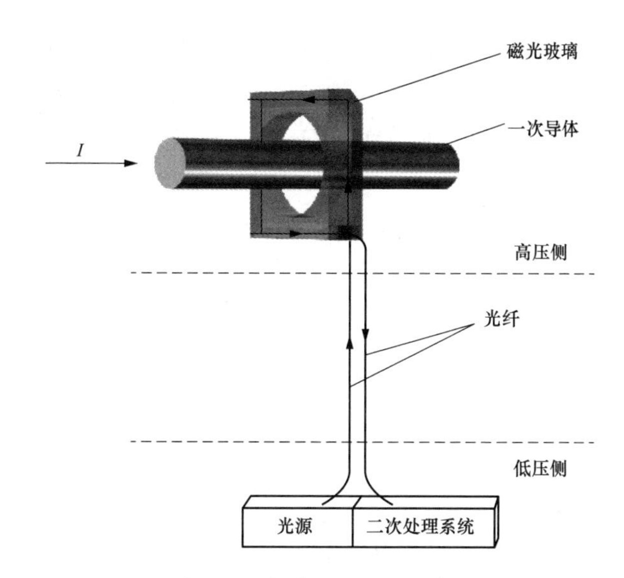

图 4-33　光学原理电流互感器

第六节　容　抗　器

1. 不同绝缘介质电抗器运行特性有何区别？

答：电抗器按冷却介质分为油浸电抗器和干式电抗器。

油浸电抗器主要由铁芯、绕组及其绝缘、油箱、套管、冷却装置和保护装置等组成，油浸电抗器是绕组和铁芯（如果有）均浸渍于液体绝缘介质中的电抗器。油浸式电抗器极易受潮，噪声较大，但安全性较好。

干式电抗器是绕组和铁芯（如果有）不浸于液体绝缘介质中的电抗器，具有线性好、不饱和、无油、噪声低等优点，这些优点使其在电网中应用较普遍。但是，干式电抗器四周存在着强磁场，处于电抗器四周磁场中的金属部件，会产生涡流，将造成金属部件发热，轻则造成电解损耗，重则酿成事故；干式电抗器运行几年后，由于污秽引起电抗器表面龟裂，出现树枝状放电，内部出现匝间短路，容易造成干式电抗器烧坏。

2. 电容器按用途可以分为哪几类？

答：（1）并联电容器：原称移相电容器，主要用于补偿电力系统感性负荷的无功功率，以提高功率因数，改善电压质量，降低线路损耗。

（2）串联电容器：串联于工频高压输、配电线路中，用以补偿线路的分布感抗，提高系统的静、动态稳定性，改善线路的电压质量，加长送电距离，增大输送能力。

（3）耦合电容器：主要用于高压电力线路的高频通信、测量、控制、保护以及在抽取电能的装置中作部件用。

（4）开关电容器：原称均压电容器，并联在超高压开关断口上起均压作用，使各断口间的电压在分断过程中和断开时均匀，并可改善开关的灭弧特性，提高分断能力。

（5）电热电容器：用于频率为40～24000Hz的电热设备系统中，以提高功率因数，改善回路的电压或频率等特性。

（6）脉冲电容器：主要起储能作用，用作冲击电压发生器、冲击电流发生器、开关试验用振荡回路等基本储能元件。

（7）直流和滤波电容器：用于高压直流装置和高压整流滤波装置中。

（8）标准电容器：用于工频高压测量介质损耗回路中，作为标准电容或用作测量高压的电容分压装置。

3. 电抗器按用途分为哪些类型？

答：（1）限流电抗器：串联在电力电路中，用来限制短路电流的数值。

（2）并联电抗器：一般接在超高压输电线的末端和地之间，用来防止输电线由于距离很长而引起的工频电压过分升高，作无功补偿用。

（3）通信电抗器：又称阻波器，串联在兼作通信线路用的输电线路中，用来阻挡载波信号，使之进入接收设备，以完成通信作用。

（4）消弧电抗器：又称消弧线圈，接在三相变压器的中性点和地之间，用以在三相电网的一相接地时供给感性电流，补偿流过接地点的电容性电流，使电弧不易持续起燃，从而消除由于电弧多次重燃引起的过电压。

（5）滤波电抗器的用途：①用于减小整流电路中直流电流上纹波的幅值；②和电容器

构成对某种频率能发生共振的电路，用以消除电力电路某次谐波的电压或电流。

（6）电炉电抗器：和电炉变压器串联，用来限制变压器的短路电流。

（7）起动电抗器：与电动机串联，用来限制电动机的起动电流。

4. 高压并联电抗器的作用是什么？

答：（1）吸收线路容性无功功率、降低工频电压升高。

（2）限制系统操作过电压。

（3）降低线路的有功损耗。

（4）避免发电机带空载线路出现自励过电压。

5. 高抗和低抗的区别在哪里？

答：高抗安装在超高压变电站的开关站里，都是油浸铁芯式结构，能吸收超高压架空线路的容性充电功率，可以起到降低工频暂态过电压和限制操作过电压的作用，能提高系统稳定性和输送能力，减少线路中传输的无功，这样就可以降低有功损耗（线损），提高输电效率；还能降低工频稳态电压，利于系统同期；有利于消除同步电机带空载长线可能出现的自励磁现象。为了不给高频信号提供入地通路，高抗通常接在变电站的母线侧。高抗中性点装设小电抗，可以补偿输电线路相间和对地电容，加速潜供电弧熄灭，有利于超高压线路单相快速重合闸的实现。

低抗通常分组装设于超高压变电站主变压器的低压侧，分为干式空芯和油浸铁芯式，作用是维持无功平衡。当高抗装设容量不足或装设高抗有困难时，装设低抗可以起补足作用，按无功平衡的需要进行分组投切，运行灵活，投入低抗还可以抑制轻负荷时母线电压升高。

6. 静止无功补偿装置的工作原理是什么？

答：利用可关断大功率电力电子器件组成自换相桥式电路，经过电抗器与电网并联运行。通过调整桥式电路交流侧输出电压或直接控制交流侧电流来调节网络电压。

7. 静止无功补偿装置的工作特性是什么？

答：静止无功补偿装置具有电流源的特性，输出容量受母线电压影响很小。这一优点使静止无功补偿装置用于电压控制时有很大的优势，系统电压越低，越需要动态无功调节电压。静止无功补偿装置的低电压特性好，输出的无功电流与系统电压没有关系，可以看作是一个可控恒定的电流源，系统电压降低时，仍能输出额定无功电流，具备很强的过载能力。

8. 磁控电抗器的工作特性是什么？

答：磁控电抗器基于磁放大器原理工作，是一种交直流同时磁化的可控饱和度的铁芯

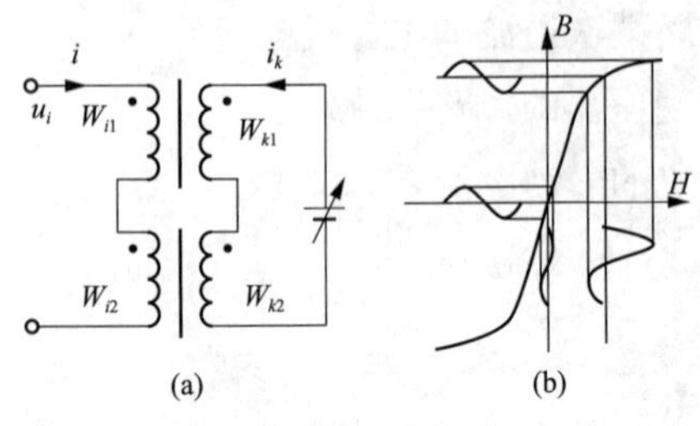

图 4-34　磁控电抗器原理示意图及磁化曲线
（a）示意图；（b）磁化曲线

电抗器。工作时，可以用极小的直流功率（约为电抗器额定功率的 0.1%～0.5%）来改变控制铁芯的工作点（即铁芯的饱和度或者说改变铁芯的导磁率 μ），改变其感抗值，从而达到调节电抗电流的大小并平滑调节无功功率的目的，其突出的优点是稳定、可靠、体积小、成本较低、控制灵活、维护管理简便。图 4-34 为磁控电抗器的原理示意图及工作时的磁化曲线。

9. 磁控电抗器的工作原理是什么？

答：如图 4-35 所示，磁控电抗器的主铁芯分裂为两半（即铁芯 1 和铁芯 2），截面积为 A，四个匝数为 $N/2$ 的线圈分别对称地绕在两个半铁芯柱上（半铁芯柱上的线圈总匝数为 N），每一半铁芯柱的上下两绕组各有一抽头比为 $\delta = N_2/N$ 的抽头，它们之间接有晶闸管 K_1（K_2），不同铁芯上的上下两个绕组交叉连接后并联至电网电源，续流二极管则横跨在交叉端点上。在整个容量调节范围内，只有截面积段的磁路饱和，其余段均处于未饱和的线性状态，通过改变小截面段磁路的饱和程度来改变电抗器的容量。磁控电抗器制造工艺简单，结构稳定，对于提高电网的输电能力、调整电网电压、补偿无功功率以及限制过电压都有非常大的应用潜力。

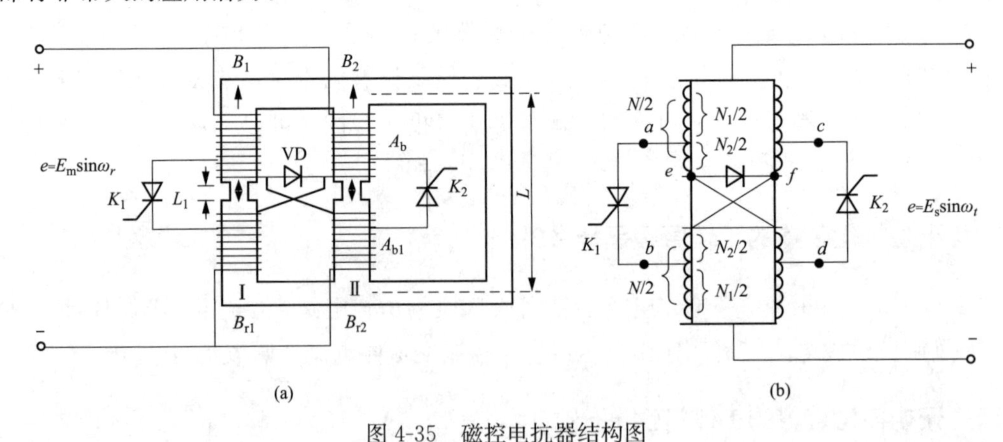

图 4-35　磁控电抗器结构图

10. 并联电容器运行有哪些要求？

答：（1）电容器运行中电流不应长时间超过电容器额定电流的 1.3 倍，电压不应长时间超过电容器额定电压的 1.1 倍。

（2）在正常情况下，全站停电操作时，应先断开电容器组开关后再拉开各路出线开关；恢复送电时应与此顺序相反。

（3）电容器组禁止带电荷合闸，电容器组再次合闸时，必须在开关断开 5min 之后才可进行。

（4）电容器开关因保护动作（欠压保护除外）跳闸，或电容器本身熔丝熔断，应查明原因进行处理后方可送电。

（5）当电容器的温度超过现场规定时，值班员应采取降温措施，如无效果，应将电容器停止运行。

（6）事故情况下，全站无电后必须将电容器组的开关断开。

11. 并联电容器回路中安装串联电抗器的作用是什么？

答：（1）抑制母线电压畸变，减少谐波电流。

（2）限制合闸涌流。

（3）限制操作过电压。

（4）抑制电容器对高次谐波的放大。

（5）电容器本身短路时，可以限制短路电流。

12. 500kV 线路按什么条件装设高压并联电抗器？

答：500kV 线路按下列条件考虑装设高压并联电抗器：

（1）在 500kV 电网各发展阶段中，正常及检修（送变电单一元件）运行方式下，发生故障或任一处无故障三相跳闸时，必须采取措施限制母线侧及线路侧的工频过电压分别在最高线路运行电压的 1.3 和 1.4 倍额定值以下时。

（2）为保证线路瞬时性单相故障时单相重合成功，经过比较，如认为需要采用高压并联电抗器并带中性点小电抗作为解决潜供电流的措施时。

（3）为无功平衡需要，而又无法装设低压电抗器时。

（4）系统运行操作（如同期并列）需要时。

13. 为什么并联电容器操作必须间隔 5min 后进行？

答：在交流电路中，如果电容器带有电荷时，可能使电容器承受 2 倍以上额定电压峰值，这对电容器是有害的，同时会有很大的冲击电流，可能导致开关跳闸或熔断器熔断。为避免出现上述情况，并联电容器操作必须间隔 5min 后进行。

第七节　消　弧　线　圈

1. 中性点消弧线圈补偿方式有哪些？

答：中性点消弧线圈补偿方式通常分为三种：

（1）欠补偿：补偿后电感电流小于电容电流，即补偿的感抗 ωL 小于线路容抗 $1/3\omega C$，电网以欠补偿的方式运行。

（2）过补偿：补偿后电感电流大于电容电流，即补偿的感抗 ωL 大于线路容抗 $1/3\omega C$，电网以过补偿的方式运行。

（3）全补偿：补偿后电感电流等于电容电流，即补偿的感抗 ωL 等于线路容抗 $1/3\omega C$，电网以全补偿的方式运行。

2. 消弧线圈的安装位置在哪里？

答：消弧线圈安装在本级电压侧，即 35kV 的消弧线圈接在 35kV 侧，10kV 的消弧线圈接在 10kV 侧。

消弧线圈一般接在电压变压器二次侧中性点上；若电源变压器的二次侧绕组为星型接线，则消弧线圈直接接在中性点上。若二次侧绕组为角型接线，没有中性点，消弧线圈不能直接接在中性点上，由此发明了接地变压器，人为制造出一个中性点，然后再将消弧线圈接到接地变压器造成的中性点上。

3. 中性点经消弧线圈接地电网发生单相接地的特征有哪些？

答：（1）和中性点非有效接地电网一样，故障相对地电压为零，非故障相对地电压升高接近至线电压，出现零序电压，其大于等于电网正常运行时的相电压，同时也有零序电流。

（2）消弧线圈两端的电压为零序电压，消弧线圈的电流通过接地故障点和故障线路的故障相，但不通过非故障线路。

（3）当系统采用过补偿方式时，流过故障线路的零序电流等于本线路对地电容电流和接地点残余电流之和，其方向和非故障线路的零序电流一样，仍然是由母线指向线路，且相位一致，因此也无法利用方向的不同来判别故障线路和非故障线路。

4. 什么叫消弧线圈的补偿度？什么叫残流？

答：消弧线圈的电感电流与电容电流之差和电网的电容电流之比叫补偿度。电感电流补偿电容电流之后，流经接地点的剩余电流叫残流。

5. 消弧线圈动作、残流过大分别表示什么？

答：消弧线圈动作表示消弧线圈自动根据系统对地电容电流调整档位，残流过大表示消弧线圈满档时无法补偿电容电流，容量不足。

6. 消弧线圈操作有哪些注意事项？

答：（1）消弧线圈装置运行中从一台变压器的中性点切换到另一台时，必须先将消弧线圈断开后再切换，不得将两台变压器的中性点同时接到一台消弧线圈上。

（2）变压器压器和消弧线圈装置一起停电时，应先拉开消弧线圈的闸刀，再停变压器压器，送电时相反。

（3）系统中发生单相接地时，禁止操作或手动调节该段母线上的消弧线圈。

7. 接地变压器或消弧线圈停电操作中，防止带负荷拉合闸刀的措施有哪些？

答：（1）在进行接地变压器或消弧线圈投、停操作前，需查明电网内确无单相接地，且消弧线圈电流小于10A后，方可用闸刀进行操作。

（2）若接地故障点未查明或中性点位移电压超过相电压的15%时，接地信息未消失，不准用闸刀拉开接地变压器或消弧线圈。

（3）严禁用闸刀拉、合发生异常的接地变压器或消弧线圈。

8. 中性点经消弧线圈接地的系统正常运行时，消弧线圈是否带有电压？

答：系统正常运行时，由于线路的三相对地电容不平衡，网络中性点与地之间存在一定的电压，其电压值的大小直接与电容不平衡有关。正常情况下，中性点所产生的电压不得高于额定相电压的1.5%。

9. “消弧线圈交直流电源消失”信息告警的原因有哪些？后果是什么？

答：“消弧线圈交直流电源消失”信息告警的原因是消弧线圈小开关跳闸；

造成后果：消弧线圈调档电源失电造成消弧线圈无法调节分接头，发生接地时感性电流不能完全补偿容性电流，接地点容易产生间歇电弧，间歇电弧引起的过电压对电气设备的绝缘造成很大危害。

10. “消弧线圈装置拒动”信息告警的原因有哪些？后果是什么？

答：“消弧线圈装置拒动”信息告警的原因：自动调谐装置的交直流空气开关掉闸失去电源或者调谐装置卡扣。

造成后果：消弧线圈无法调节档位，发生接地时感性电流不能完全补偿容性电流，接地点容易产生间歇电弧，间歇电弧引起的过电压对电气设备的绝缘造成很大危害。

11. “消弧线圈装置异常”信息告警的原因有哪些？后果是什么？

答：“消弧线圈装置异常”信息告警的原因：消弧线圈装置异常或者自动调谐装置的交直流空气开关跳开。

造成后果：消弧线圈装置异常无法计算调节档位或者消弧线圈调档电源失电造成消弧线圈无法调节档位，发生接地时感性电流不能完全补偿容性电流，接地点容易产生间歇电弧，间歇电弧引起的过电压对电气设备的绝缘造成很大危害。

12. 中性点非有效接地系统中，为什么单相接地保护在多数情况下只是用来发信息，而不动作于跳闸？

答：中性点非有效接地系统中，一相接地时并不破坏系统电压的对称性，通过故障点的电流仅为系统的电容电流或是经过消弧线圈补偿后的残流，其数值很小，对电网运行及用户的工作影响较小。

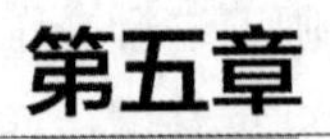

变电站二次设备及监控信息

第一节　变 压 器 保 护

1. 变压器的故障可分为哪些？一般应装设哪些保护？

变压器的故障可分为内部故障和外部故障两种。变压器内部故障指变压器油箱里面发生的各种故障，其主要类型有：各相绕组之间发生的相间短路，单相绕组部分线匝之间发生的匝间短路，单相绕组或引出线通过外壳发生的单相接地故障等。变压器外部故障指变压器油箱外部绝缘套管及其引出线上发生的各种故障，其主要类型有：绝缘套管闪络或破碎而发生的单相（通过外壳）短路，引出线之间发生的相间故障等。变压器的不正常工作状态主要包括由于外部短路或过负荷引起的过电流、油箱漏油造成的油面降低、变压器中性点电压升高、由于外加电压过高或频率降低引起的过励磁等。

为了防止变压器在发生各种类型故障和不正常运行时造成不应有的损失，保证电力系统安全连续运行，变压器一般应装设以下继电保护装置：

（1）反应变压器油箱内部各种短路故障和油面降低的瓦斯保护。

（2）反应变压器绕组和引出线多相短路、大电流接地系统侧绕组和引出线的单相接地短路及绕组匝间短路的（纵联）差动保护或电流速断保护。

（3）反应变压器外部相间短路并作为瓦斯保护和差动保护后备的过电流保护（复合电压起动的过电流保护或负序过电流保护）。

（4）反应中性点有效接地系统中变压器外部接地短路的零序电流保护。

（5）反应变压器对称过负荷的过负荷保护。

（6）反应变压器过励磁的过励磁保护。

2. 变压器的非电量保护通常如何配置？

答：变压器的非电量保护主要有本体重瓦斯、本体轻瓦斯、本体压力释放、本体油温高、本体油温过高、本体油位异常、有载调压重瓦斯、有载调压压力释放、有载调压油位异常、过负荷闭锁有载调压等。

（1）重瓦斯：当变压器（或有载调压开关）内部发生严重故障时，变压器油流快速冲击继电器挡板（或浮球），带动瓦斯继电器跳闸接点闭合，动作跳闸。

（2）轻瓦斯：当变压器内部发生轻微故障时，产生的气体集聚在瓦斯继电器上部，瓦斯继电器油位降低，带动轻瓦斯报警接点闭合，发出告警。

（3）压力释放：反应变压器（或有载调压开关）内部油的压力，当变压器发生故障后，温度升高，油膨胀压力增高，压力释放阀弹簧动作带动继电器接点闭合。

（4）本体油温高、本体油温过高：当变压器油温度高（典型值 85℃）时，发出告警信号，油温过高（典型值 105℃）时跳开主变压器各侧开关。

（5）油位异常：反应变压器（或有载调压开关）内部油的位置，当油位过高或过低时发出告警。

（6）过负荷闭锁有载调压：主变压器过负荷时闭锁有载调压功能，当负荷达到整定值时（典型值 120%），经 5s 延时闭锁有载调压，报“过负荷闭锁有载调压”信号。

3. 变压器瓦斯保护的基本工作原理是什么？为什么差动保护不能代替瓦斯保护？

答：瓦斯保护是变压器的主要保护，能有效地反应变压器内部故障。

轻瓦斯继电器由开口杯、干簧触点等组成，作用于信号。重瓦斯继电器由挡板、弹簧、干簧触点等组成，作用于跳闸。正常运行时，瓦斯继电器充满油，开口杯浸在油内，处于上浮位置，干簧触点断开。当变压器内部故障时，故障点局部发生过热，引起附近的变压器油膨胀，油内溶解的空气被逐出，形成气泡上升，同时油和其他材料在电弧和放电等的作用下电离而产生瓦斯。当故障轻微时，排出的瓦斯气体缓慢地上升而进入瓦斯继电器，使油面下降，开口杯的支点为轴逆时针方向的转动，使干簧触点接通，发出信号。当变压器内部故障严重时，产生大量的瓦斯气体，使变压器内部压力突增，产生较大的油流并向储油柜方向冲击，因油流冲击挡板，挡板克服弹簧的阻力，带动磁铁向干簧触点方向移动，使干簧触点接通，作用于跳闸。

瓦斯保护能反应变压器油箱内的任何故障，包括铁芯过热烧伤、油面降低等，但差动保护对此无反应。如变压器绕组产生少数线匝的匝间短路，虽然短路匝内短路电流很大会造成局部绕组严重过热，产生大量的油流向储油柜方向冲击，但表现在相电流上却并不大，因此差动保护没有反应，但瓦斯保护却能产生灵敏的反应，这就是差动保护不能代替瓦斯保护的原因。

4. 变压器瓦斯保护的范围是什么？瓦斯保护动作应如何处理？

答：瓦斯保护的范围是：

（1）变压器内部多相短路。

（2）匝间短路，匝间与铁芯或外皮短路。

（3）铁芯故障（发热或烧损）。

（4）油面下降或漏油。

（5）分接开关接触不良或导线焊接不良。

当轻瓦斯信号出现后，值班人员应立即对变压器进行外部检查，主要检查储油柜中的油位及油色、瓦斯继电器中的气体量及颜色、变压器本体及强油循环系统是否漏油等，同时查看变压器的负荷、温度、声音等的变化，并应通知化验人员查明瓦斯继电器中的气体的性质，必要时取变压器油样化验。运行值班人员也可以对瓦斯继电器中的气体进行可燃性试验，若气体可燃，应停用该变压器。

重瓦斯保护动作跳闸后，即使经外部及瓦斯性质检查无明显故障，亦不得强送，除非找到确切依据证明重瓦斯误动。如找不到确切原因，则至少应测量变压器线圈直流电阻，有疑问时再进行色谱分析等补充试验，证明无问题，经相关领导同意，才可进行试送。

5. 主变压力释放保护与压力突变保护的区别是什么？

答：通常 500kV 主变保护同时配置压力释放保护与压力突变保护。

主变压力释放保护为：当主变内部压力达到一定值后，压力释放动作，实现油压释放和三侧开关跳闸两个功能。

主变压力突变为：短时内压力从一个值升到另一个值，其升高值大于继电器整定，即实现三侧开关跳闸（一般改信号）。

6. 变压器新安装或大修后，投入运行发现轻瓦斯继电器动作频繁的原因是什么？该怎样处理？

答：动作频繁的原因：可能在投运前未将空气排除，当变压器运行后，因温度上升形成油的对流，内部储存的空气逐渐上升，空气压力造成轻瓦斯动作。

现场处置：应收集气体并进行化验，密切注意变压器运行情况，如温度变化，电流、电压数值及音响有何异常。如果上述化验和观察未发现异常，可将气体排除后继续运行。

7. 为什么不允许主变瓦斯保护启动失灵保护？

答：作为非电量保护，瓦斯保护的动作与返回难以达到电气原理保护所具备的速动性。如果瓦斯保护启动失灵，会造成失灵保护的误动，所以不允许主变瓦斯保护启动失灵保护。

8. 变压器差动保护不平衡电流产生的原因有哪些？

答：变压器差动保护不平衡电流产生的原因有：

（1）变压器空载合闸的励磁涌流。

（2）变压器连接组别造成的相位差。

（3）变压器各侧电流互感器型号不同。

（4）改变变压器调压分接头。

9. 变压器纵联差动保护应满足哪些要求？

答：纵联差动保护应满足下列要求：

（1）应能躲过励磁涌流和外部短路产生的不平衡电流。

（2）在变压器过励磁时不应误动作。

（3）在电流回路断线时应发出断线信号，电流回路断线允许差动保护动作跳闸。

（4）在正常情况下，纵联差动保护的保护范围应包括变压器套管和引出线，如不能包括引出线时，应采取快速切除故障的辅助措施。在设备检修等特殊情况下，允许差动保护短时利用变压器套管电流互感器，此时套管和引出线故障由后备保护动作切除；如电网安全稳定运行有要求时，应将纵联差动保护切至旁路开关的电流互感器。

10. 变压器高阻抗差动保护的配置原则和特点是什么？

答：变压器高阻抗差动保护是通常配置在大型变压器上的一套变压器主保护，其差动TA采用变压器500kV侧、220kV侧（均为三相式）和中性点侧的套管TA，各侧TA变比换算相差。这种差动保护接线对变压器励磁涌流来说是穿越性的，故不反应励磁涌流。它是主变高中压侧内部故障时的主要保护，但不反映低压侧的故障。

该保护特点是不受变压器励磁涌流及TA饱和的影响，保护动作速度快（约为20ms），是一个接线简单且性能优良的变压器主保护。

11. 谐波制动的变压器差动保护中为何要设置差动速断元件？

答：设置差动速断元件的主要原因是：防止在较高的短路电流水平时，由于电流互感器饱和时高次谐波量增加，产生极大的制动电流而使差动元件拒动，因此设置差动速断元件，当短路电流达到4～10倍额定电流时，速断元件快速动作出口。

12. 运行中的变压器在什么情况下停用差动保护？

答：运行中的变压器在下列情况下应停用差动保护：

（1）差动保护二次回路及电流互感器回路有变动或进行校验时。

（2）继电保护人员测定差动回路电流相量及差压。

（3）差动保护互感器一相断线或回路开路。

（4）差动回路出现明显的异常现象。

（5）差动保护误动跳闸后。

13. 变压器过励磁保护的原理是什么？

答：变压器过励磁保护是通过测量U/f之间的关系来监视过励磁的大小，当U/f的数值达到预定值时就延时给出信号，并使变压器跳闸。

过励磁保护作为延时动作的主保护，其低定值延时段动作于信号，高定值延时段动作于跳闸。

14. 什么是变压器零序方向保护？有何作用？

答：变压器零序方向过流保护是在大电流接地系统中，防止变压器相邻元件（母线）

接地时的零序电流保护，其方向是指向本侧母线。作为母线接地故障的后备，保护设有两级时限，以较短的时限跳闸母线或分段开关，以较长的时限跳开变压器本侧开关。

对大型变压器的零序电流保护可采用谐波制动来防止变压器因励磁涌流而产生的误动作。

15. 变压器的零序保护在什么情况下投入运行？

答：变压器零序保护应装在变压器中性点直接接地侧，用来保护该侧绕组的内部及引出线上接地短路，也可作为相应母线和线路接地短路时的后备保护，因此当该变压器中性点接地闸刀合上后，零序保护即可投入运行。

16. 什么是主变保护过负荷告警？

答：当主变某侧的二次电流采样值超过过负荷定值时会发出过负荷告警，其典型判断逻辑如下：过负荷保护定值固定为本侧额定电流的1.1倍，时间一般为10s。

17. 变压器过流保护的作用是什么？它有哪几种接线方式？

答：变压器过流保护既可以作为变压器外部故障的保护，也可以作为变压器主保护的后备保护。过电流保护应安装在变压器的电源侧，这样当变压器发生内部故障时，就可作为变压器的后备保护将变压器各侧开关跳开（当主保护拒动时）。

变压器过电流保护通常有四种接线方式：

（1）不带低电压起动的过电流保护。

（2）带低电压起动的过电流保护。

（3）复合电压起动的过电流保护。

（4）负序电流和单相式低电压起动的过电流保护。

18. 为什么在三绕组变压器三侧都装过流保护？它们的保护范围是什么？

答：当变压器任意一侧的母线发生短路故障时，过流保护动作。因为三侧都装有过流保护，能使其有选择地切除故障，无需将变压器停用。各侧的过流保护可以作为本侧母线、线路的后备保护，主电源侧的过流保护可以作为其他两侧和变压器的后备保护。

19. 变压器中性点间隙接地保护是怎样构成的？

答：变压器中性点间隙接地保护包含间隙过流保护和零序过压保护。

间隙过流保护由间隙过流和零序过压二者构成“或”逻辑，经延时跳开变压器各侧开关。当系统发生接地故障时，在放电间隙放电时有零序电流，则使设在放电间隙接地一端的专用电流互感器的零序电流继电器动作；若放电间隙不放电，则利用零序电压继电器动作。当发生间歇性弧光接地时，间隙保护共用的时间元件不得中途返回，以保证间隙接地保护的可靠动作。

零序过压保护的零序电压选外接时固定为180V、选自产时固定为120V，时间整定为0.5s，跳变压器各侧开关。

20. 自耦变压器过负荷保护有什么特点？

答：由于三绕组自耦变压器各侧绕组的容量不一样，即为高∶中∶低=1∶1∶(1-1/N_{12})，功率传输的方向不同，可能出现其中的一侧或两侧没有过负荷，而另一侧过负荷的情况。因此不能以一侧不过负荷来确定其他侧也不过负荷，一般各侧都应装设过负荷保护，至少要在送电侧和低压侧各装设过负荷保护。

21. 自耦降压变压器与普通降压变压器的保护配置有哪些异同？

答：自耦变压器与普通变压器在纵联差动保护、相间故障后备保护上基本是相同的，但在以下方面是不同的：

（1）接地故障保护：因为从中性线零序TA无法判断是哪一侧网络出现接地故障，自耦变压器应从各侧TA（零序电流滤过器或微机保护自产$3I_0$）获取零序电流，并根据选择性要求加装方向元件。

（2）过负荷保护：仅高压侧有电源，高、低压侧装过负荷保护；高、中压均有电源，高、低压侧及公共绕组装过负荷保护。

（3）自耦变压器装设零序差动保护，不需要考虑励磁涌流的影响。

22. "主变保护装置异常"信息对主变保护有什么影响？

答：当装置检测到本身长期启动、TA断线或异常、TV断线、差流越限、零序过压等情况时，发出"装置运行异常"的告警信息。此时，保护装置还可以继续工作，但部分保护功能可能已经出现缺失，应及时查明原因，防止异常现象进一步扩大。

23. "主变保护装置故障"信息对主变保护有什么影响？

答：当保护装置失电或检测到内部本身的软硬件故障时，发"装置故障"信息，此时将闭锁该装置的整套保护，系统发生故障时保护将拒动。常见的装置故障类型包括：采样异常、跳闸出口异常、定值出错、程序存储器出错等。此时装置不能够继续工作，需要专业班组或者厂家人员及时处理。

主保护和各侧后备保护分开配置的主变将失去故障装置对应的保护功能，采用主保护、后备保护一体双重化配置的主变仍有一套完整的保护在运行。

24. 110kV变压器保护通常如何配置？

答：110kV变压器应配置非电量保护、差动保护作为变压器的主保护，各侧应分别配置复合电压闭锁过流保护作为变压器及中低压母线的后备保护，其中高压侧还应配置间隙零序电流电压保护。低压侧如有分支开关，每个分支配置后备保护。优先采用电气量保护主保护、后备保护一体的双套配置，当采用单重化配置时，要求主保护、各侧后备保护装置应独立。

目前，110kV综合自动化变电站以主保护、后备保护分开的配置方式为主，智能变电站变压器保护以主保护、后备保护一体的双套配置为主。当保护采用双套配置时，各侧合并单元也双套配置，但各侧智能终端仍单套配置。现场配置本体智能终端上传非电量动作报文、调档及中性点接地闸刀控制信息。

25. 110kV变电站主变中性点接地方式与保护投切有哪些原则?

答：(1) 110kV变电站低压侧有小电源的，一般有一台主变中性点接地，当中性点接地变压器停用时，应将另一台不接地变压器改为直接接地；低压侧没有小电源的，一般主变中性点不接地。

(2) 主变中性点保护由不接地零序（零序电压保护、间隙零序过流）、接地零序（零序电流保护）构成，保护投切如下：当同一变电站有一台主变中性点接地时，接地的变压器投接地零序保护，不接地的变压器投不接地零序保护；当同一变电站主变中性点均不接地时，所有主变接地零序与不接地零序保护均退出。

(3) 当主变中性点进行切换时，主变零序保护的投切也作相应变化。

(4) 如不接地零序、接地零序保护配置各自独立的TA，则可同时投入，不需要随主变中性点接地变化而切换。

26. 220kV变压器保护通常如何配置?

答：220kV主变一般配置双重化的主保护、后备保护一体化的电气量保护和一套非电量保护。其中，两套主变电气量保护应完全按双重化原则配置。主保护配置比率制动差动保护和差动速断保护，以保护变压器绕组及其引出线的相间短路和单相接地故障。主变高中低三侧配置复合电压闭锁（方向）过流保护作为相间故障的后备保护，高压、中压侧配置（方向）零序电流保护作为接地故障的后备保护，低压侧配置过电流保护，分时限跳开各相关开关。对中性点装放电间隙的分级绝缘变压器（普通变压器），应配置零序电压保护和间隙电流保护（间隙电流和零序电压构成“或”门出口），延时跳变压器各侧开关。在主变高压侧，还需配置变压器高压侧开关失灵联跳各侧开关的功能。

主变的非电量保护包括瓦斯保护、压力保护、温度保护、油位保护及冷却器全停保护等，以重瓦斯保护和压力释放构成非电量保护的主保护。

27. 220kV主变开关失灵保护的基本配置和实现方式是什么?

答：220kV主变保护配置高压侧开关失灵联跳功能，用于母差或其他失灵保护装置通过变压器保护跳主变各侧的开关；当外部保护动作接点经失灵联跳接点进入装置后，经过装置内部灵敏的、不需整定的电流元件并带50ms延时后跳变压器各侧开关。

28. 220kV主变失灵保护与线路失灵保护有何区别?

答：(1) 失灵启动的电流判据不同：主变支路失灵启动的电流判据为本侧相电流、零序电流或负序电流的“或”逻辑，而线路支路失灵启动的电流判据为本侧相电流、零序电流或负序电流的“与”逻辑。

（2）失灵保护的动作行为不同：对线路支路而言，失灵保护动作后将跳开该线路所在母线的所有支路开关，并启动远跳；而主变支路失灵保护动作后除跳开该主变所在母线的所有支路开关外，还将联跳主变三侧开关。

（3）主变支路失灵保护还具备失灵解闭锁功能：主变保护动作后将开出一副失灵解闭锁接点至母差保护，解除复压闭锁条件，防止由于低压侧故障时高压侧电压变化不明显而导致的开关失灵保护拒动情况。

29. 500kV 变压器保护通常如何配置？

答：500kV 变电站主变保护采用两套完整的电气量保护和非电气量保护，一般单独配置主变 220kV 失灵保护。主变电气量保护可实现主变大差动、零序差动、后备距离保护、电压保护（包括过励磁保护、欠电压与过电压保护）、过流保护功能等。一般来说，主变 500kV 距离保护包含在主变第一套主变保护装置中，主变 220kV 距离保护包含在主变第二套主变保护装置中。

主变的非电气量保护一般包含本体重瓦斯、本体轻瓦斯、本体压力释放、压力突变、油温高、冷却器全停等。主变本体非电气量保护动作不启动失灵，其他电气量保护动作均启动相关失灵保护。

500kV 智能变电站主变非电量保护一般集成在主变本体智能终端装置中，可实现本体重瓦斯、轻瓦斯、压力释放、冷却器全停跳闸、油温高、绕组温度高、油位异常等非电气量保护跳闸出口和信号上传。

30. 500kV 变压器有哪些特殊保护？其作用是什么？

答：500kV 变压器有以下特殊保护：

（1）过励磁保护：用来防止变压器突然甩负荷或因励磁系统引起过电压造成磁通密度剧增，引起铁芯及其他金属部件过热。

（2）500kV、220kV 低阻抗保护：当变压器绕组和引出线发生相间短路时作为差动保护的后备保护。

第二节　开 关 保 护

1. 什么是开关死区保护出口？

答：死区保护属于开关保护中的一种，原理与失灵保护相似，可以看成是一种失灵保护。它的动作前提是故障位于开关与 TA 之间的死区，这样当开关正确分闸后，故障电流还不能切除，与开关失灵拒动导致的后果相同，采用的动作逻辑也同失灵保护一样，当保护动作，经延时发现本开关仍有电流存在，则启动死区保护。但死区保护一般特指母联开关，由母差保护启动，动作后则开放另一段母线保护的出口，从而跳开母线上的所有开关，所以死区保护也叫母联失灵保护，通常只是母差保护中的一个防死区逻辑。

2. 开关失灵保护都有哪些配置原则?

答：开关失灵保护的配置原则：

(1) 对带有母联开关和分段开关的母线要求开关失灵保护应首先动作于断开母联开关或分段开关，然后动作于断开与拒动开关连接在同一母线上的所有电源支路的开关，同时还应考虑运行方式来选定跳闸方式。

(2) 开关失灵保护由故障元件的继电保护启动，手动拉开开关时不可启动失灵保护。

(3) 在启动失灵保护的回路中，除故障元件保护的触点外，还应包括开关失灵判断元件的触点，利用失灵分相判别元件来检测开关失灵故障的存在。

(4) 为从时间上判别开关失灵故障的存在，失灵保护的动作时间应大于故障元件开关跳闸时间和继电保护返回时间之和。

(5) 为防止失灵保护误动作，失灵保护回路中任一对触点闭合时，应使失灵保护不被误启动或引起误跳闸。

(6) 开关失灵保护应有负序、零序和低电压闭锁元件，对于变压器、发电机变压器组采用分相操作的开关，允许只考虑单相拒动，应用零序电流代替相电流判别元件和电压闭锁元件。

(7) 当变压器发生故障或不采用母线重合闸时，失灵保护动作后应闭锁各连接元件的重合闸回路，以防止对故障元件进行重合。

(8) 当以旁路开关代替某一连接元件的开关时，失灵保护的启动回路可作相应的切换。

(9) 当某一连接元件退出运行时，它的启动失灵保护的回路应同时退出工作，以防止试验时引起失灵保护的误动作。

(10) 失灵保护动作应有专用信号表示。

3. 开关失灵保护有什么作用? 什么情况下需要配置失灵保护?

答：当系统发生故障后，故障元件的保护动作而其开关操作失灵拒绝跳闸时，通过故障元件的保护作用于本变电站相邻开关跳闸。同时启动远方跳闸，利用保护通道，使远端有关开关同时跳闸。开关失灵保护是近后备中应对开关拒动的一项有效措施，是220kV及以上电压等级电网以及个别110kV电网继电保护的重要部分，根据下列情况配置开关失灵保护：

(1) 当开关拒动时，相邻设备和线路的后备保护没有足够大的灵敏系数，不能可靠动作切除故障时。

(2) 当开关拒动时，相邻设备和线路的后备保护虽能动作跳闸，但切除故障时间过长而引起严重后果时。

(3) 若开关与电流互感器之间距离较长，在其间发生短路故障不能由该电力设备的主保护切除，而由其他后备保护切除，将扩大停电范围并引起严重后果时。

4. 对带有母联开关和分段开关的母线，开关失灵保护如何动作？

答：应首先断开母联开关或分段开关，然后断开与拒动开关连接在同一母线的所有电源支路的开关。

5. 开关失灵保护启动方式有哪些？

答：开关失灵保护有两种启动方式：

（1）如图5-1所示，将各单元保护动作触点与对应单元开关保护的过电流触点串联，以开关量形式分别接入母线保护装置，由母线保护来确定故障线路失灵开关所在的母线，以实现双母线保护动作的正确选择性；线路保护动作不返回，开关保护仍感受到电流，则启动母差的失灵保护，如同时复合电压动作，经失灵延时跳开母联和失灵开关所在的母线。

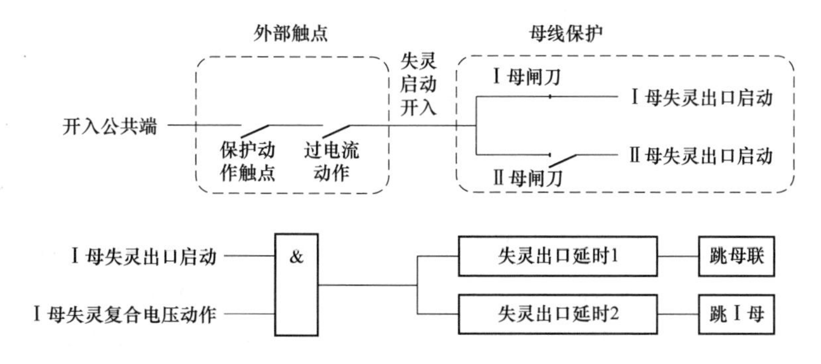

图5-1 开关失灵保护启动逻辑示意图（一）

（2）如图5-2所示，将各单元分相保护动作接点以开关量形式分别接入母线保护装置，利用母线保护各对应单元对应相的相电流来启动失灵保护，同时根据本母线保护中的运行方式来确定故障线路失灵开关所在母线以实现双母线保护动作的选择性。

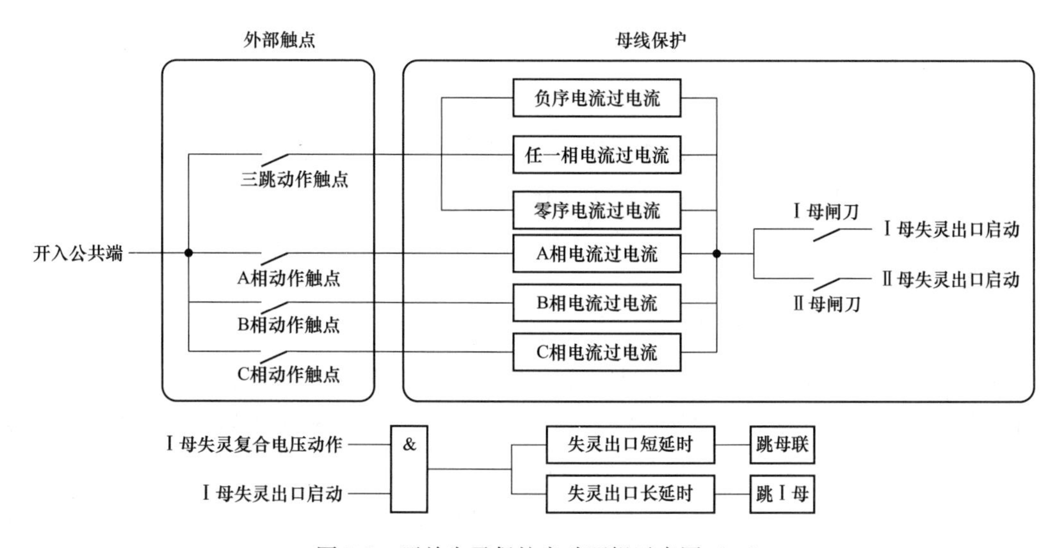

图5-2 开关失灵保护启动逻辑示意图（二）

6. 220kV 线路开关的失灵保护与重合闸是如何配合的？

答：失灵保护通过跳开与拒动开关临近的支路、元件侧开关来达到隔离故障的目的。因此，在失灵保护动作同时，为防止相邻开关重合于故障，必须闭锁重合闸功能。

7. 220kV 开关失灵保护动作有哪两个时限？

答：开关失灵保护第一时限跳母联（或分段）开关，第二时限跳失灵开关所在母线的其他出线开关并发远跳（线路间隔）及联跳（主变间隔）。

8. 500kV 变电站 3/2 接线方式下，开关保护是如何配置的？

答：500kV 系统一般采用 3/2 接线方式，开关保护按双重化配置。开关保护双重化配置，包括失灵和重合闸功能。两套开关保护的重合闸功能要求同时投退，且重合闸方式应一致，每套重合闸均接入另一套重合闸的“闭锁重合闸”硬接点信号。第二套重合闸合闸接点接入开关第一组合闸回路实现重合功能。

9. 500kV 变电站开关失灵保护的功能有哪些？

答：开关失灵保护可以实现两级跳闸或者三级跳闸。当失灵保护收到跳闸信号时，若瞬时跳闸功能投入，则先跳对应开关故障相，再判断本开关是否失灵。若该开关失灵，则先经过延时再跳本开关三相，若仍未跳开，则跳开本开关相邻的开关来隔离故障。失灵保护需综合考虑开关故障相失灵、非故障相失灵和发变组三跳失灵等多种情况。

10. 500kV 开关失灵保护瞬时跳闸的条件是什么？为什么 500kV 开关要装设开关失灵保护瞬跳功能？

答：500kV 开关失灵保护瞬时跳闸的条件是保护启动和故障电流存在。

失灵保护瞬跳的作用是：

（1）追加一次跳闸命令，增加保护动作可靠性。

（2）在开关重合闸闭锁或重合闸未充电时，失灵保护接到线路保护的单相跳闸启动失灵信号时，会借助开关保护的瞬跳功能跳开开关三相。

11. 重合闸有几种方式？

答：重合闸利用切换开关的切换，可实现四种重合方式：

（1）单相重合闸方式：线路上发生单相故障时，实行单相自动重合，当重合到永久性单相故障时，保护动作跳开三相并不再进行重合；当线路发生相间故障时，保护动作跳开三相后不进行自动重合。

（2）三相重合方式：线路上发生任何形式的故障时，均三相跳闸，三相重合；当重合到永久性故障时，断开三相并不再进行重合。

（3）综合重合闸方式：线路上发生单相接地故障时，故障相跳开，实行单相自动重合，当重合到永久性单相故障时，若不允许长期非全相运行，则应断开三相，并不再进行自动重合；若允许长期非全相运行，保护第二次动作跳单相，实行非全相运行；当线路上发生相间短路故障时，三相开关跳开，实行三相重合，当重合到永久性相间故障时，则断开三相并不再进行重合；综合自动重合闸是把单相自动重合闸和三相重合闸综合在一起的重合闸装置。

（4）停用方式：线路上发生任何形式的故障时，保护动作均跳开三相而不进行重合。

12. 三相重合闸和单相重合闸的适用范围是什么？

答：三相重合闸的适用范围：

（1）在单侧电源线路的电源开关如没有特殊要求一般采用三相重合闸。

（2）线路开关操动机构箱为三相联动的，在满足稳定和系统要求的情况下，可以采用三相重合闸。

（3）采用三相重合闸，最不利的情况是有可能重合于三相短路故障，有的线路经稳定计算认为必须避免这种情况时，可以考虑在三相重合闸中增设简单的相间故障判别元件，使它在单相故障时实现重合，在相间故障时不重合。

单相重合闸的适用范围：

（1）电网发生单相接地故障时，使用三相重合闸不能保证系统稳定的线路。

（2）220kV 及以上电压等级线路一般采用单相重合闸。

13. 重合闸放电条件有哪些？

答：满足以下任一条件时，重合闸放电：

（1）重合闸方式在停用方式。

（2）重合闸在单重方式时保护动作三跳或者开关三相偷跳。

（3）收到外部闭锁重合闸信号（如手跳闭锁重合闸或永跳闭锁重合闸等）。

（4）有“压力降低”开入后 200ms 内重合闸仍未启动。

（5）重合闸脉冲发出的同时“放电”。

（6）重合闸“充电”未满时，有跳闸位置继电器动作或有保护启动重合闸信号开入。

14. 重合闸闭锁回路的原理是怎样的？

答：重合闸外部闭锁回路一般有手合闭锁、手跳闭锁、永跳闭锁、低气压（油压）闭重。以南瑞继保 RCS931A 为例，如图 5-3 所示，当人为操作开关合于故障线路时，保护动作跳开开关，此时不允许重合闸将开关再次合闸，为此，通过手合接点 21SHJ 将重合闸闭锁；当人为操作将开关分闸时，也不允许重合闸将分闸开关合上，通过 KKJ 的动断触点将重合闸闭锁。当出现母差跳闸、重合后加速动作、零序Ⅳ段跳闸等需要闭锁重合闸的情况，回路一般都会启动永跳继电器，通过永跳继电器的接点一方面去跳开关，另一方面去闭锁重合闸。但不同的厂商有不同的解决方案，南瑞继保 RCS931A 就在选相无效、多相故障等应该永跳的情况下通过 BCJ 接点去闭锁重合闸。

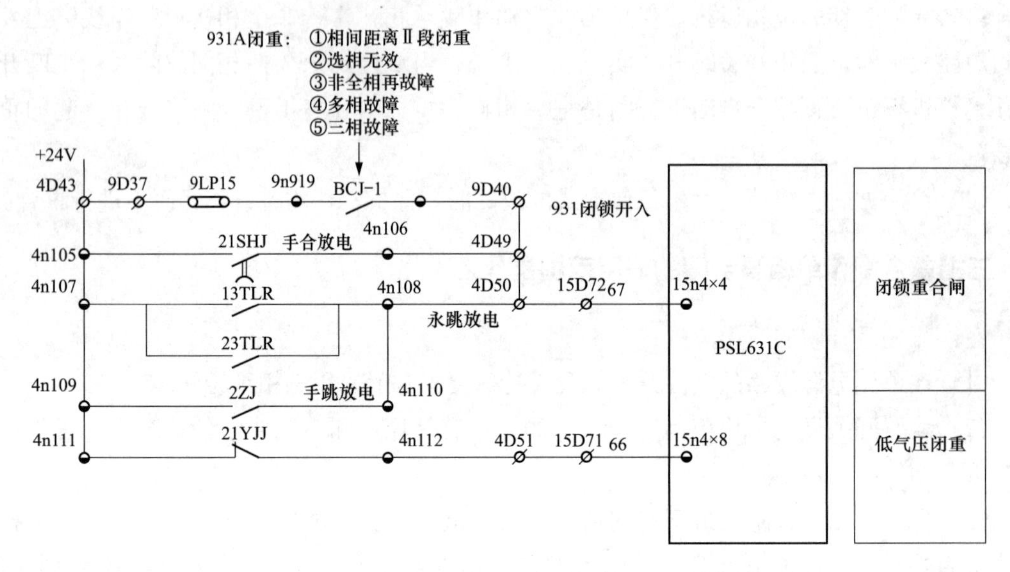

图 5-3 南瑞继保 RCS931A 装置闭锁重合闸回路示意图

经气压或液压操动的开关机构在操动介质压力低时，若不能实现可靠合闸，也会发出闭锁重合闸的指令，通过相应的回路来闭锁重合闸，如图 5-4 所示。

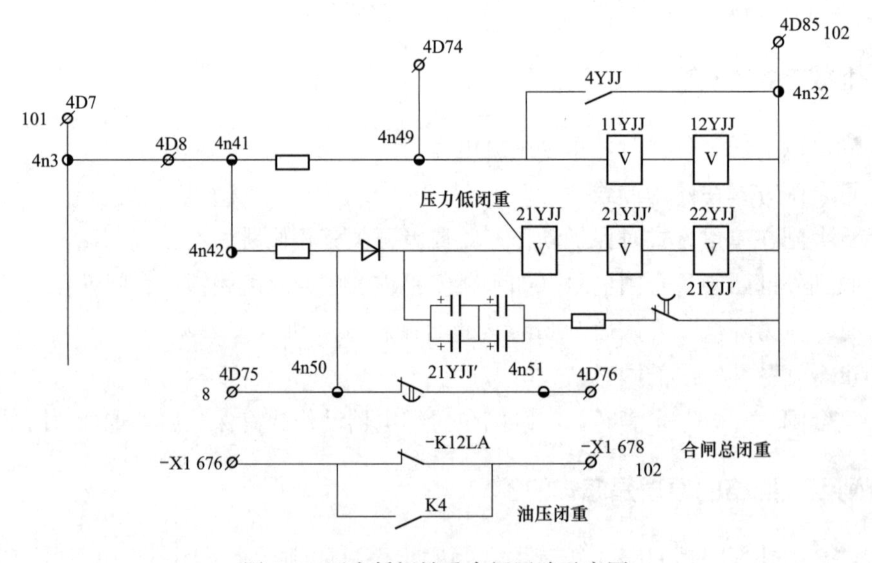

图 5-4 压力低闭锁重合闸回路示意图

15. 自动重合闸的启动方式有哪几种？

答：自动重合闸有两种启动方式，开关位置不对应启动和保护启动。开关位置不对应启动方式的优点是简单可靠，还可以纠正开关误碰或偷跳，可提高供电可靠性和系统运行

的稳定性，在各级电网中具有良好的运行效果，是所有重合闸的基本启动方式；其缺点是当开关辅助触点接触不良时，不对应启动方式将失效。保护启动方式是对上述不对应启动方式的补充，同时，在单相重合闸过程中需要进行一些保护的闭锁，逻辑回路中需要对故障相实现选相固定等，也需要一个由保护启动的重合闸启动元件，其缺点是不能纠正开关误动。

16. 什么叫重合闸后加速?

答：当线路发生故障后，保护有选择性地动作切除故障，重合闸进行一次重合以恢复供电。若重合于永久性故障时，保护装置即不带时限无选择性的动作断开开关，这种方式称为重合闸后加速。

17. 什么叫重合闸前加速?

答：重合闸前加速方式一般用于具有几段串联的辐射形线路中，重合闸装置仅装在靠近电源的一段线路上。当线路上（包括相邻线路及以后的线路）发生故障时，靠近电源侧的保护首先无选择性瞬时动作于跳闸，而后再靠重合闸来纠正这种非选择性动作。其优点是切除故障迅速，可以减少瞬时性故障发展成永久性故障的概率，其缺点是切除永久性故障时间较长，装有重合闸装置的开关动作次数较多，且一旦开关或重合闸拒动，将使停电范围扩大。

18. 为什么采用检定同期重合闸时不用后加速?

答：检定同期重合闸是指当线路一侧无压重合后，另一侧在两端的频率不超过一定允许值的情况下才进行重合。若线路发生永久性故障，无压侧重合后再次断开，此时检定同期重合闸不重合，因此采用检定同期重合闸再装后加速也就没有意义了。若发生的是瞬时性故障，无压重合后，线路已重合成功，不存在故障，同期重合闸时不采用后加速，以免合闸冲击电流引起后加速误动。

19. 两侧电源的线路为什么要采用同期合闸?

答：线路两侧的电源可能无任何联系，当电源之间的频率不一致，或者电压幅值、相位相差太大，特别是当两侧电压相位差180°时合闸将会产生很大的冲击电流，从而影响电气设备的寿命，还可能会引起系统振荡。因此，两侧电源的线路需要采用同期合闸。

20. 双侧电源线路故障三相跳闸时，采用检无压和检同期的线路如何实现重合?

答：线路配置检同期重合闸和检无压重合闸时，一般检同期重合闸和检无压重合闸分设线路两侧。如图5-5所示，线路N侧配置检无压重合闸，线路M侧配置检同期重合闸，当线路出现故障三跳时，线路上三相电压为零。N侧检测到线路无电压，满足检无压重合条件，重合N侧开关，线路带电。随后M侧检测到母线、线路均有电压，且母线与线路的同名相电压的相角差在合闸允许范围内，满足检同期重合条件，重合 M 侧开关，恢复线路运行。

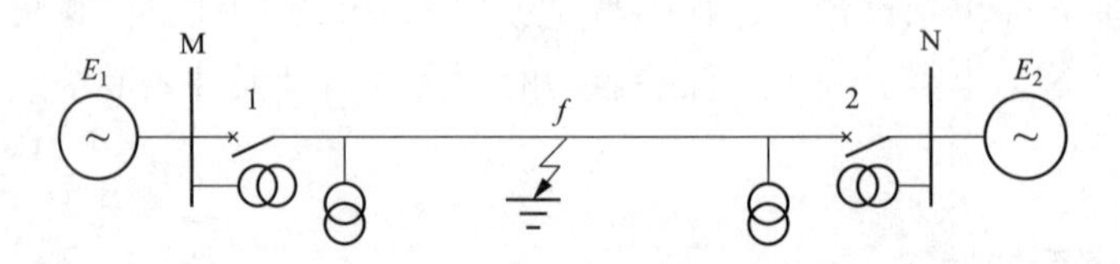

图 5-5 线路重合闸检无压、检同期示意图

21. 在检同期和检无压重合闸装置中，为什么两侧都要装检同期和检无压继电器？

答：如果采用一侧投检无压，另一侧投检同期这种接线方式，那么在使用检无压的一侧，当其开关在正常运行情况下由于某种原因（如误碰、保护误动）而跳闸时，由于对侧并未动作，因此线路上有电压，也就不能实现重合，这是一个很大的缺陷。为了解决这个问题，通常在检无压的一侧同时也投入检同期继电器，两者的触点并联工作，这样可以将误跳的开关重新投入。为了保证两侧开关的工作条件一样，在检同期侧也装设检无压继电器，通过切换后，根据具体情况使用。但要注意，一侧投入检无压和检同期继电器时，另一侧只能投入检同期继电器，否则，两侧同时实现检无压重合闸，将导致非同期合闸。在检同期继电器触点回路中要串接检定线路有压的触点。

22. 什么是重合闸不检方式？

答：所谓重合闸不检方式，是指在线路故障三相跳闸后，只要启动以后经过延时就可以发合闸命令。此种重合闸方式可用于单侧电源线路上的重合闸。

23. 哪些情况下需要停用线路重合闸？

答：（1）重合闸装置不能正常工作时。

（2）不能满足重合闸要求的检查条件时。

（3）可能造成非同期合闸时。

（4）长期对线路充电时。

（5）开关遮断容量不够时。

（6）线路上有带电作业时。

（7）系统有稳定要求时。

（8）开关允许跳闸次数只剩一次。

（9）纯电缆线路或电缆长度达到一定比例的混合线路。

（10）当换流站或背靠背换流单元一侧出现单回交流线路运行时。

24. 手动合闸至故障线路时，如何实现闭锁重合闸？

答：以 PSL631 保护为例，如图 5-6 所示，当手合开关合于故障线路时，通过手合接点

21SHJ 将重合闸闭锁，当线路故障跳闸时，保护动作，不再重合。

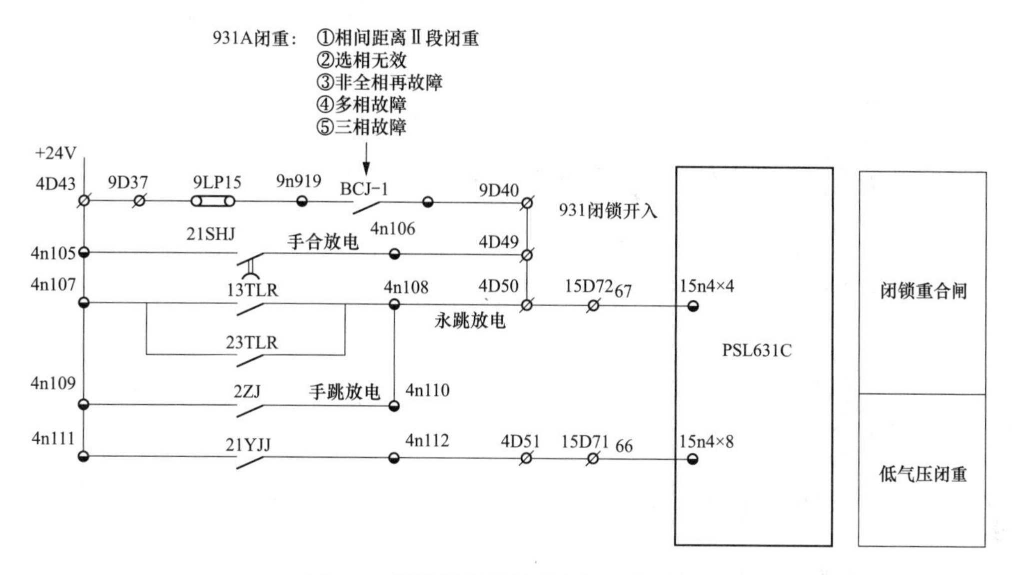

图 5-6　线路保护闭锁重合闸回路示意图

25. 线路保护重合闸闭锁信息的含义是什么？产生该信息的原因有哪些？

答：线路保护重合闸闭锁反映线路重合闸已放电。

产生该信息的原因有：

（1）有外部闭锁重合闸的输入：如手动分闸时、在母线保护动作时、在其他保护装置的闭锁重合闸继电器动作时等作为闭重沟三（闭锁重合闸沟通三跳）的开入量闭锁本重合闸。

（2）由软压板控制的某些闭锁重合闸条件出现时。

（3）收到线路 TV 断线信号（重合闸投检无压或检同期）。

（4）单重方式时，保护三跳。

（5）本装置重合闸退出。

（6）闭重沟三压板合上或闭重三跳软压板置“1”时，闭锁重合闸。

（7）开关压力低闭锁重合闸。

（8）手动合闸或重合于故障线路上时闭锁重合闸。

26. 线路保护重合闸闭锁有哪些影响？出现该信息时应如何处置？

答：线路保护重合闸闭锁信息出现时，说明线路重合闸功能已失去，线路故障时，开关跳闸后不会重合，可能造成线路失电。

出现该信号时，应处置如下：

（1）监控员通知运维单位，并加强相关信号监视。

（2）监控员可结合开关压力、线路保护出口等信息进行研判，重合闸闭锁情况是否符合当前设备状态，若与设备状态不符，应及时汇报调度。

（3）运维人员应检查重合闸投退状态，重合闸装置是否有异常，线路开关压力是否正常等。

（4）因设备异常引起的重合闸闭锁，应由专业人员检查消缺。

27. 什么是开关偷跳？开关偷跳后重合闸是否启动？

答：开关偷跳是指系统中没有发生过短路，也不是手动跳闸，而是由于某种原因，如工作人员不小心误碰开关的操作机构、保护装置的出口继电器接点由于撞击震动而闭合，开关的操作机构失灵等原因造成的开关跳闸。当开关出现偷跳时，跳闸位置继电器动作（TWJ＝1），证明开关处于断开状态，但同时控制开关在合闸后状态，说明原来开关是处于合闸状态。这两个位置不对应，启动重合闸，重合偷跳开关。

28. 220kV 线路独立配置的开关保护（重合闸）装置哪些情况下会输出沟通三跳节点？

答：如下条件满足时，输出沟通三跳接点：

（1）重合方式为三重方式或退出。

（2）重合闸 CPU 告警。

（3）重合闸充电未满。

（4）装置失电。

29. 500kV 重合闸与 220kV 重合闸相比，有哪些特点？

答：500kV 重合闸与 220kV 重合闸相比，有以下特点：

（1）500kV 重合闸装置根据开关间隔配置，220kV 重合闸装置根据线路间隔配置。

（2）500kV 只有保护启动重合闸，220kV 有保护和位置不对应启动重合闸。

（3）500kV 边开关与中开关重合闸时间有先后配合，220kV 无重合闸优先逻辑。

（4）500kV 有线路重合闸和开关重合闸的区分，停用线线串的线路重合闸时，只能停用边开关的重合闸，不能停用中开关的重合闸，220kV 重合闸无线路与开关的区别。

30. 停用 500kV 线路重合闸和开关重合闸有什么区别，操作上有什么区别？

答：完整的 500kV 重合闸动作跳闸由保护启动回路、重合闸回路、开关合闸回路三部分构成。由于中开关是共用的，所以停用线路重合闸时不能停用中开关的重合闸，因此停用线路重合闸是在保护启动回路上停用，而停用开关重合闸则是在重合闸回路上停用。

在操作方式上：

（1）停用 500kV 线路重合闸是指将线路保护跳闸方式从单跳改为三跳。

（2）停用 500kV 开关重合闸是指将开关重合闸方式切换开关 SW1 由“单重”切至“退出”，并取下开关重合闸出口压板。

31. 什么是短引线保护？短引线保护一般由什么设备的辅助触点控制？

答：在 3/2 接线方式下，线路配有闸刀之时，如果线路闸刀拉开，但是该线路的两个开关合环运行，为了保护线路闸刀到开关电流互感器之间的 T 型接线短线所设的保护称为短引线保护。

短引线保护一般由线路闸刀的辅助接点控制，当线路闸刀拉开时投入，当线路闸刀合上时退出。部分变电站直接采用运维人员投退功能压板的方式来控制短引线保护投入、退出。

32. 采用 3/2 接线主接线时，什么情况下要配置短引线保护？为什么？

答：如图 5-7 所示，对于采用 3/2 接线方式的一串开关，如果线路（或主变压器）配有闸刀，则需要配置短引线保护。

当线路（或主变压器）需要停役时，只需要该线路（或主变压器）的闸刀断开，两个开关仍能恢复运行以提高电网可靠性，此时保护用的电压互感器也停用，线路（或主变压器）保护停用，如果线路（或主变压器）闸刀至开关电流互感器此范围内发生故障，将没有保护快速切除故障。为此设置了短引线保护，在上述工况下投入，能快速切除该范围内故障。

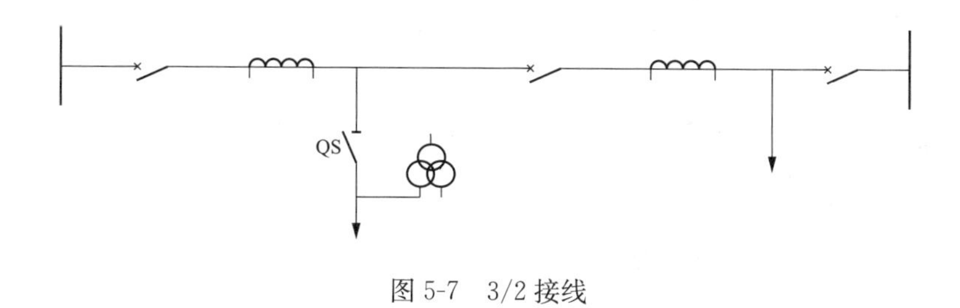

图 5-7　3/2 接线

33. 开关保护应采集哪些监控信息？

答：开关保护包括死区及充电（用于母线侧开关）保护、开关失灵动作逻辑、三相不一致动作逻辑、开关重合闸动作逻辑。在实际配置中，这些逻辑往往合并到其他保护中，并不单独设立开关保护。开关保护监控信息应采集装置的投退、动作、异常及故障信息，装置故障信号应反映装置失电情况，并采用硬接点方式接入。对于智能变电站，还应采集 SV、GOOSE 告警信息及检修压板状态。对于具备重合功能的开关保护，还应采集重合闸信息。如果装置需远方操作的，还应采集遥控操作信息及相应的遥信状态。

34. “开关保护装置故障”信息告警的原因及后果是什么？

答：“开关保护装置故障”信息告警的原因有：装置自检、巡检发生严重错误，装置闭锁所有保护功能，如保护装置内存出错、定值区出错等硬件本身故障以及保护装置失电。出现“开关保护装置故障”信息告警，保护装置处于不可用状态，将会导致保护拒动。

35. “开关保护装置异常”信息告警的原因及后果是什么?

答:“开关保护装置异常”信息告警的原因有:装置在自检、巡检时发生错误。出现“开关保护装置异常”信息告警时保护不闭锁,但部分保护功能可能会受到影响,如TA断线、TV断线、内部通信出错、CPU检测到长期启动等。

36. “开关保护重合闸闭锁”信息告警的原因及后果是什么?

答:“开关保护重合闸闭锁”信息告警的原因有:开关机构故障,如液压、气压降低、弹簧未储能等;也可能是重合闸未充电,如重合闸未投入、失灵保护、三相不一致保护等动作都会导致信息告警。此信息告警时,重合闸装置处于闭锁状态,在故障时无法重合。

37. 什么是重合闸装置的沟通三跳出口?

答:沟通三跳是重合闸功能中的一项逻辑,当线路有流且装置收到保护跳闸信号时,由于重合闸未充电等原因而不允许保护装置选相跳闸,直接输至保护装置相应开入端,实现任何故障时均跳三相。在三种方式下会出现重合闸装置输出沟通三跳触点:重合闸方式手柄在三重或停用位置、重合闸装置失电、重合闸未充好电。

第三节 线 路 保 护

1. 什么是线路主保护?什么是线路后备保护?

答:线路主保护指能以最快速度有选择性地切除线路故障的保护,包括分相差动、零序差动、纵联差动保护、纵联保护等全线速动保护。

线路后备保护是主保护或开关拒动时,用以切除故障的保护。后备保护可分为远后备和近后备两种方式。

线路后备保护适用于220kV及以上电压等级线路保护,指除线路主保护外的线路保护,是对线路主保护的补充,包括相间和接地距离保护、零序保护等。

2. 什么是保护远跳?

答:如图5-8所示,在开关1与电流互感器TA_1之间发生故障时,对于M侧的线路纵联保护而言是外部故障,纵联保护不动作,该处故障M侧母线保护可动作跳M侧开关后,但故障仍然存在,N侧纵联保护仍不能动作,为了让N侧保护快速切除故障,将M侧母线保护动作的触点接在线路纵联保护装置的“远跳”端子上,保护装置发现该端子的输入端子闭合后立即向N侧发“远跳”信号。N侧接收到该信号后,再经(或不经)启动元件作为就地判据发三相跳闸命令,并闭锁重合闸。

若保护整定时，控制字“远跳受起动控制”整定为“0”，则无条件跳本侧开关；若控制字“远跳受起动控制”整定为“1”，则需本侧保护启动，才跳本侧开关。

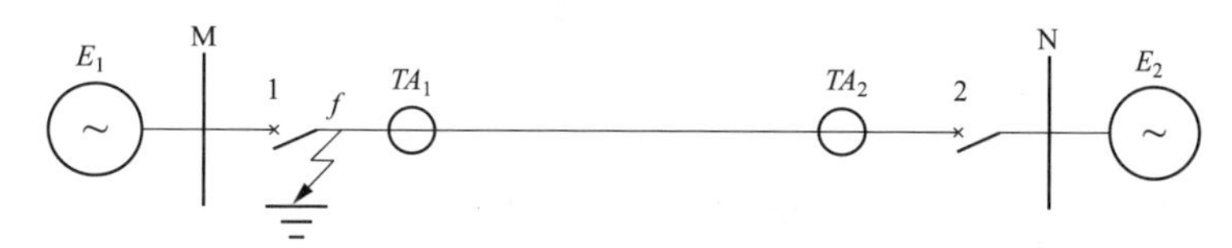

图 5-8　线路保护远跳示意图

3. 什么是距离保护阶梯时限特性？

答：由于距离保护的阻抗继电器的测量阻抗可以反映短路点的远近，可以根据此特点做成阶梯形的时限特性。短路点越近，保护动作越快，短路点越远，保护动作越慢。第Ⅰ段按躲过本线路末端短路（本质上是躲过相邻元件出口短路）时继电器的测量阻抗（也就是本线路阻抗）整定。它只能保护本线路的一部分，其动作时间是保护的固有动作时间，一般不带专门的延时。第Ⅱ段应该可靠保护本线路的全长，它的保护范围将伸到相邻线路上，其定值一般按与相邻元件的速动段配合整定。以 $t_{\text{Ⅱ}}$ 延时发跳闸命令。第Ⅲ段作为本线路Ⅰ、Ⅱ段的后备，在本线路末端短路时有足够的灵敏度。以 $t_{\text{Ⅲ}}$ 延时发跳闸命令。距离保护阶梯时限如图 5-9 所示。

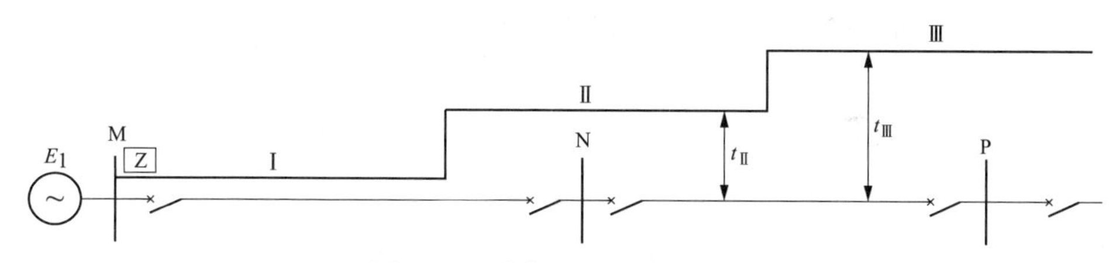

图 5-9　距离保护阶梯时限示意图

4. 线路光纤差动保护通道有哪几种常用的组织方式？

答：（1）专用光纤通道：如图 5-10 所示，两侧保护通过专用光纤芯直联。

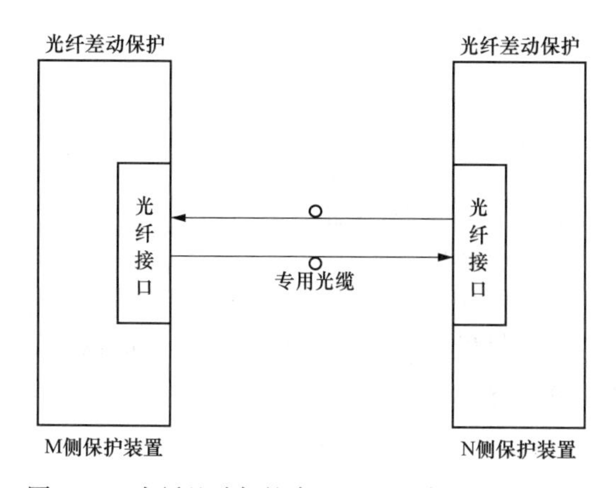

图 5-10　光纤差动保护专用光纤芯直联通道示意图

（2）复用 2M 光纤通道：如图 5-11 所示，通过复用接口装置转换为 2M 速率电口，再通过通信的同步数字体系光端机传送到对侧，对侧同样通过复用接口装置将 2M 电信号转换为光信号送到保护装置。

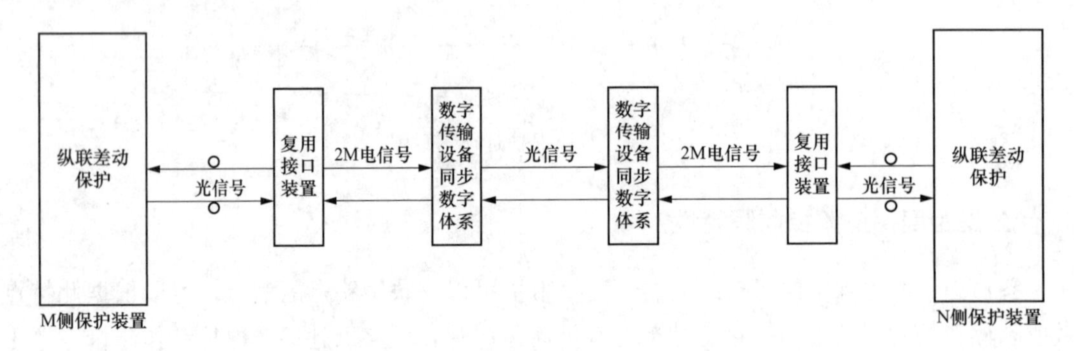

图 5-11　光纤差动保护复用 2M 通道示意图

5. 什么是复用通道的自愈功能？

答：复用通道的光纤通信组网方式一般采用环形网。环形网是一种有很强自愈能力的网络拓扑结构。当正常网络通道出现中断时，环形网能够在极短时间内且无须人为干涉的情况下，自动回复所携带的业务。如图 5-12 所示，正常时 A、C 之间的通信业务由 A→B→C 通道完成，当 BC 间通道中断后，网络自动倒换到 A→D→C 通道，恢复网络通信。

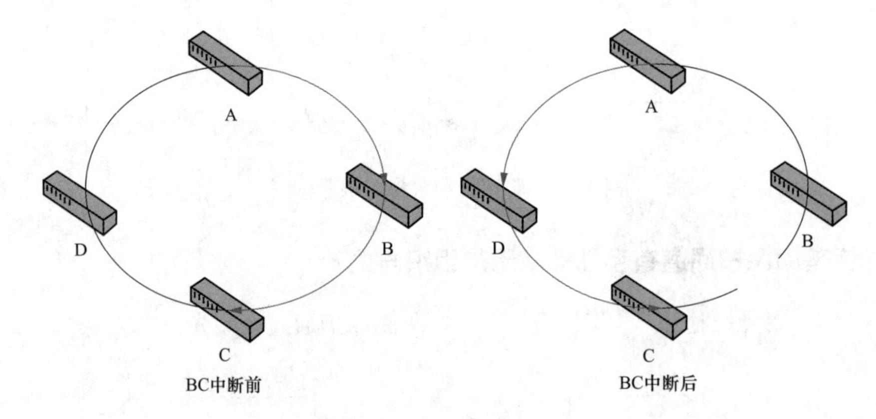

图 5-12　复用光纤通道自愈示意图

6. 光纤差动保护通道中断时，有几种报警模式？

答：有以下几种报警模式：

（1）收发路由均中断时，两侧保护装置均报通道中断报警。

（2）收发仅一路路由中断时，两侧保护装置均报通道中断报警。

（3）收发仅一路路由中断时，只有中断路由的接收端保护装置报通道中断报警，发送端不报。这类装置数量较少。

7. 光纤差动保护通道中断时，对保护功能有何影响？

答：光纤差动保护单通道差动保护通道中断时，仅影响差动保护功能。如有过压远跳装置，且借用线路保护通道，也影响过压远跳功能。

光纤差动保护双通道均投入情况下，一路通道中断，不影响差动保护功能。双通道仅一路通道投入，已投入通道中断时，差动保护退出。

8. 光纤差动保护，在不清楚是否两个通道都投入的情况下，能否通过通道中断信息来判断差动保护是否被闭锁？

答：目前关于光纤差动保护通道中断，监控系统一般有三个信息："通道中断""通道A中断""通道B中断"。

单端口的光纤差动保护，只有"通道中断"信息，一旦通道中断，差动保护随之闭锁。

双端口的光纤差动保护，通道中断信息分"通道A中断""通道B中断"两个。若保护配置双通道，那么任一通道中断不影响差动保护功能。

由于部分双端口的光纤差动保护实际只启用了A端口，那么"通道A中断"即可造成差动保护闭锁。

对于配置了双通道的光纤差动保护，监控系统将两个通道的中断告警信息分别命名为"通道A中断""通道B中断"；而对于单端口保护或只配置了单通道的双端口保护，监控系统将其通道中断告警信息均命名为"通道中断"；那么，监控人员即可通过该信息判断差动保护功能是否受影响。但监控系统对线路光纤差动保护的通道中断告警信息尚未做这样的处理。

9. 为何光纤差动保护两侧状态要保持一致？

答：由于通道数据中不仅传输采样数据，还传输远跳、远传等信号，检修侧误开入情况下，可能导致另一侧或另一套保护跳闸。因此一般情况下建议两侧状态保持一致，同时必须考虑本保护检修对另一套保护的影响。

10. 线路三端光纤差动保护中，某一条通道中断，保护为何仍能正确动作？

答：线路三端差动保护由三个差动保护装置组成，每两个保护装置之间有一路光纤通道，形成一个三角环形光纤通道。正常运行时，每个保护装置都能获得其他两侧的数据，可独立进行差动元件计算，故障时独立动作跳闸。若其中的一路光纤通道中断时，该通道两端的保护装置收不到彼此的数据，差动元件退出，此时另一端差动保护仍能够获得其他两侧的数据，可正常进行差动元件计算，故障时除跳开本端开关外，还能通过远跳跳开另两端的开关。因此，一条通道中断，三端差动保护仍能正确动作。

11. 配置三端差动保护的T接线，当某一侧开关检修时，保护能否调整为双端差动运行？应如何调整？

答：三端差动保护装置可以调整为双端差动运行，但需要调整定值和功能压板。

保护应做如下调整：

(1) 检修侧两端运行压板不投，未检修的两侧装置依次优先投入两端运行压板（软/硬）。

(2) 检修侧装置的差动保护压板退出。

(3) 检修侧装置光纤通道断开（装置调试时可用短尾纤自环）。

12. 35kV及以下线路保护配置的基本原则是什么？

答：35kV及以下中性点不接地或经消弧线圈接地电网的线路上，应装设反映相间短路的保护装置，一般装设分段式电流保护。中性点经小电阻接地电网的线路，还需装设反映单相接地的零序保护。

35kV及以下线路保护只配置单套保护，并采用远后备保护方式。

13. 110kV线路保护配置的基本原则是什么？

答：110kV中性点有效接地的电网中，装设反映接地短路和相间短路的保护装置，应配置反映相间故障的三段式相间距离保护，反映接地故障的三段式接地距离保护和三段式或四段式零序电流保护。

110kV线路保护只配置单套保护，并采用远后备保护方式。

14. 220kV线路保护配置的基本原则是什么？

答：220kV线路保护应按加强主保护、简化后备保护的基本原则配置和整定。

一般情况下，220kV的线路要求装设两套全线速动保护，在旁路开关带线路运行时，至少保留一套全线速动保护运行；两套全线速动保护的交流电流、电压回路和直流电源彼此独立；每一套全线速动保护对全线路内发生的各种类型故障均能快速动作切除故障；两套全线速动保护都应具有选相功能；两套主保护应分别动作于开关的一组跳闸线圈，两套全线速动保护分别使用独立的远方信号传输设备；线路的后备保护采用近后备方式。

15. 220kV线路保护一般选择配置哪些保护功能？

答：220kV线路保护应遵循相互独立的原则双重化配置，独立组屏，每套保护装置均应配置完整的主保护和后备保护，并应有选相功能，实现分相跳闸和三相跳闸。

主保护一般选择全线速动的光纤纵联差动保护。后备保护包括三段式相间和接地距离保护（可整定是否经振荡闭锁）及零序（方向）过流保护的Ⅱ、Ⅲ段。线路重合闸采用单重方式，配置距离保护、零序加速段保护，单相跳闸重合单相，合于故障后加速跳开三相，非单相故障直接跳开三相且不重合。

为防止开关拒动，220kV 线路开关配置有开关失灵保护，功能集成于母线保护中，利用失灵保护动作，在开关拒动时通过远跳对侧开关和跳开所在母线其他支路开关，达到隔离故障的效果。

16. 500kV 线路一般选择配置哪些保护功能？

答：500kV 线路保护一般采用双重化配置方式，第一套保护一般配置分相电流差动、零序电流差动、工频变化量距离快速Ⅰ段保护、三段式相间和接地距离及两个零序方向过流后备保护，保护动作后跳线路相应开关跳圈 1，启动开关失灵 1，启动和闭锁开关重合闸 1，第一套远方跳闸就地判别远跳开入满足就地判别条件后三跳开关跳圈 1。

同理，第二套保护功能跟第一套相同，保护动作后跳线路相应开关跳圈 2，启动开关失灵 2，启动和闭锁开关重合闸 2，第二套远方就地判别装置远跳开入满足就地判别条件后三跳开关跳圈 2。

17. 500kV 线路两侧主保护未动作，就地判别装置会不会动作导致出口？

答：现有 500kV 线路保护中就地判别装置的动作满足下列两个条件即可动作：①通道投入且无故障，装置收信并启动；②任一相满足低有功功率动作定值，经一定延时动作跳闸。装置收信即可启动，无须电流突变量。

若装置开入板硬件故障，导致收信开入变位，与此同时线路输送功率较低，满足低有功功率动作定值，满足跳闸判据，有可能导致跳闸出口。

18. 500kV 线路保护就地判别装置就地判据有哪些？如何收信跳闸？

答：500kV 线路保护就地判别装置的远方跳闸判据有补偿过电压、补偿欠电压、电流变化量、零序电流、零序过电压、低电流、低功率、低功率因数，各个判据都可以通过整定控制字的方式来决定是否投入。

当线路对端出现线路过电压、电抗器内部短路故障或开关失灵动作等故障时，均可通过远方跳闸保护发出远跳信号，由本端收信跳闸装置根据收信逻辑和相应的就地判别动作出口，跳开本侧开关。

19. “线路主（后备）保护出口”信息告警时，监控员应如何处置？

答：线路主（后备）保护出口信息即线路本侧开关跳闸信息，同时伴随线路保护重合闸出口（线路重合闸投入时）、开关分闸变位等信息。监控员应处置如下：

（1）收集事故信息，上报调度，通知运维单位进行现场检查。

（2）了解电网运行方式及潮流变化情况，加强有关设备、潮流断面运行监视。

（3）技术条件允许条件下，远程调阅检查保护装置动作信息及运行情况，检查故障录波器动作情况。

（4）运维人员检查开关跳闸位置及间隔设备是否存在故障，将检查情况上报调度。

（5）对于重合不成功或未重合的线路，确认满足远方试送条件，汇报调度，开展远方试送。

20.“线路保护远跳出口”信息告警时，监控员应如何处置？

答：该信息告警时，监控员应进行如下处置：

（1）检查线路开关跳闸情况及线路对侧变电站是否有保护动作开关跳闸信息；上报调度，通知运维单位，做好相关操作准备。

（2）运维人员现场检查开关跳闸位置及间隔设备情况，检查保护装置出口信息及运行情况，检查故障录波器出口情况。

（3）若检查后发现是保护装置误动，根据调度指令退出异常保护装置，并由专业人员进行处理。

21.“线路保护装置故障信息”信息告警的原因有哪些？有何影响？出现该信息时应如何处置？

答：保护装置故障反映保护装置自检、巡检发生严重错误，装置闭锁所有保护功能。该信息告警的原因有：

（1）装置内部元件故障。

（2）保护程序、定值出错等，自检、巡检异常。

（3）装置直流电源消失。

当线路保护装置故障时，将闭锁所有线路保护功能，如果当时所保护的线路故障，则线路保护拒动。

该信息告警时，应进行如下处置：

（1）上报调度，通知运维单位，了解受保护装置受影响情况，加强相关信息监视，了解现场处置的基本情况和处置原则，根据处置方式制定相应的监控措施。

（2）运维人员检查保护装置报文及指示灯，检查保护装置电源空气开关是否跳开。

（3）根据检查情况，由专业人员进行处理。

（4）为防止保护拒动、误动，应及时汇报调度，停用保护装置。

22.“线路保护装置异常信息”信息告警的原因有哪些？有何影响？

答：“线路保护装置异常信息”信息告警反映保护装置自检、巡检发生错误，不闭锁保护，但部分保护功能可能会受到影响。该信息产生的原因有：

（1）长期启动、跳位继电器故障等，装置自检、巡检异常。

（2）装置 TA、TV 断线。

线路保护装置异常时，线路保护退出部分保护功能，保护装置仍处于运行状态。

23.“线路保护通道异常”信息告警的原因有哪些？

答：“线路保护通道异常”信息告警反映线路保护收不到对侧数据，保护配置双通道的应分A、B通道，分别上送异常信息。

出现该信息的原因有：

（1）保护装置内部元件故障。

（2）尾纤连接松动或损坏、法兰头损坏。

（3）光电转换装置故障。

（4）通信设备故障或光纤通道问题。

第四节　母线保护

1. 220kV母线保护通常如何配置？

220kV母线一般双重化配置两套含失灵保护功能的母线差动保护，并独立组屏。两套母线保护应能适应母线的各种运行方式，且能快速有选择性地切除母线的各种接地和相间故障，即当区内故障发生时，母线保护会经短延时跳开母联开关，随后选跳故障段母线所带支路开关，实现故障切除。

220kV开关失灵保护功能集成于母线保护装置中，通过与线路保护装置和变压器保护装置的配合，以跳开拒动开关所在母线其他支路开关和远跳支路对侧开关，或是主变压器失灵联跳的方式，实现开关拒动时的故障隔离。

2. 500kV母线保护通常如何配置？

答：500kV变电站中500kV母线保护均按双重化配置，由分相式比率差动元件构成，实现母线差动保护、开关失灵经母差跳闸、TA断线闭锁及TA断线告警功能。

母线差动保护的启动元件由“和电流突变量”和“差电流越限”两个判据组成。常规站中当母线所连的某开关失灵时，由该线路或元件的失灵启动装置提供失灵启动开入给本装置。本装置检测到失灵启动接点闭合后，启动该开关所连的母线段失灵出口逻辑，经50ms延时后跳开该母线连接的所有开关。

智能变电站中，当边开关失灵后，其失灵保护动作由GOOSE报文经GOOSE网络开入母差保护，母差保护检测到该开入信号时，经50ms延时后跳开该母线连接的所有开关。

3. 什么是母线保护的“大差”和“小差”？

答：母线大差是指母线上除了母联和分段开关之外的所有支路电流之和，小差是指连接在一段母线上（包括母线和分段）的所有支路电流之和。大差是用来判别区内还是区外故障，小差是选择故障母线。

4. 母线保护区内和区外故障时“大差”和“小差”有何不同？

答：母线保护区外故障时，“大差”和“小差”都等于零，保护不会动作。区内故障时，“大差”和故障母线所在“小差”都不等于零。

5. 正常运行时，母差保护的动作逻辑是什么？

答：如图 5-13 所示，母差保护的动作逻辑是：当大差元件动作，Ⅰ母小差元件动作，同时Ⅰ母复合电压闭锁元件开放，判定为Ⅰ母故障，跳开母联及Ⅰ母上所有开关。当大差元件动作，Ⅱ母小差元件动作，同时Ⅱ母复合电压闭锁元件开放，判定为Ⅱ母故障，跳开母联及Ⅱ母上所有开关。

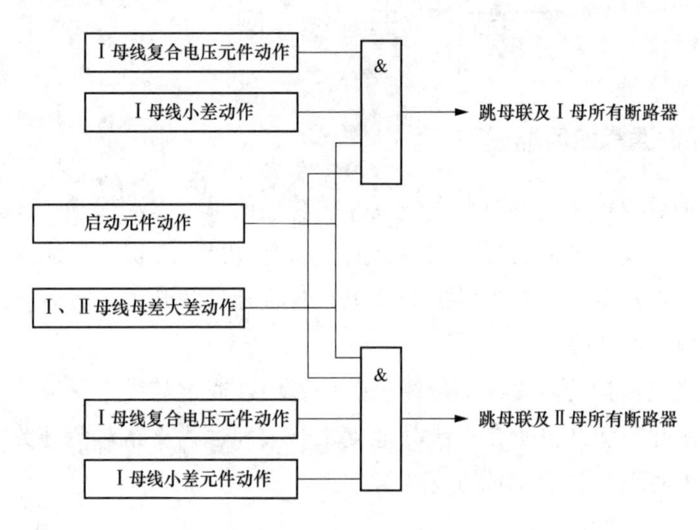

图 5-13　正常方式下母差保护逻辑示意图

6. 互联方式下，母差保护的动作逻辑是什么？

答：互联方式下，母差保护不进行故障母线的选择，大差动作，复合电压开放出口跳开两条母线上所有开关，如图 5-14 所示。

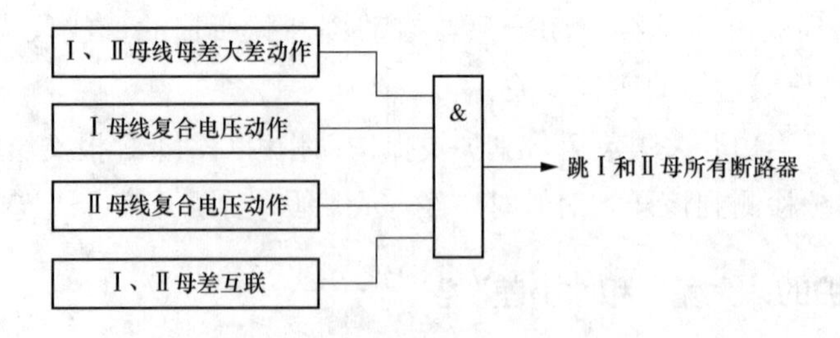

图 5-14　互联方式下母差保护逻辑示意图

7. 220kV 母联、分段开关一般配置哪些保护功能？

答：220kV 母联、分段开关配置独立的母联、分段开关充电保护，包含两段过流保护和一段零序过流保护。正常运行时，该保护退出运行，仅在母线通过母联开关向另一段母线冲击或是母联开关带路运行时投入保护功能。当故障发生时，仅以跳开母联开关方式切除故障。

8. 什么是母联死区保护？

答：如图 5-15 所示，对于双母线或单母分段的母差保护，当故障发生在母联开关与母联 TA 之间或分段开关与分段 TA 之间时，大差电流 $I_d = I_1 + I_2 + I_3 + I_4$，Ⅰ母的小差电流为 $I_{d1} = I_1 + I_2 - I_5 = 0$，Ⅱ母的小差电流为 $I_{d2} = I_3 + I_4 - I_5 = I_1 + I_2 + I_3 + I_4$。此时，大差电流和Ⅱ母小差电流均满足母差保护电流动作条件，Ⅱ母小差会动作，Ⅰ母小差为零，不会动作，开关 QF5 断开后，故障依然存在。根据上述分析，如果不采取措施，开关侧Ⅱ母母差保护要误动，而 TA 侧的Ⅰ母母差保护则拒动。

一般把母联开关与母联 TA 之间或分段开关与分段 TA 之间这段范围称为死区。切除死区范围内故障的保护称为母联死区保护。

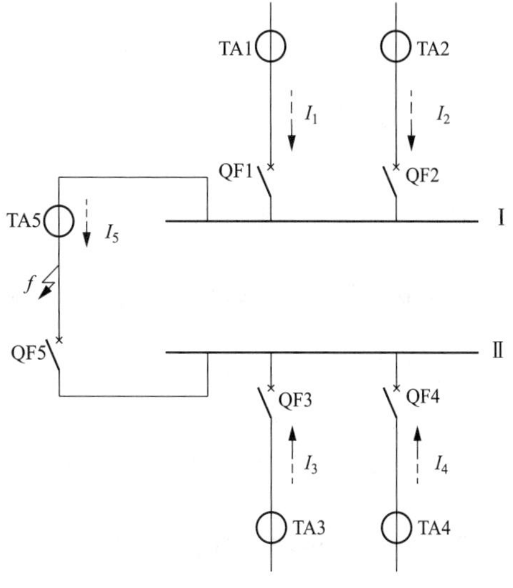

图 5-15　母联死区故障示意图

9. 母联死区保护的动作逻辑是什么？

答：如图 5-16 所示，当出现母联死区故障时，母联死区保护需同时满足下述四个条件才动作切除故障：

（1）母差保护发过Ⅱ母的跳闸命令。

（2）母联开关已跳开（TWJ＝1）。

（3）母联 TA 任一相有电流。

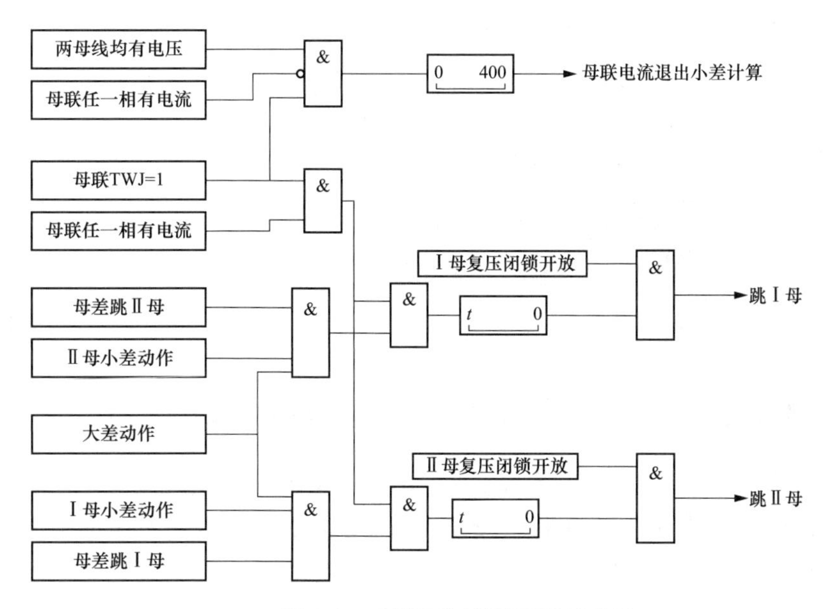

图 5-16　母联死区保护逻辑示意图

（4）大差比率差动元件及Ⅱ母的小差比率差动元件动作后一直不返回。

因此当出现母联死区故障时，母差保护先跳开母联开关及Ⅱ母上所有开关，经短延时跳开Ⅰ母上所有开关，切除故障。

10. 双母线改分列运行时，出现死区故障时，母联死区保护如何动作？

答：当双母线改分列运行时，母联死区保护会根据母联三相均无流且母联 TWJ＝1 的判据确定母线处于分列运行状态，将采取母联电流不计入两个小差的计算措施，如出现死区故障，仅使大差及故障母线小差动作，准确切除故障。

11. 母联失灵保护的作用是什么？

答：当母线出现故障时，母差保护动作跳开母联开关及故障母线上所有开关，如果母联开关拒动，需要快速跳开另外一段母线上所有开关才能切除故障。母联失灵保护可在母联开关拒动情况下，快速跳开正常母线上所有开关，迅速切除故障。

12. 母联失灵保护的动作逻辑是什么？

答：如图 5-17 所示，母联失灵保护的起动条件为：

（1）保护动作跳母联开关同时启动失灵保护。

（2）母联任一相仍有电流。

满足上述起动条件且持续时间大于母联失灵延时时间，再经过两个母线电压闭锁后，切除两个母线上所有开关。

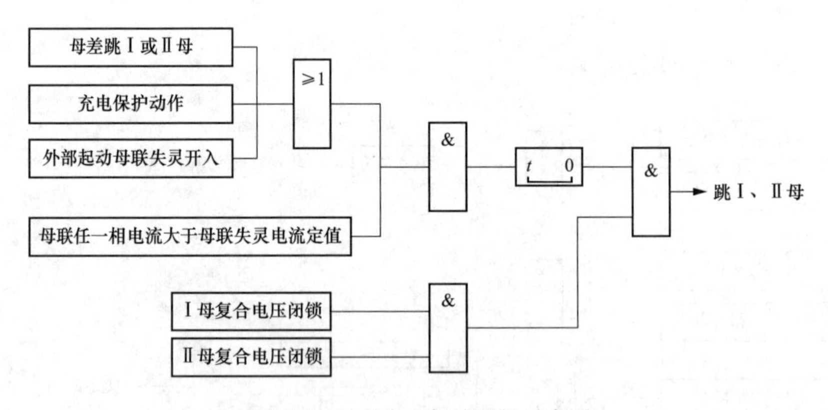

图 5-17　母联失灵保护逻辑示意图

13. 什么是母线保护的复合电压闭锁？母线保护的复合电压闭锁判据是什么？

答：母线保护复合电压闭锁是为了防止保护出口继电器误动或其他原因误跳开关，采用复合电压闭锁元件进行闭锁，利用每段母线上的电压作为反应故障发生的辅助判据。只有当母差保护元件及复合电压闭锁元件同时动作时，才出口跳各开关。

母线保护的复合电压闭锁判据包括母线的低电压、零序电压和负序电压：

（1）低电压的动作条件：三相电压中的任一相电压小于低电压定值。

（2）零序电压的动作条件：保护自产的零序电压大于零序电压值。

（3）负序电压的动作条件：保护自产的负序电压大于负序电压定值。

当三个判据中任一个判据满足时，母线复合电压闭锁元件动作，开放闭锁。

14. 500kV母差保护为什么没有采用电压闭锁？

答：500kV采用3/2接线方式，即使一条500kV母线误跳，也不会中断对元件的供电，安全性要求较低。

如果要实现电压闭锁，必须在500kV母线上三相装设电压互感器，如果为了满足500kV母线的安全性装设三相电压互感器，既耗资又扩大占地面积，因此仅在500kV母线上装设单相电压互感器，用于电压和频率以及同期功能使用。

15. 母线保护分列运行压板投入有什么意义？如何操作？

答：当母线分列运行时，非故障母线有电流流出，使得大差电流减小，会导致灵敏度下降，特别是非故障母线接大电源，故障母线接小电源，两条母线负载严重不对称时，灵敏度下降尤其突出。大的比率制动系数显然不利于母差保护灵敏地判别区内外故障，分列运行时需采用低比率制动系数，保持大差的灵敏性。

分列运行压板和母联（分段）开关“跳闸位置”开入，两个都为1时，判为分列运行，封TA（即母联、分段TA电流不接入差动保护，不参加差动计算）；若任一开入为0，则母联、分段TA接入。

母线保护分列压板应在母联开关断开后投入，而在母联开关合上前取下。

16. 母线保护动作出口时应如何处置？

答：当出现母差保护动作出口时，Ⅰ母或Ⅱ母上所有开关跳闸。处置如下：

（1）监控员收集事故信息，上报调度，通知运维单位，了解电网运行方式及潮流变化情况，加强有关设备运行监视。

（2）运维人员检查运行主变运行是否正常，必要时增加特巡，发现异常及时上报调度；如站用电消失，及时切换或恢复。

（3）断开失压母线上的电容器、线路开关。

（4）运维人员检查母线保护装置动作信息及运行情况，检查故障录波器动作情况；检查母线保护范围内的一次、二次设备，并查找故障点。

（5）如母线故障并有明显的故障点，应迅速将故障点消除或隔离。

（6）将检查情况上报调度，按照调度指令处理。

17. 母差经失灵保护出口信息的含义是什么？产生该信息的原因有哪些？

答：母差经失灵保护出口反映的是母差保护出口但因其他原因造成故障母线开关未跳

开，母差保护启动失灵保护出口再次跳开故障母线所带开关。

产生该信息的原因有：

（1）母线故障开关未跳。

（2）本套保护内部故障造成保护误动。

（3）人员工作失误造成保护误动。

（4）保护接线错误造成区外故障时保护误动。

（5）开关因其他原因闭锁。

18. 母差经失灵保护出口应如何处置？

答：当出现母差经失灵保护出口时，如母线故障保护正确动作切除故障母线所带开关及母联开关而有开关未动，将启动失灵跳开相应开关；如因各种误动造成的母线跳闸将造成母线无故障停运。处置如下：

（1）监控员应上报调度，通知运维单位。

（2）监控员根据故障录波器是否动作、另一套母差保护是否动作判断是否为误动。

（3）如为保护误动应立即报告母线及线路所属调度，并通知运维单位现场检查保护误动原因。

（4）如为母线故障造成保护动作，应立即检查监控界面中开关位置情况，尤其是失灵开关位置情况、三相电流情况、保护及自投动作情况、变压器中性点方式，并将检查结果报告所属调度，通知运维单位现场检查一次设备情况。

（5）监控员通过视频监视系统、保护信息子站等辅助手段进一步判断故障情况，检查相关设备有无重载情况。

（6）运维人员检查运行主变运行是否正常，必要时增加特巡，发现异常及时上报调度；如站用电消失，及时切换或恢复；断开失压母线上的电容器、线路开关。

（7）运维人员检查失灵开关位置及失灵间隔一、二次设备有无异常，并将检查情况上报调度，按照调度指令处理。

19. 母差保护互联信息的含义是什么？产生该信息的原因有哪些？

答：母差保护互联信息反映母差保护投单母线方式。

产生该信息的原因有：

（1）闸刀位置双跨。

（2）手动投入互联硬压板。

（3）母联 TA 断线。

20. 母差保护互联有哪些影响？出现该信息时应如何处理？

答：当出现母差保护互联时，母差保护已是单母差方式，失去选择性，当出现故障时，会跳开母线上所有开关，造成母线失电。

出现该信息时，处置思路如下：

（1）监控员确认该信息出现是否是倒母线操作导致，在倒母线操作中，会投入母线保护互联硬压板，在倒母线操作结束后信息自动复归。

（2）如果此时无倒闸操作，监控员应上报调度，通知运维单位，加强运行监控。

（3）运维人员首先核对显示屏或模拟盘上闸刀位置与现场是否一致，有出入时手动对位。

（4）检查 220kV 母联闸刀辅助触点是否粘连，检查保护装置报文及指示灯。

（5）根据检查情况，由专业人员进行处理。

21. 母差保护闸刀位置异常信息的含义是什么？产生该信息的原因有哪些？

答：母差保护闸刀位置异常信息反映母差保护检测到闸刀位置发生变化或与实际位置不符。产生该信息的原因有：

（1）闸刀位置双跨。

（2）闸刀位置变位。

（3）闸刀位置与实际不符（如无闸刀位置但有流）。

（4）闸刀辅助位置采用双位置开入时，开入组合状态无效。

22. 母差保护闸刀位置异常有何影响？出现该信息时应如何处置？

答：当出现母差保护闸刀位置异常时，可能造成母差保护失去选择性。出现该信息时，处置思路如下：

（1）监控员应确认是否由倒母线操作引起，倒母线操作结束后手动复归信息。

（2）如果此时无倒闸操作，监控员应上报调度，通知运维单位，加强运行监控。

（3）运维人员首先核对显示屏或模拟盘上闸刀位置与现场是否一致，有出入时手动对位；检查母线侧闸刀辅助触点是否松动、损坏或回路断线；检查保护装置报文及指示灯。

（4）根据检查情况，由专业人员进行处理。

23. 母差保护在哪些情况下会报“开入异常”信息？

答：（1）闸刀辅助接点与一次系统不对应。

（2）失灵接点误启动、解闭锁接点误启动。

（3）联络开关常开与动断触点不对应。

（4）误投“母线分列运行”压板。

24. 母差保护在哪些情况下会报“开入变位”信息， 该如何处理？

答：当装置外部开入包括闸刀辅助接点变位、母联或分段开关接点变位、失灵启动接点变位时，母差保护会报“开入变位”。处理时要确认母差保护装置上接点状态显示是否符合当时的运行方式，是则复归信息，否则停用该母差。

25. 双母接线方式下进行倒排操作时，母联开关为什么会报“开关控制回路断线”信息？

答：双母接线方式下进行倒排操作时，为防止在倒排操作过程中母联开关偷跳，造成带负荷拉闸刀的误操作，在间隔进行倒排前，需确认母联开关在运行状态，并断开其开关控制回路电源，所以，母联开关会报“开关控制回路断线”信息。

26. 进行线路倒排操作，不操作母差保护屏上内联切换开关对母差保护有没有影响？

答：线路热倒时，正副母线将出现硬连接，所以母差保护要提前切换到“内联”方式，如果不手动切换到“内联”状态，就需要靠母差保护装置内部通过闸刀辅助触点实现内联，但这就要求闸刀辅助接点先于一次主触头变合位、后于一次主触头变分位，考虑到闸刀辅助接点变位特性存在不确定性，热倒时，必须先手动操作母差保护互联。

27. 双母线接线方式下，母差保护如何判断线路挂接在哪条母线？

答：母差保护通过引入母线闸刀的辅助位置来判断该间隔运行在哪段母线上。如图 5-18所示，“1Y”为正母闸刀位置辅助接点，闭合时表示间隔运行在正母；“2Y”为副母闸刀位置辅助接点，闭合时表示间隔运行在副母；当“1Y”“2Y”都闭合时，表示两条母线通过闸刀跨接互联；当“1Y”“2Y”都断开时，表示该间隔未挂接任一母线。

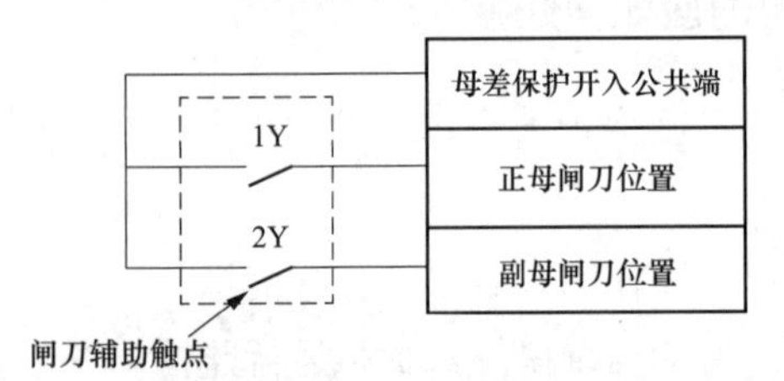

图 5-18　母差保护间隔闸刀位置引入示意图

母差保护引入闸刀的辅助接点实现对母线运行方式的自适应，同时用各支路电流和电流分布来校验闸刀辅助接点的正确性。当发现闸刀辅助接点状态与实际不符时，发出“运行异常”告警信号，在状态确定的情况下自动修正错误的闸刀接点。如有多个闸刀辅助接点同时出错，则装置记忆正常时的闸刀位置状态（包括闸刀全掉电状态）。闸刀辅助接点恢复正确后需复归信号才能解除修正。

第五节　电 容 器 保 护

1. 并联电容器配置哪些保护？作用是什么？

答：变电站并联电容器普遍采用星形接线，常规配置的保护有差压保护、过电压保护、低电压保护和过电流保护。

（1）差压保护：主要是防止各相串联的电容器小元件被切除后，剩余元件无法承受端电压，保护判别量取自放电线圈。

（2）过电压保护：主要防止系统运行电压过高危及电容器组安全运行，保护判别量取自母线压变。

（3）低电压保护：主要防止电容器组带电合闸损坏，保护判别量取自母线电压互感器。

（4）过电流保护：主要是防止电容器组引线相间短路故障，保护判别量取本间隔电流互感器。

2. 并联电容器失压后为什么要自动切除？

答：从电容器本身特点看，运行中的电容器如果突然失去电压，对电容器本身并无损害。但可能产生以下后果：

（1）当变电站电源侧断开、事故跳闸或电压急剧下降时，如果电容器还接于母线上，当电源重合闸或备用电源自投后，母线电压很快恢复，在电容器的残压还未降到0.1倍额定电压的情况下，有可能使电容器承受高于1.1倍的额定电压，造成设备损坏。

（2）当变电站断电恢复时，若变压器带电容器合闸，可能产生谐振过电压，使电容器损坏。

（3）变电站断电恢复的初期，若变压器还未带上负荷或负荷较少，母线电压较高，也可能引起电容器过电压。

因此，并联电容器一般加设低电压保护，且其动作时限应小于上级电源进线重合闸或备自投的动作时限。低电压保护电压取自母线TV，为防止电容器未投入运行时母线电压过低误切电容器，低电压元件中加有开关合位判据。为避免在TV断线时低电压保护误动，电压采用线电压，且可通过控制字选择是否经有流闭锁。

第六节　安全自动装置

1. 什么是电力系统安全自动装置？配置原则是怎样的？

答：电力系统安全自动装置是指防止电力系统失去稳定和避免电力系统发生大面积停电的自动保护装置，如自动重合闸装置、备用电源自投装置、自动联切负荷装置、自动低频（低压）减负荷装置、事故减功率装置、事故切机装置、电气制动装置、水轮发电机自动启动和调相改发电装置、抽水蓄能机组由抽水改发电装置、自动解列装置、振荡解列及自动快速调节励磁装置等。

配置原则是：根据现场实际需要配置相应的安全自动装置，主要包括低频减载装置，低频、低压解列装置、高频切机装置、振荡解列装置和稳控装置等。

2. 什么叫备用电源自动投入装置，变电站一般有哪些备用电源自投装置？

答：备用电源自动投入装置（简称备自投）是当工作电源或工作设备因故障断开后，能自动、迅速地将备用电源或备用设备投入，使用户不致停电的一种自动装置。

变电站一般有备用母线或母线分段开关的备用电源自投装置、备用变压器的自投装置及备用线路的自投装置等。

3. 对备自投有哪些基本要求?

答：(1) 工作电源确实断开后，备用电源才允许投入。

(2) 备用电源自投切除工作电源开关必须经延时。

(3) 手动跳开工作电源时，备自投装置不应动作。

(4) 应具有闭锁备自投装置的功能。

(5) 备用电源不满足有压条件，备用电源自投装置不应动作。

(6) 工作母线失压时还必须检查工作电源无流，才能启动备自投，以防止TV二次三相断线造成误投。

(7) 备用电源自投装置只允许动作一次。

4. 什么是备自投的投入、信号和停用状态?

答：装置电源开启，与备自投方式相对应的跳合闸出口压板投入，功能压板按运行要求对应投退的状态定义为备自投投入状态。

装置电源开启，所有跳合闸出口压板退出，功能压板按退出要求对应投退的状态定义为备自投退出（信号）状态。

装置电源关闭，所有跳合闸出口压板退出，功能压板按停用要求对应投退的状态定义为备自投停用状态。

5. 备自投充电过程自动投入的原理是什么?

答：装置上电后，15s内均满足所有正常运行条件，则备自投充电完毕，备自投功能投入，可以进行启动和动作过程判断；当满足任一放电条件时，备自投立即放电，备自投功能退出。

6. 110kV内桥变电站进线备自投的充放电条件和动作过程是怎么样的?

答：以110kV进线备自投方式1为例，110kV进线Ⅰ和母分开关运行，进线Ⅱ热备用，如图5-19所示。

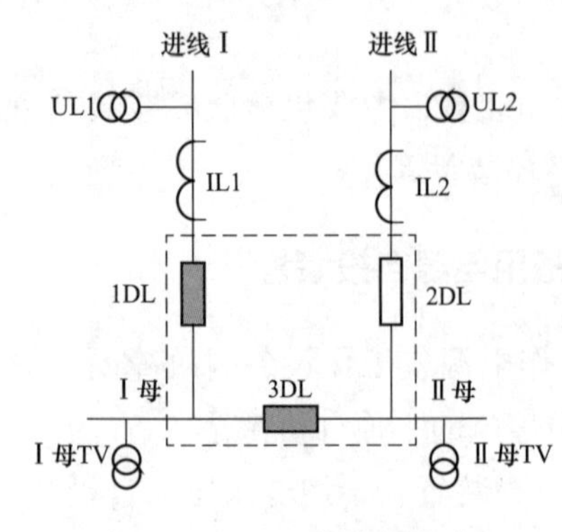

图5-19　110kV备自投方式1

充电条件：

(1) 两段母线均有压，备用进线Ⅱ电压大于有压定值（检备用进线电压投入时）。

(2) 1DL、3DL在合位，2DL在分位。

(3) 无其他闭锁条件。

经备自投充电时间后充电完成。一般备自投充电的典型时间为15s。

放电条件：

(1) 备自投合上2DL。

（2）手跳/遥跳 1DL 或 3DL。

（3）闭锁备自投开入。

（4）1DL、2DL 或 3DL 的位置异常（TWJ 异常）。

（5）备用进线Ⅱ电压低于有压定值延时经 15s 延时放电（检备用进线电压投入时）。

动作过程：

两段母线电压均低于无压定值，工作进线 IL1 无流，备用进线 UL2 有压，延时跳工作进线开关 1DL 及需要联切的开关，确认 1DL 跳开后，延时合备用进线开关 2DL。若母分开关 3DL 偷跳，经延时补跳母分开关 3DL 及需要联切的开关，确认 3DL 跳开后，延时合 2DL。

若 1 号变压器保护动作跳 1DL 和 3DL 时，经延时补跳 3DL 及需要联切的开关，确认 3DL 跳开后，延时合 2DL。

若 2 号变压器保护动作，则闭锁备自投。

7. 110kV 内桥变电站母分备自投充放电条件和动作过程是怎么样的?

答：以 110kV 母分备自投方式 3 为例，110kV 进线Ⅰ和进线Ⅱ开关运行，母分开关热备用，如图 5-20 所示。

充电条件：

（1）两段母线均有压。

（2）1DL、2DL 在合位，3DL 在分位。

（3）无其他闭锁条件。

备自投充电的典型时间为 15s。

放电条件：

（1）备自投合上 3DL。

（2）手跳、遥跳 1DL 或 2DL。

（3）闭锁备自投开入。

（4）1DL、2DL 或 3DL 的位置异常（TWJ 异常）。

（5）Ⅰ母、Ⅱ母均无压，延时 15s。

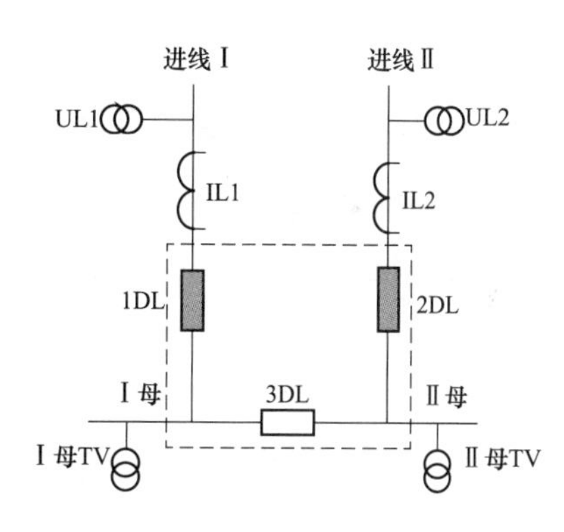

图 5-20　110kV 备自投方式 3

动作过程：

Ⅰ母电压低于无压定值，工作进线 IL1 无流，Ⅱ母有压，延时跳工作进线开关 1DL 及需要联切的开关，确认 1DL 跳开后，延时合母分开关 3DL。

若主变压器保护动作，则闭锁母分备自投。

8. 110kV 备自投用于倒负荷时需要注意什么问题?

答：部分 110kV 备自投装置的充电条件中需要通过合后位置继电器 KKJ 来判断开关是否为人工分合，只有当开关合位且 KKJ 为 1 时才允许充电。当备自投通过开关操作回路的“手合或遥合”接点合上开关时，KKJ 置 1，而通过“保护合”接点合上开关时 KKJ 不会置 1。

图 5-21 为负荷转移过程，首先拉开上级变电站开关 11DL，110kV 备自投动作跳开 1DL，合上 2DL，负荷转移至进线Ⅱ。如果备自投合 2DL 接入的是 2DL 开关操作回路的“保护合”接点，则备自投动作完成后虽然 2DL 处于合位，但其 KKJ 仍为 0，不满足充电条件，备自投不会自动完成充电，当下一步需要把负荷转移回进线Ⅰ时备自投将拒动。

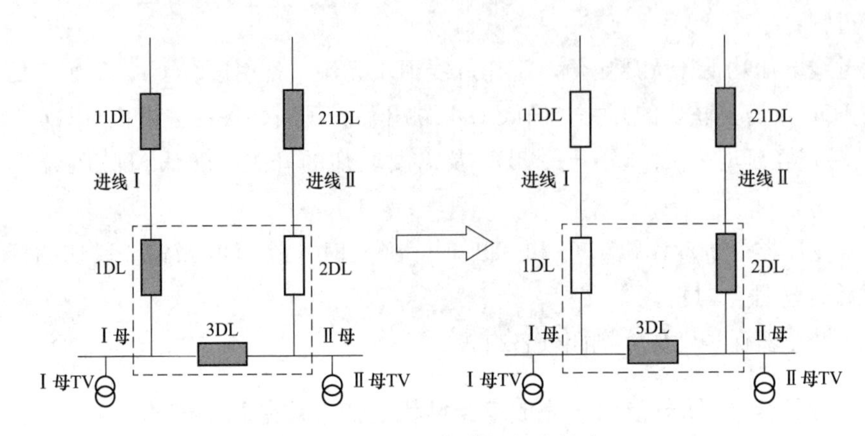

图 5-21　110kV 备自投负荷转移

为避免发生上述情况，需要在备自投动作完成后对已经处于合位的 2DL 进行一次手动合闸操作，以满足 KKJ 为 1 的充电条件。

9. 母线 TV 断线对备自投有什么影响？

答：备自投装置母线 TV 断线典型逻辑如下：

（1）相电压均小于 8V，某相电流大于 0.04I_N（I_N 为电流互感器二次额定电流），判为三相失压；

（2）三相电压和大于 8V，最小线电压小于 16V；

（3）三相电压和大于 8V，最大线电压与最小线电压差大于 16V，判为两相或单相 TV 断线。

满足断线判据任一条件 10s 后，装置发“母线 TV 断线”信息并点亮告警灯。

采用母分备自投方式时，当发生 TV 断线后，两段母线电压均低于有压定值延时 15s，备自投放电。对于带复压闭锁过流加速功能的备自投，当任一段母线 TV 断线时，对应母线的复压条件满足。

10. 110kV 变电站“线路 TV 失压”或“线路 TV 二次空开跳开”信息是否影响备自投？

答：部分 110kV 变电站的 110kV 进线配有单相线路 TV，当进线失压或 TV 二次空气开关跳开后，线路失压继电器 DJ 动作并通过测控装置发出“线路 TV 失压”或“线路 TV 二次空气开关跳开”的告警信息。图 5-22 为进线 TV 的二次接线原理，其中 ZKK 为二次空气开关，DJ 为线路失压继电器。

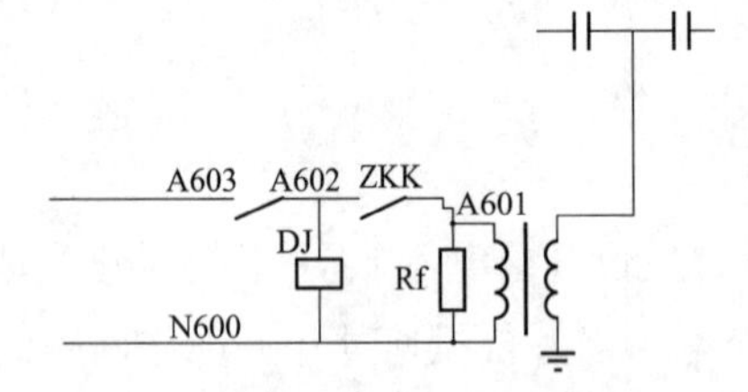

图 5-22　110kV 进线 TV 二次接线原理

110kV 母分备自投方式不需要线路电压作为充电条件，进线备自投只有在投入“检备用进线电压”控

制字的情况下才可能出现放电的情况。以备自投运行方式 2 为例，110kV 进线Ⅱ和母分开关运行，进线Ⅰ热备用，如图 5-23 所示。

（1）进线Ⅰ线路 TV 失压告警。此时，需要检查是否为误发信息，线路是否真正无压。如果进线Ⅰ真正失压或者二次空气开关 ZKK 跳开，则备自投装置采不到备用线路电压会延时 15s 放电；如果进线有压且二次空气开关正常，而是失压继电器 DJ 误发告警的话，不会影响备自投装置的充电状态。

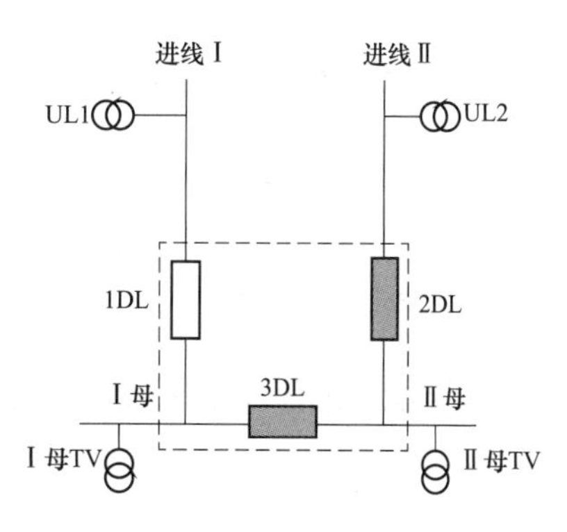

图 5-23　110kV 备自投方式 2

（2）进线Ⅱ线路 TV 失压告警。图 5-23 所示的运行方式下出现进线Ⅱ的线路 TV 失压告警时，很可能为线路 TV 二次空气开关跳开或者线路失压继电器误发告警。由于该运行方式下进线Ⅱ不是备用线路，因此即使二次空气开关跳开，备自投采不到进线Ⅱ的电压，也不会影响备自投装置的充电状态。

11. 为什么主变压器低后备、低压侧母差保护动作需要去闭锁低压侧备自投?

答：为防止低压侧母分备自投动作后母分开关合于故障，所有保护范围包含低压侧母线的相关保护，如主变压器低后备保护、低压侧母差保护等，均应在动作同时闭锁低压侧母分备自投功能。

12. 对于备自投装置，监控信息采集上送有何要求?

答：备自投装置应采集装置的投退、动作、异常及故障信息，装置故障信号应反映装置失电情况，并采用硬接点方式接入。对于智能变电站，备自投装置还应采集 SV、GOOSE 告警信息及检修压板状态。对于备自投装置需远方投退操作的，还应采集备自投相关软压板位置及备自投充电状态信息。

13. 220kV 负荷转供装置的主要功能是什么?

答：负荷转供装置（以下简称装置）是指一回或多回主供电源失去后自动投入备用电源，以提高系统供电可靠性的装置，功能主要分为线路备自投和母联（分段）备自投功能。

（1）线路备自投功能：当主供电源线路失电导致所运行的母线失压后，线路备自投逻辑动作，跳开原主供电源线路，投入备用电源线路，恢复失压母线供电。

（2）母联（分段）备自投功能：当双母（单母分段）分列运行时，开放母联（分段）备自投功能。任意母线上所有的主供电源线路失电导致该母线失压后，母联（分段）备自投逻辑动作，跳开失压母线上的原主供电源线路，合上母联（分段）开关，恢复失压母线供电。

14. 220kV 母线保护动作是否闭锁 220kV 负荷转供装置？ 一套母线保护改信号是否需要陪停 220kV 负荷转供装置?

答：任意一套 220kV 母差保护动作将闭锁 220kV 负荷转供装置。

如果母差保护改信号，母差保护装置应退出运行，因此母差保护改信号不需要陪停220kV负荷转供装置。

15. 220kV负荷转供装置设置检修压板的目的是什么？什么情况下，该压板需要投入？

答：线路和母线检修压板设置目的：屏蔽线路或母线的电气量及开关量的状态及告警逻辑判断。当母线TV故障或检修时，需将母线检修压板投入；当线路检修或冷备用时，应投入线路检修压板。

16. 变压器过负荷联切装置的作用是什么？

答：在$N-1$的情况下要防止主变过载，每台主变的运行负载必须限制在最大允许负载的一半以下。为充分挖掘主变的负载能力，同时要防止$N-1$的情况下主变过载，需要装设主变过负载联切装置。正常运行时两台主变都可以运行至最大允许负载，当一台主变故障跳闸后，过载联切装置切除部分负荷，使另一台继续运行的主变负载在最大允许范围内，是提高主变供电能力的一种重要手段。

17. 变压器过负荷联切和低频减载装置有什么区别？

答：两种装置检测量不同，过负荷联切装置的检测量是电流，低频减载装置的检测量是频率。

18. 对于过负荷联切装置，监控信息采集上送有何要求？

答：过负荷联切装置应采集装置的投退、动作、异常及故障信息，装置故障信号应反映装置失电情况，并采用硬接点方式接入。对于智能变电站，还应采集SV、GOOSE告警信息及检修压板状态。

19. 什么是远方切机切负荷装置？

答：当电网的某个电气元件因故障跳闸后，可以借助远方跳闸保护来执行远方切机（送电侧）、切负荷（受电侧）的使命，使故障后的电网能够保持稳定运行。用于这一用途的远方跳闸保护通常称之为远方切机切负荷装置。

20. 220kV变压器过负荷联切装置动作策略是怎样的？

答：在充分保证安全运行的前提下，为了将负荷损失控制到最小范围，将过负荷联切的动作分为5级，驱动8轮出口继电器。任一级过负荷联切动作后都可以按顺序从第1轮到第8轮驱动出口继电器，直至本级电流返回，这样能够保证切除的负荷最少。每一级过负荷联切元件的动作电流和动作延时可灵活整定，各轮之间的间隔时间也可整定。

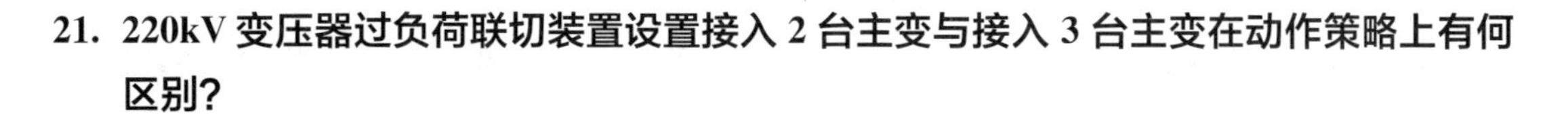

21. 220kV 变压器过负荷联切装置设置接入 2 台主变与接入 3 台主变在动作策略上有何区别？

答：（1）基本相同，装置分别对每台主变进行过载控制。装置设置“事故过负荷控制”控制字，当该控制字投入后，至少 1 台主变为检修或事故，才进行过载控制。如变电站有 2 台主变，必须 1 台主变检修或事故跳闸后，开放剩余主变的过载控制；3 台主变需其中 1 台或 2 台主变检修或事故跳闸，开放剩余主变的过载控制。

（2）装置“事故过负荷控制”控制字退出时，只要单元件（单台主变）满足过负荷条件即执行过负荷联切逻辑。

22. 哪些情况下会闭锁 220kV 变压器过负荷联切装置？

答：电气量不满足或装置故障会闭锁 220kV 变压器过负荷联切装置：

（1）投入了“事故过负荷控制”控制字，一台主变过载，另一台主变未满足停运条件。

（2）投入“过功率允许”控制字，出现 TV/TA 断线情况，导致装置未满足过功率启动定值。

（3）装置硬件故障，告警灯点亮的情况下。

23. 220kV 变压器过负荷联切装置哪些情况下报“过负荷联切装置异常”信息？对装置运行有何影响？

答：TV/TA 断线时，装置会报“过负荷联切装置异常”。

投入“过功率允许”控制字，出现 TV/TA 断线情况，导致装置未满足过功率启动定值，装置过负荷时不动作。

24. 220kV 变压器过负荷联切装置哪些情况下报“过负荷联切保护装置 TA 断线”信息？对装置运行有何影响？

答：TA 断线动作判据：

（1）$3I_0$ 大于 $0.15I_N$。

（2）$3I_0$ 大于 $0.125I_{max}$。

其中：$3I_0$ 为零序电流，I_N 为 TA 额定电流，I_{max} 为最大相电流。当同时满足上式延时 5s 后发 TA 断线报警信息；异常消失后自动返回。

投入“过功率允许”控制字，出现 TV/TA 断线情况，导致装置未满足过功率启动定值，装置过负荷时，不动作。

25. 220kV 主变过负荷联切装置哪些情况下报“过负荷联切保护装置 TV 断线”信息？对装置运行有何影响？

答：TV 断线判据：$3U_0$ 大于 8V，判据满足时装置发报文“TV 断线”，发 TA/TV 异常接点。异常消失后，延时5s自动返回。

投入“过功率允许”控制字，出现TV/TA断线情况，导致装置未满足过功率启动定值，装置过负荷时，不动作。

26. 对于低频减载装置，监控信息采集上送有何要求?

答：低频减载装置应采集装置的投退、动作、异常及故障信息，装置故障信号应反映装置失电情况，并采用硬接点方式接入。对于智能变电站，还应采集SV、GOOSE告警信息及检修压板状态。

27. 电力系统低频、低压解列装置的作用是什么?

答：在电力系统中，大电源切除可能会引起发供电功率严重不平衡，造成频率或电压降低，如采用自动低频减负荷装置（或措施）还不能满足安全运行要求时，须在某些地点装设低频、低压解列装置，使解列后的局部电网保持安全稳定运行，以确保对重要用户的可靠供电。

28. 在系统中的哪些地点，可考虑设置低频解列装置?

答：（1）系统间联络线上的适当地点。

（2）地区系统中由主系统受电的终端变电站母线联络开关。

（3）地区电厂的高压侧母线联络开关。

（4）专门划作系统事故紧急启动电源、专带厂用电的发电机组母线联络开关。

29. 电力系统低频运行有哪些危害性?

答：电力系统低频运行的危害有：

（1）电厂用电设备生产率下降，导致出力减少。

（2）发电机电势随频率降低而减小，使无功功率也减少，有可能在频率崩溃的同时出现电压崩溃。

（3）汽轮机叶片的振动变大，轻则影响使用寿命，重则产生裂纹。

（4）影响某些测量仪表的准确性和某些继电保护装置动作的准确性。

（5）影响系统的经济性。

30. 按频率降低自动减负荷装置为什么要分轮动作?

答：接于按频率降低自动减负荷装置的总功率是按系统最严重事故的情况来考虑的。然而，系统的运行方式很多，而且事故的严重程度也有很大差别，对于各种可能发生的事故，都要求按频率降低自动减负荷装置能做出恰当的反应，切除相应数量的负荷功率，既不过多又不能不足，只有分批断开负荷功率，采用逐步修正的办法，才能取得较为满意的结果。

31. 按频率降低自动减负荷装置的轮间频率差过小、每轮动作时限过小会带来什么问题？

答：当按频率降低自动减负荷装置动作时限、轮间频率差取得较小时（如取 0.1Hz），按频率降低自动减负荷装置的轮数增多，每轮的减负荷量会相应减少，在系统频率下降过程中，可减少减负荷量，所减负荷与最佳减负荷量也十分接近。但是，容易出现如下问题：

（1）在突然发生功率缺额频率下降的动态过程中，有些母线的频率振荡，容易造成按频率降低自动减负荷装置误切负荷。

（2）在水电比重较大的系统中，因水轮机组调速系统反应慢，所以在频率下降过程中容易过多地切去负荷，造成频率过调的问题。

因此，不能认为按频率降低自动减负荷装置的动作时限与每轮间的频率差越小越好。

32. 电网发生异步振荡的一般现象有哪些？

答：（1）电力线路、发电机和变压器的电压表、电流表和功率表的指针周期性剧烈摆动（表现在监控数据上就是遥测值周期性在一定范围内变化），发电机、变压器在表针摆动的同时发出有节奏的轰鸣声。

（2）振荡中心（位于失去同期的两电源间联络线的电气中心）附近的电压摆动最大，它的电压周期性地降到接近于零，白炽照明灯随电压波动一明一暗。

（3）失去同期的发电厂间的联络线的有功表摆动最大，输送功率往复摆动，每个振荡周期内的平均功率接近于零。

（4）送端系统的频率升高，受端系统的频率降低并略有波动（机组转速表能正确反映，数字式频率表则无法反映）。

33. 什么是故障解列装置？根据动作原理可分为哪几种？

答：故障解列装置是指在变电站进线发生故障时自动跳开小电源并网线路，保证变电站电源进线系统侧开关检无压重合闸可靠动作的装置。

根据动作原理可分为低压解列、零序过压解列、低频解列等。

34. 故障解列装置与频率电压紧急控制装置有何不同？

答：频率电压紧急控制装置是当检测到电压、频率不正常时，按照负荷的重要程度，依次切除来保证重要负荷正常运行的装置。

故障解列装置的作用是检测到并网点电压不正常时，切除并网点开关。

35. 光伏故障解列装置包括哪些保护功能？

答：光伏故障解列装置主要包括：

（1）二段零序过压解列保护。

（2）二段低压解列保护。

（3）二段低周解列。

（4）二段母线过压解列保护。

（5）二段高周解列。

（6）独立的操作回路及故障录波。

36. 系统发生解列事故的主要原因有哪些？

答：系统发生解列事故的主要原因有：

（1）系统联络线、联络变压器、母线发生事故、过负荷跳闸或者保护误动作跳闸。

（2）为解除系统振荡，自动或手动将系统解列。

（3）低频、低压解列装置动作将系统解列。

37. 系统解列以后有哪些现象？运行人员应注意什么？

答：系统解列以后，缺少电源的部分频率会下降，同时也常常伴随着电压的下降；电源过多的部分频率暂时会升高起来。

系统解列以后，运行人员应注意，除了频率和电压下降影响安全运行外，由于正常接线方式被破坏，潮流随之变化，有的设备会过负荷，如输电线路、联络变压器、发电机组等。运行人员应严密监视设备的过负荷，使之不要超过现场规定的事故过负荷规定。

38. 系统解列时的处理原则有哪些？

答：（1）将频率较高的系统降低其频率，但不得低于49.5Hz。

（2）将频率较低的系统短时切除部分负荷或切换至频率较高系统供电。

（3）将频率较高系统的部分发电机组或整个发电厂先与系统解列，然后再与频率较低的系统并列。

（4）启动备用机组与频率较低系统并列。

（5）在系统事故情况下，经过长距离输电线路的两个系统允许在电压相差20%、频率相差0.5Hz范围内进行同期并列。

39. 系统发生解列时如何处理？

答：当发生系统解列事故时，有同期并列装置的变电站在可能出现非同期电源来电时，应主动将同期并列装置接入，等待符合并列条件时，应立即主动进行并列，而不必等待值班调度员命令。值班调度员应调整并列系统间的频率差和电压差，尽快使系统恢复并列运行。当需要进行母线倒闸操作才能并列时，值班调度员要让现场提前做好倒闸操作准备，以便系统频率、电压调整完毕立即进行并列。总之，发生系统解列事故时应迅速恢复并列，在选择母线方式就应考虑到同期并列的方便性。

40. 从定义上解释，故障解列装置与防孤岛保护装置有何区别？

答：故障解列装置是当检测的本站母线或者线路出现问题时，为了不使本站冲击到电

网，将并网点切除，从而保证电网的安全运行的装置。防孤岛保护装置是当出现非计划性孤岛效应时，及时准确地检测出来，然后迅速跳开并网开关，使整个电站脱网，从而保证人与设备的安全的装置。

41. 对于故障解列装置，监控信息采集上送有何要求?

答：故障解列装置应采集装置的投退、动作、异常及故障信息，装置故障信号应反映装置失电情况，并采用硬接点方式接入。对于智能变电站，还应采集 SV、GOOSE 告警信息及检修压板状态。

第七节 测控装置

1. 测控装置的作用有哪些?

答：测控装置负责采集各种表征电力系统运行状态的实时信息，并根据运行需要将有关信息通过传输通道传送到调控中心，同时也接收调度端发来的控制命令，并执行相应的操作。测控装置是自动化系统的基础。

2. 变电站测控装置主要功能有哪些?

答：(1) 交直流电气量采集功能。

(2) 状态量采集功能。

(3) 控制功能。

(4) 同期功能。

(5) 防误逻辑闭锁功能。

(6) 记录存储功能。

(7) 通信功能。

(8) 对时功能。

(9) 运行状态监测管理功能。

3. 测控装置有哪些分类? 适用场合有哪些?

答：(1) 间隔测控：主要应用于线路、开关、母联开关、高压电抗器、主变单侧加本体等间隔。

(2) 3/2 接线测控：主要应用于 500kV 以上电压等级线路加边开关间隔。

(3) 主变低压双分支测控：主要应用于 110kV 及以下电压等级主变低压侧双分支间隔。

(4) 母线测控：主要应用于母线分段或低压母线加公用测控间隔。

(5) 公用测控：主要应用于站用变压器和公用测控间隔。

4. 按照合闸方式和控制级别，测控同期合闸分类有哪些？

答：(1) 按照合闸方式可以分为强合、检无压合闸和检同期合闸。

(2) 按照控制级别可以分为调度主站下发的遥合同期、监控后台下发的遥合同期、手合同期和装置面板的就地同期合闸。

5. 需由测控装置生成总分、总合位置时，总分、总合逻辑是怎样的？

答：三相有一相为无效态（状态 11），则合成总位置为无效态（状态 11）；三相均不为无效态（状态 11）且至少有一相为过渡态（状态 00），则合成总位置为过渡态（状态 00）；三相均为有效状态（01 或 10）且至少有一相为分位（状态 01），则合成总位置为分位；三相均为合位（状态 10），则合成总位置为合位。

6. 智能变电站测控装置应发出哪些表示装置自身状态的信息？

答：装置应能发出装置异常信息、装置电源消失信息、装置出口动作信息，其中装置电源消失信息应能输出相应的报警触点。装置异常及电源消失信息在装置面板上宜直接由 LED 指示灯显示。

7. 什么是测控装置测量变化死区和零值死区？

答：变化死区：当测量值变化超过该死区值时主动上送测量值。

零值死区：当测量值在该死区范围内时强迫将测量值归零。

8. 测控装置应具备哪些二次回路？

答：测控装置应具备的二次回路包括：

(1) 直流输入回路。

(2) 遥测模拟量输入回路。

(3) 遥信开关量输入、输出回路。

(4) 遥控开关量输出回路。

9. 测控装置的逻辑闭锁功能有哪些？

答：测控装置应实现本间隔闭锁和跨间隔联闭锁；间隔间传输的联闭锁 GOOSE 报文应带品质传输，联闭锁信息的品质统一由接收端判断处理，品质无效时应判断逻辑校验不通过；当间隔间由于网络中断、报文无效等原因不能有效获取相关信息时，应判断逻辑校验不通过。

10. 测控装置处于检修状态时，会闭锁哪些遥控命令？

答：测控装置处于检修状态时，会闭锁站内后台遥控命令、闭锁调度端遥控命令、不闭锁就地装置控制命令，硬接点正常输出，GOOSE 报文输出置检修位。

11. 测控装置的同期功能应具备哪些？什么情况下应闭锁同期功能？

答：测控装置的同期功能应具备自动捕捉同期点功能，同期导前时间可设置；具备电压差、相角差、频率差和滑差闭锁功能，阈值可设定；具备相位、幅值补偿功能；具备有压、无压判断功能，有压、无压阈值可设定；应具备强合、检无压合闸、检同期合闸三种合闸方式；具备合闸方式选择功能。

采用规范的采样值输入时，本间隔电压及抽取侧电压为无效品质时闭锁同期功能；合并单元采样值置检修位而测控装置未置检修位时应闭锁同期功能，应判断本间隔电压及抽取侧电压检修状态，在 TV 断线闭锁同期投入情况下还应判断电流检修状态。

12. 监控信息规范中，测控装置的典型信息有哪些？

答：测控装置的典型信息有：测控装置控制切至就地位置、测控装置故障、测控装置异常、测控装置 GOOSE 总告警、测控装置 SV 总告警、测控装置 A 网通信中断、测控装置 B 网通信中断、测控装置对时异常、测控装置检修压板投入、测控装置防误解除。

13. “测控装置异常”信息告警的原因是什么？监控员应如何进行处置？

答：信息告警的原因有：

（1）装置内部通信出错。

（2）装置自检、巡检异常。

（3）装置内部电源异常或直流电源消失。

（4）装置内部元件、模块故障。

（5）测控装置对时有问题。

造成后果：部分或全部遥信、遥测、遥控功能失效。

处置原则：通知运维人员现场检查。检查内容应包括：

（1）保护装置各指示灯是否正常。

（2）装置报文交换是否正常。

（3）装置是否有烧灼异味。

根据检查情况，通知检修人员现场处理，填报重要或紧急缺陷。

14. “测控装置通信中断”信息告警的原因是什么？监控员应如何进行处置？

答：信息告警的原因有：

（1）连接交换机的网线松动或网线水晶头、网线等有问题。

（2）测控装置死机。

（3）测控装置电源故障。

（4）前置机有异常。

（5）规约转换装置有异常。

（6）站控层交换机故障。

（7）测控装置通信总线的光缆有异常。

造成后果：

（1）测控装置各遥信、遥测信息无法上送调控中心。

（2）部分或全部遥信、遥测、遥控功能失效。

处置原则：通知运维人员现场检查。检查内容应包括：

（1）保护装置各指示灯是否正常。

（2）装置报文交换是否正常。

（3）装置是否有烧灼异味。

根据检查情况，通知检修人员现场处理，填报重要或紧急缺陷。

15.“测控装置故障”信息告警的原因是什么？监控员应如何进行处置？

答：信息告警的原因有：

（1）装置内部通信出错。

（2）测控装置电源异常、故障。

（3）装置自检、巡检异常。

（4）装置内部元件、模块故障。

造成后果：造成部分或全部遥信、遥测、遥控功能失效。

处置原则：通知运维人员现场检查。检查内容应包括：

（1）保护装置各指示灯是否正常。

（2）装置报文交换是否正常。

（3）装置是否有烧灼异味。

通知检修人员现场处理，根据现场检查情况填报紧急或重要缺陷。

16.“测控装置控制切至就地”信息告警的原因是什么？监控人员应如何处置？

答：信息告警的原因有：

（1）测控装置远方就地切换开关切至就地位置。

（2）测控装置远方就地切换开关遥信接点异常。

造成后果：远方遥控功能失效。

处置原则：

（1）通知运维人员现场检查，若是正常工作切换至就地的，则可将该间隔遥控权限临时移交运维，待工作结束后恢复再收回。

（2）若是由于遥信接点异常，则通知检修人员现场处理，根据现场检查情况填报紧急或重要缺陷。

17. 测控装置检修压板投入的含义是什么？

答：测控装置检修压板投入时，将闭锁遥控功能。测控装置接收的GOOSE报文检修标志与自身的检修压板状态，有任何一个处于检修状态时，测控向站控层发送的MMS报文也带有检修标志。

18. 某测控装置不能够正确实现同期功能及手合同期的原因有哪些？

答：（1）装置同期功能未投入。

（2）装置同期定值设置与要求不符。

（3）使用不正确操作或同期条件不满足。

（4）“手合同期”遥信开入接线不正确。

（5）“手合同期”遥信点变位判别时间过长，造成装置无法通过该遥信点实现同期。

19. 为什么有时候测控装置未报“通信中断”告警，但遥测值不刷新？

答：因为MMS通信是以控制块为单位通信的，如果遥测报告控制块与监控后台或远动机使能失效，且监控后台和远动机未把部分报告控制块的通信异常纳入“通信中断”告警范围的话，就有可能出现上述情况。

20. 站控层交换机与某测控装置连接回路A网存在断路，有何故障现象？有效处理方法是什么？

答：故障现象：测控装置A网中断，B网正常。

处理方法：

（1）调控主站和监控主机上都可以看到此测控装置A网中断，B网正常，且其他设备A网正常，表明测控装置存在故障或者站控层交换机至此测控装置间存在中断。

（2）检查此测控装置的A网口参数设置，发现参数设置正确。

（3）对此测控装置至站控层A网交换机的网络连接检查包括：①检查测控装置与交换机网口连接状况，保证网口正常连接；②检查站控层A网交换机网线连接状况，保证网口正常连接；③用网线测试仪测试网线通断情况并进行故障处理。

（4）经过处理，故障消除，此测控装置A网通信都已恢复。

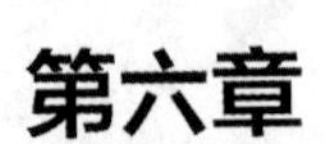

变电站公共设备及监控信息

第一节　直　流　系　统

1. 直流系统在变电站中起什么作用？

答：直流系统在变电站中为控制回路、信号回路、继电保护装置、自动装置、远动装置及事故照明等提供可靠的直流电源，并提供可靠的操作电源。

2. 直流系统由哪些设备组成？各部件作用是什么？

答：直流系统主要由充电屏和蓄电池组成。充电屏包括充电模块、交流配电、直流馈电、配电监控、监控模块、绝缘监测仪、电池检测仪等组成；蓄电池包括容器、电解液和正、负电极。

充电屏的各部件功能及作用：

（1）充电模块：完成AC/DC变换，实现系统最为基本的功能。

（2）交流配电：将交流电源引入分配给各个充电模块，扩展功能为实现两路交流输入的自动切换。

（3）直流馈电：将直流输出电源分配到每一路输出。

（4）配电监控：将系统的交流、直流中的各种模拟量、开关量信号采集并处理，同时提供声光告警。

（5）监控模块：进行系统管理，主要为电池管理和后台远程监控，对下级智能设备实施数据采集并加以显示。

（6）绝缘监测仪：实现系统母线和支路的绝缘状况监测，产生告警信号并上报数据到监控模块，在监控模块显示故障详细情况。

（7）电池检测仪：支持单体电池电压监测和告警，对电池端电压、充放电电流、电池房温度及其他参数做实时在线监测。

（8）蓄电池：既能够把电能转换为化学能储存起来，又能把化学能转变为电能供给负载。

3. 直流系统应采集哪些监控信息?

答：直流系统监控信息应覆盖直流系统交流输入电源（含防雷器）、充电机、蓄电池、直流母线、重要馈线等关键环节，反映各个环节设备的运行状况和异常、故障情况；还应包括直流系统监控装置、监控系统逆变电源以及通信直流电源等相关设备的告警信息。直流系统控制母线电压应纳入监控范围，直流系统合闸母线电压、直流母线正、负极对地电压宜纳入监控范围。

4. 什么是交直流一体化系统?

答：交直流一体化系统由站用交流电源、直流电源与交流不间断电源、逆变电源、直流变换电源装置组成，并统一监视控制。直流电源与交流不间断电源、逆变电源、直流变换电源装置共享直流蓄电池组，直流电源与上述任意一种及以上电源所构成的组合体均称为交直流一体化电源系统。

5. 为什么直流系统一般不许控制回路与信号回路系统混用?

答：直流控制回路是供给开关合、跳闸二次操作电源和保护回路动作电源，而信号回路是供给全部声、光信号直流电源。控制回路比信号回路更为重要，不能因为信号回路的故障影响控制回路的运行可靠性，因此不允许两者混用。如果两个回路混用，在直流回路发生接地故障时不便于查找接地故障点，工作时不便于断开电源。

6. 直流接地的现象及其危害有哪些?

答：直流接地的现象有：

（1）“直流接地”或“直流绝缘故障”信息发出。

（2）直流绝缘装置显示一极对地电压降低，另外一极电压升高。

（3）其他异常现象，如直流熔断器熔断、误发信号、开关误动或拒动等。

直流接地的危害有：

（1）直流正极接地：有造成保护及自动装置误动的可能，因为一般跳合闸线圈、继电器线圈正常与负极电源接通，若这些回路再发生一点接地，因两级接地使正极电源被接通，构成回路就可能引起误动作。

（2）直流负极接地：可能使继电保护、自动装置拒绝动作，因为回路中若再发生某一点接地时，则跳合闸线圈被接地点短接而不能动作。

（3）直流系统正、负极各有一点接地，会造成短路使熔断器熔断，使保护及自动装置、控制回路失去电源。

7. 直流接地的处理原则是什么?

答：（1）先确定故障的极性，利用直流绝缘监测装置测量或者监控远方查看正、负极对地电压，判明是正极接地还是负极接地。

（2）直流一旦发生接地首先应停止一切电气设备上的工作，以防止再发生多点接地情况。

（3）要根据气候、设备工作情况及直流系统绝缘的薄弱环节选定检查重点和拉路顺序，试拉分路熔丝，一般顺序为：先照明、合闸及信号回路，后控制回路；先室外后室内；先次要后重要；先局部后综合回路。

（4）涉及保护、控制回路的拉路须经调度许可，由两人进行：一人操作，一人监护，并应及时观察母线绝缘回升情况，拉路时要迅速，防止保护误动。

（5）使用仪表寻找接地点时，应使用高内阻电压表，并应防止直流系统的另一点接地、短路等异常发生。使用欧姆表或绝缘电阻表测量时，应在确认被测回路的电源已完全切断后进行，不得使用人为短路和串接灯泡等方法寻找故障。

（6）取熔丝时应先正极后负极，放上时相反，并注意可能造成的接地极性转移。

（7）接地故障发生在电源母线上时，可试拉充电装置或蓄电池。

（8）查找直流接地的方法，应在值班日志上做好详细记录。

8. 直流电压消失的现象有哪些？

答：（1）直流电压消失伴随有直流指示灯灭，发出“直流电源消失”“控制回路断线”“保护直流电源消失”或“保护装置异常”等信号及熔丝熔断等现象。

（2）变电站相关控制屏上指示灯、信号、音响等全部或部分功能失去。

9. 直流电压消失的危害有哪些？

答：（1）变电站直流电压消失将导致控制回路、保护及自动装置等设备不能正常工作，在操作系统发生故障、设备异常时，控制回路不能正常动作，事故无法有效切除，事故范围扩大，并使一次设备受到损害。

（2）使采用直流作为储能电源的开关操作机构失去储能电源，造成开关合闸后不能自动储能。

（3）监控机、五防机等采用UPS电源的设备供电质量和可靠性下降。

（4）交流照明断电后，事故照明不能启动，影响运行人员检查设备故障。

10. 直流电压消失的原因有哪些？

答：（1）熔断器或小开关容量小或不匹配，在大负荷冲击下造成熔丝熔断，导致部分回路直流电压消失。

（2）熔断器或小开关质量不合格，接触不良导致直流电压消失。

（3）直流两点接地或短路造成熔丝熔断导致直流消失。

（4）直流接线断线。

（5）由于酸腐蚀、脱焊或烧熔使得直流蓄电池之间接条断路，使后备电源失去，导致在充电机（或称硅整流）故障或站用交流失去时引起全站直流电压消失。

11. 直流系统对电压有何要求？

答：直流系统对电压的要求有：

（1）直流电源系统标称电压有220V和110V，专供动力负荷的直流电源系统电压宜采用220V，其他两种均可。

（2）在正常运行情况下，直流母线电压应为直流电源系统标称电压的105%。

（3）在均衡充电情况下，直流母线电压应满足下列要求：专供控制负荷的直流电源系统，不应高于直流电源系统标称电压的110%；专供动力负荷的直流电源系统，不应高于直流电源系统标称电压的112.5%；对控制负荷和动力负荷合并供电的直流电源系统，不应高于直流电源系统标称电压的110%。

（4）在事故放电末期，蓄电池组出口端电压不应低于直流电源系统标称电压的87.5%。

12. 直流母线电压异常现象有哪些？其处置原则是什么？

答：直流母线电压异常的现象主要有：监控系统发出直流母线电压异常等告警信号、直流母线电压过高或者过低。

处置原则：

（1）监控员应检查监控系统收到的相关动作信息，查看直流正、负对地电压情况，并将现象汇报管辖调度及所属运维操作班（站）。

（2）现场运维人员接到监控员的告知后应立即前往变电站现场做如下检查处理：

1）测量直流系统各极对地电压，检查直流负荷情况。

2）检查电压继电器动作情况。

3）检查充电装置输出电压和蓄电池充电方式，综合判断直流母线电压是否异常。

4）因蓄电池未自动切换至浮充电运行方式导致直流母线电压异常，应手动调整到浮充电运行方式。

5）因充电装置故障导致直流母线电压异常，应停用该充电装置，投入备用充电装置，或调整直流系统运行方式，由另一段直流系统带全站负荷。

6）检查直流母线电压正常后联系检修人员处理。

13. “直流系统异常”信息告警产生的原因以及可能造成的后果分别是什么？

答：“直流系统异常”信息是厂站端多个信息的合并信息，其产生的原因是：

（1）直流充电装置异常。

（2）直流绝缘监测装置异常。

（3）交流电源及相关回路异常。

（4）直流母线电压异常。

（5）直流系统通信中断。

（6）监控器故障。

造成后果：影响直流系统及相关设备正常工作。

14. “直流系统故障”信息告警产生的原因以及可能造成的后果分别是什么？

答：“直流系统故障”信息是厂站端多个信息的合并信息，其产生原因是直流系统的蓄电池、充电装置、直流回路以及直流负载等发生故障。

造成后果：直流系统故障将造成直流系统的蓄电池无法充放电，继电保护、信号、自动装置误动或拒动，或造成直流保险熔断，使保护及自动装置、控制回路失去电源。

15. 为什么要装设直流绝缘监视装置？

答：变电站的直流系统中一极接地长期工作是不允许的，因为在同一极的另一地点再发生接地时，就可能造成信号装置、继电保护和控制电路的误动作。另外，在有一极接地时，假如再发生另一极接地就将造成直流短路，所以要装设直流绝缘监视装置对直流系统进行监视。

16. 直流负荷按功能可分为哪几类？

答：直流负荷按功能可分为以下两类：

（1）控制负荷：电气和热工的控制、信号、测量和继电保护、自动装置等负荷。

（2）动力负荷：各类直流电动机、开关电磁操动的合闸机构、交流不停电电源装置、远动、通信装置的电源和事故照明等负荷。

17. 直流电源系统设备的交接试验项目有哪些？

答：直流电源系统设备的交接试验项目有：

（1）绝缘监测及信号报警试验。

（2）耐压及绝缘试验。

（3）蓄电池组容量试验。

（4）充电装置稳流精度范围。

（5）充电装置稳压精度范围。

（6）直流母线纹波系数范围。

（7）直流母线连续供电试验。

（8）微机控制装置自动转换程序试验。

第二节　站用交流系统

1. 变电站交流站用电的典型接线是怎样的？

答：如图6-1所示，变电站交流站用电一般接线方式为单母线分段方式，配置站用电备自投装置保障供电可靠性。站用重要电动负荷采用两路供电，分别接至两段低压母线，并配置电源自动切换装置，如冷却器、直流蓄电池等。

变电站应从主变压器低压侧分别引接两台容量相同、可互为备用、分列运行的站用变压器。每台站用变压器按全所计算负荷选择。当只有一台主变压器时，其中一台站用变压器宜从所外电源引接。

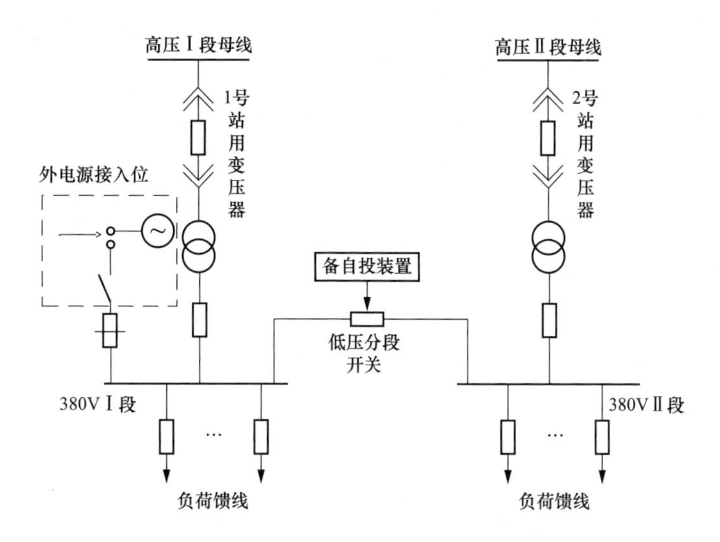

图 6-1　交流站用电典型接线

2. 站用电一般采集哪些信息？

答：站用电应采集反映站用电运行方式的低压开关位置信息和电压量测信息，还应采集备自投动作、异常及故障信息，装置故障信号应反映装置失电情况，并采用硬接点方式接入。

3. 站用交流消失的主要现象有哪些？

答：站用交流消失的主要现象有：

（1）监控发“站用电失压”，站用电遥测值变为零。

（2）变电站正常照明全部或部分失去。

（3）直流硅整流装置跳闸，事故照明切换。

（4）变压器冷却电源失去，风扇、油泵停转。

（5）站用交流电压表、电流表指示为零。

4. 站用交流消失对设备运行的影响有哪些？

答：站用交流消失对设备运行的影响有：

（1）造成主变压器风冷装置停止运行，影响主变压器的出力甚至造成被迫停运。

（2）设备加热、除湿装置和空调系统停止运行，影响设备正常运行。

（3）开关交流储能电源或电动闸刀操作电源中断，影响正常操作。

（4）直流充电机电源消失，影响直流系统可靠运行，长时间不能恢复时造成蓄电池过放电，直流失电使保护和自动装置停止运行，事故时拒动，严重威胁电网和设备安全运行。

5. 监控员发现站用电系统发生异常时应如何处理？

答：当发现站用电系统异常信号时，应检查带站用变压器的线路有无失电，或有无进线、主变压器失电，有无直流系统异常信号；检查站用变压器低压开关位置有无变位信息，低压母线及站用变压器间隔遥测量是否正常，发现异常情况应通知运维人员检查处理，如果带有直流系统异常信号时必须尽快到现场检查。如发生某站站用变压器切换动作时，应查看交流系统遥测值是否显示正确，且应清楚站用变压器交流系统的接线方式。当站用电系统失电时应关注蓄电池使用情况，重点监视直流控制母线电压及合闸母线电压。

6. 监控系统出现“××站站用电失压”信息告警，可能发生的原因及可能引起的后果有哪些？处置原则是什么？

答：信息告警的原因：

（1）站用变压器故障跳闸。

（2）站用变压器高压侧无电。

（3）站用电母线受总开关跳闸。

（4）站用电电压二次回路异常。

造成后果：站用电全部或部分消失。

监控员处置原则：

（1）查看站用变压器低压开关位置及相关遥测量，初判站用变压器低压开关有无跳闸。

（2）汇报管辖调度，通知运维单位，采取相应的措施。

（3）了解现场处置的基本原则及具体处置措施，加强对相关信号的监视。

现场运维：

（1）检查站用变压器保护动作情况、现场检查站用变压器有无故障现象。

（2）站用电全部或部分消失时，投入备用电源或站内迅速采取措施恢复全部站用电负荷的供电。

（3）对主变风冷、直流系统的交流电压切换进行检查。

7. “交流逆变电源异常”信息告警的原因是什么？

答：“交流逆变电源异常”是指公用测控装置检测到UPS装置交流输入异常信号。UPS装置异常可能会导致数据中断，应引起高度重视，及时通知人员处置。

发生下列情况监控系统会发该信号：

（1）UPS装置电源插件故障。

（2）UPS装置交直流输入回路故障。

（3）UPS装置交直流输入电源熔断器熔断或上级电源开关跳开。

8. 站用电全部或部分失电的原因有哪些?

答：站用电全部或部分失电的原因有：

（1）高压侧电源中断会造成站用电全部消失。

（2）站用变压器或者高压侧引线故障，高压侧开关跳闸或高压熔断器熔断。

（3）低压母线故障，造成站用变压器低压侧开关跳闸或熔断器熔断。

（4）站用变压器低压侧自投装置在高压侧失电或低压开关跳闸后未动作。

（5）站用电低压回路故障，如回路过热烧断、缺相运行、分路熔断器熔断、分路小开关跳闸等。

9. "站用电××母线失电"信息告警产生的原因以及可能造成的后果分别是什么?

答："站用电××母线失电"信息告警产生的原因：

（1）站用变压器故障跳闸。

（2）站用变压器高压侧无电。

（3）站用电母线总开关跳闸。

（4）站用电电压二次回路异常。

造成后果：造成站用电全部或部分消失，部分站用电所带负荷失去电源。

10. "站用电备自投动作"信息告警的原因以及可能造成的后果分别是什么?

答："站用电备自投动作"信息告警产生的原因：

（1）站用电一段母线总开关跳闸，母线失电，另一段母线电压有电。

（2）站用变压器保护动作跳闸。

造成后果：备自投动作成功，失电母线恢复运行，备自投动作失败会造成一段站用电母线失压。

11. 变电站的站用变压器保护是如何配置的?

答：（1）高压侧应装设开关，宜设置电流速断保护和过电流保护，以保护变压器内部、引出线及相邻元件的相间短路故障；保护装置宜采用两相三继电器接线；保护动作（电流速断瞬时，过电流带时限）于变压器高压侧开关跳闸。

（2）额定容量 800kVA 及以上的油浸变压器应装设瓦斯保护，保护动作于信号和跳闸。

（3）低压侧中性点直接接地的站用变压器，其单相接地短路保护宜选用中性点零序过电流保护。

第三节 安全、消防系统

1. 辅助控制系统包括哪些系统?

答：辅助控制系统由图像监视及安全警卫子系统、火灾报警子系统、环境监测子系统等组成。

2. 辅助控制系统监控信息采集原则是什么?

答：宜采集相关设备故障和总告警信号，变压器等重要区域的消防告警信号应单独采集。采集信息主要包括：安防装置故障、安防总告警、消防装置故障、消防火灾总告警、××变压器消防火灾告警、××小室温度、环境监测装置故障、电缆水浸总告警、消防水泵故障等，其中“消防火灾总告警”和“××变压器消防火灾告警”为事故类信息，其余为异常类信息。

3. “消防火灾总告警”信息告警原因有哪些? 监控员应如何处置?

答：“消防火灾总告警”信息告警的原因是变电站起火或者告警装置误动。

监控员应进行如下处置：通过视频监视系统初判火灾情况，及时通知运维人员现场检查，必要时汇报调度及打电话报火警。

4. 变压器起火的处理原则是什么?

答：变压器起火的处理原则：

(1) 变压器起火时，首先检查变压器各侧开关是否已跳闸，否则应立即手动拉开故障变压器各侧开关，立即停运冷却装置，立即停运变压器各侧电源。

(2) 立即切除变压器所有二次控制电源。

(3) 立即启动灭火装置。

(4) 立即向消防部门报警。

(5) 确保人事安全的情况下采取必要的灭火措施。

5. “安防总告警”信息包括哪些告警?

答：“安防总告警”信息包含高压脉冲防盗告警、边界防盗告警等。

第四节　中性点隔直装置

1. 隔直装置的作用是什么? 分为哪几种类型?

答：隔直装置的作用是在变压器中性点接地回路接入相关元件，当直流输电系统发生单级—大地回线运行方式时，减小或抑制经中性点流入变压器的直流电流。隔直装置分为电容型隔直装置与电阻型隔直装置两种。

2. 电容型隔直装置有哪几种运行状态?

答：中性点安装隔直装置的变压器，典型运行接线如图 6-2 所示。隔直装置通过两组闸刀（图中原设接地开关、新设接地开关）实现投入运行和退出运行。

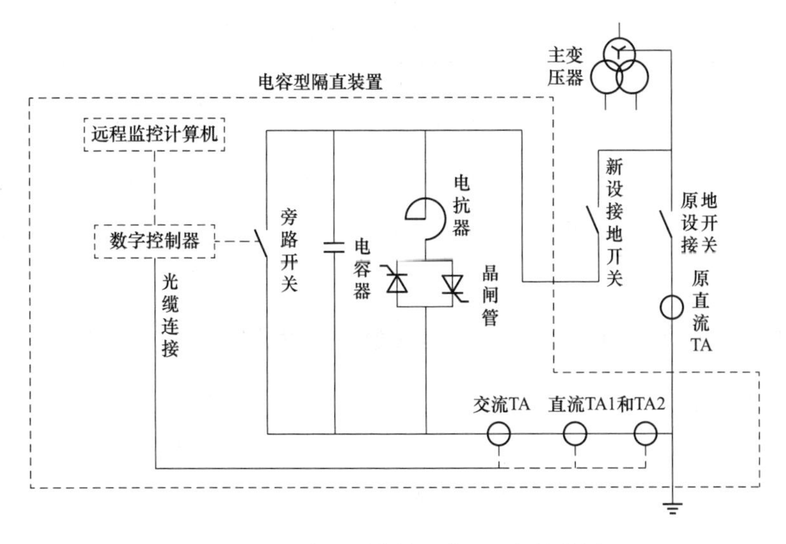

图 6-2 电容型隔直装置典型运行接线图

(1) 隔直装置投入运行状态：新级接地开关处于合闸状态，原级接地开关处于分闸状态。

(2) 隔直装置退出运行状态：原级接地开关处于合闸状态，新级接地开关处于分闸状态。

(3) 隔直装置检修状态：原级接地开关处于合闸状态，新级接地开关处于分闸状态，新级接地开关隔直装置侧加挂工作接地线。

3. 中性点隔直装置信息应采集什么信息?

答：中性点隔直装置应采集装置的故障、异常信号以及装置的投退信息。电容型隔直装置还应采集隔直电容的投退信息。中性点直流电流分量采集应对应专用直流电流传感器。

4. 电容型隔直装置的遥信、遥测采集上送有何要求?

答：隔直装置至少应具备输出 7 个开关量信号和 2 个模拟量信号，其中变压器中性点直流电流的监测应满足精度要求并不受隔直装置状态改变的影响。

隔直装置开关量信号输出见表 6-1。

表 6-1　　隔直装置开关量信号输出

序号	开关量信号名称	功能说明
1	直流电流越限告警信号	当中性点电流或电压越限时
2	故障告警信号	当装置运行异常时
3	装置手动控制状态	装置控制开关处于手动位置时
4	隔直电容投入	当隔直电容投入时信号触点闭合
5	装置控制电源失电	当电源失电时信号触点闭合
6	GZ11 闸刀位置	GZ11 闸刀辅助接点双位置采集
7	GZ12 闸刀位置	GZ12 闸刀辅助接点双位置采集

隔直装置模拟量信号输出见表 6-2。

表 6-2　　隔直装置模拟量信号输出

序号	定义	测量范围
1	变压器中性点直流电流量测 1	4～20mA 输出，对应测量范围参阅装置使用说明书
2	变压器中性点直流电压量测 2	4～20mA 输出，对应测量范围参阅装置

表 6-2 中主变中性点直流电流须从中性点专用 TA 接出，而不是从隔直装置的内部接出。

5. 电阻型隔直装置的调度集中运行监控信息至少包括哪些？

答：电阻型隔直装置的调度集中运行监控信息至少包括：1 个遥测量（主变中性点直流电流）、2 个遥信量、主变中性点隔直接地闸刀位置（双位置采集，告知）、主变中性点隔直闸刀位置（双位置采集，告知），其中主变中性点直流电流须从中性点专用 TA 接出，而不是从隔直装置的内部接出。

6. 对于主变中性点隔直装置有何运行监视要求？

答：地县调监控应对所辖主变中性点隔直装置运行情况、主变中性点直流电流在一个画面内进行统一集中实时监视。若主变中性点隔直装置因故无法运行，或者主变中性点直流电流影响主变正常运行或影响主变载流能力，地县调监控应及时报告同值调度，并根据变电站现场规程和供电公司运维部门意见确认主变是否具备运行条件。同时，按照调度规程有关规定，视情况（主要包括主变停役与否、变电站中性点接地方式是否破坏等）决定是否需要向上级调度报告。

若因主变中性点接地方式变化（如主变中性点小电抗退出运行）导致主变中性点隔直装置无法运行，应按主变中性点隔直装置退出状态考虑电网运行方式安排。当隔直装置退出且监控后台无法监视直流电流，但相关主变继续运行时，运维部门应考虑采取恢复变电站有人（少人）值班（值守）等组织管理措施，切实加强变电站设备运行安全管理。

在隔直装置故障或检修状态时，应特别着重加强变压器中性点直流电流的监控，调度、运检部门应做好针对性的事故应急预案。

7. 安装隔直装置的主变中性点发现有直流电流时有何运行控制要求？

答：当隔直装置故障或检修状态时，主变中性点发现有直流电流，按照直流电流的大小分别制定处理措施，控制要求如下：

（1）主变中性点直流电流：0～12A（三相之和），主变可以正常运行。

（2）主变中性点直流电流：12～20A（三相之和），可暂时不采取措施，但需立即加强主变油色谱、铁芯接地电流等在线监测运行数据跟踪。

（3）主变中性点直流电流：20～30A（三相之和），60min 内转移主变负荷，主变退出运行，期间加强主变油色谱、铁芯接地电流等在线监测运行数据跟踪。

（4）主变中性点直流电流：30～40A（三相之和），40min 内转移主变负荷，主变退出

运行，期间加强主变油色谱、铁芯接地电流等在线监测运行数据跟踪。

（5）主变中性点直流电流：大于40A（三相之和），30min内将转移主变负荷，主变退出运行，必要时应视情况启动相关应急处置流程，紧急拉停主变。期间加强主变油色谱、铁芯接地电流等在线监测运行数据跟踪。

（6）主变中性点直流电流大于12A（三相之和），主变不允许过载运行，禁止主变有载调压开关操作。

（7）隔直装置无法正常投入的情况属于设备紧急缺陷，应立即安排进行消缺。

8. 主变中性点隔直装置动作过程是怎样的？

答：如图6-3所示，变压器隔直装置由电容器、机械旁路开关和晶闸管旁路并联而成，接于变压器中性点和地之间。正常情况下，机械旁路开关在合上位置，变压器中性点经其直接接地；当检测到变压器中性点直流电流超过限值时，机械旁路开关转为断开位置，使电容器投入，起到阻隔直流电流的作用。当检测到流经变压器中性点的交流电流超过限值时，变压器隔直装置会快速导通晶闸管旁路系统，同时合上机械旁路开关，保证变压器中性点的可靠接地。

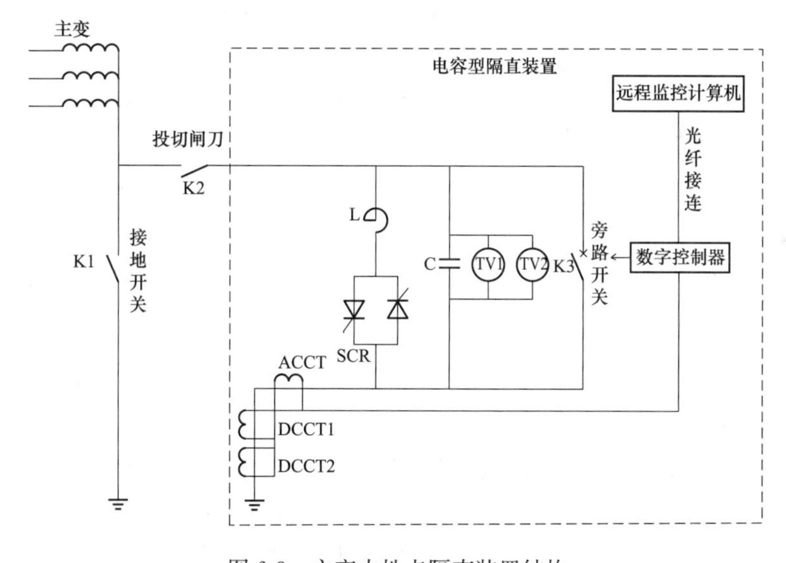

图6-3　主变中性点隔直装置结构

第五节　电压、无功及自动控制系统

1. 各电压等级母线的电压合格范围是多少？

答：500kV母线：正常运行方式下，最高运行电压不得超过系统额定电压的10%；最低运行电压不应影响电力系统同步稳定、电压稳定、厂用电的正常使用及下一级电压调节。

220kV 母线：正常运行方式下，电压允许偏差为系统额定电压 0～10%；事故运行方式下为系统额定电压的－5%～10%。

110kV～35kV 母线：正常运行方式下，电压允许偏差为相应系统额定电压－3%～7%；事故后为系统额定电压的±10%。

10（6）kV 母线：正常运行方式下的电压允许偏差为系统额定电压的 0～7%。

2. 电力系统过电压产生的原因及特点是什么？

答：（1）大气过电压：由直击雷引起，特点是持续时间短暂，冲击性强，与雷击活动强度有直接关系，与设备电压等级无关，因此 220kV 以下系统的绝缘水平往往由防止大气过电压决定。

（2）工频过电压：由长线路的电容效应及电网运行方式的突然改变引起，特点是持续时间长，过电压倍数不高，一般对设备绝缘的危害性不大，但在超高压、远距离输电确定绝缘水平时起重要作用。

（3）操作过电压：由电网内开关操作引起，特点是具有随机性，但最不利情况下过电压倍数较高。因此，330kV 及以上超高压系统的绝缘水平往往由防止操作过电压决定。

（4）谐振过电压：由系统电容及电感回路组成谐振回路时引起，特点是过电压倍数高、持续时间长。

3. 什么是谐振过电压？分为哪几类？

答：谐振过电压是指电力系统中一些电感、电容元件在系统进行操作或发生故障时可形成各种振荡回路，在一定的能源作用下，会产生串联谐振现象，导致系统某些元件出现严重的过电压。根据谐振产生的原因，分为三类：

（1）线性谐振过电压：谐振回路由不带铁芯的电感元件（如输电线路的电感，变压器的漏感）或励磁特性接近线性的带铁芯的电感元件（如消弧线圈）和系统中的电容元件所组成。

（2）铁磁谐振过电压：谐振回路由带铁芯的电感元件（如空载变压器、电压互感器）和系统的电容元件组成。铁芯电感元件的饱和现象，使回路的电感参数是非线性的，这种含有非线性电感元件的回路在满足一定的谐振条件时会产生铁磁谐振。

（3）参数谐振过电压：由电感参数作周期性变化的电感元件（如凸极发电机的同步电抗在 X_d～X_q 间周期变化）和系统电容元件（如空载线）组成回路，当参数配合时，通过电感的周期性变化，不断向谐振系统输送能量，造成参数谐振过电压。

4. 谐振过电压产生的原因是什么？有什么危害？

答：谐振过电压产生的原因有：中性点非有效接地系统中电压互感器铁芯饱和易引起谐振过电压；中性点非有效接地方式发生单相故障可引起谐振过电压；运维人员操作或事故处理方法不当亦会产生谐振过电压；设备设计选型、参数不匹配也可能引起谐振过电压。

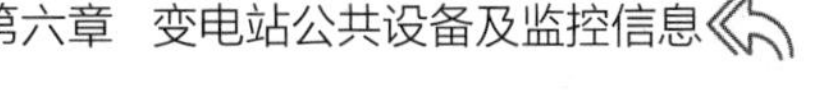

谐振过电压对电网危害极大，会造成电压互感器熔丝熔断、电压互感器烧毁、电网设备绝缘损毁，甚至造成相间短路、保护装置误动作等。

5. 中性点非有效接地系统的过电压有何特点？

答：中性点非有效接地系统过电压主要是谐振过电压，根据其特点分为基波谐振、高频谐振和分频谐振三种。谐振一般由接地和激发产生，根据运行经验，当向仅带有电压互感器的空母线突然充电时易产生基波谐振；当发生单相接地时易产生分频谐振，特别是单相接地突然消失（如拉路）时易激发谐振，其各自特点如下：

（1）基波谐振：发生基波谐振时，一相电压下降（不为零），两相电压升高超过线电压或电压表顶表；两相电压下降（不为零），一相电压升高或电压表顶表；其相对地电压的过电压小于或等于 3 倍相电压；

（2）高频谐振：发生高频谐振时，其相对地电压的过电压小于或等于 4 倍相电压，三相对地电压一起升高，远远超过线电压或电压表顶表；

（3）分频谐振：发生分频谐振时，三相对地电压依相序次序轮流升高或同时升高，并在 1.2～1.4 倍相电压间做低频摆动，大约每秒一次。

6. 防止谐振过电压的措施有哪些？

答：系统发生谐振时，在谐振电压和工频电压的作用下，电压互感器铁芯磁通迅速饱和，励磁电流迅速增大，会使电压互感器绕组严重过热而损坏（同一系统中所有电压互感器均受到威胁），甚至引起母线故障造成大面积停电。因此发生谐振时，如何快速消除谐振是保证设备安全运行的关键，措施有：

（1）提高开关动作的同期性。由于许多谐振过电压是在非全相运行条件下引起的，因此提高开关动作的同期性，防止非全相运行，可以有效防止谐振过电压的发生。

（2）在并联高压电抗器中性点加装小电抗。用这个措施可以阻断非全相运行时工频电压传递及串联谐振。

（3）破坏发电机产生自励磁的条件，防止参数谐振过电压。

7. 中性点非有效接地系统消除谐振过电压的措施有哪些？

答：对于中性点非有效接地系统来说，主要是投入消弧线圈和改变运行参数，一般投入消弧线圈都能消除谐振，在发生基波和高频谐振时，只要消谐器可靠动作，就能消除谐振，但由于分频谐振具有零序性质，一般消谐器无法消除谐振，投切三相对称负荷不起作用。对于未装设消弧线圈的，根据实际情况，可按以下方法处理：

（1）基波或高频谐振的处理：

1）有运行电容器时，切除运行电容器；没有运行电容器时，投入一组电容器。

2）以上措施无法消谐时，切除该母线所有电容器，向调度申请切除部分馈线，最好是先切长线路。

（2）分频谐振的处理：

1）切除该母线上所有电容器。

2）谐振仍无法消除时，向调度申请切除该母线上的线路，直至谐振消除。

3）若所有线路全部切除后仍无法消谐，向调度申请切除主变低压开关，将母线停电。

4）恢复母线及线路送电。

8. 影响电力系统电压的因素是什么？

答：电力系统电压是由系统的潮流分布决定的，影响系统电压的主要因素是：

（1）由于生产、生活、气象等因素引起的负荷变化。

（2）无功补偿容量的变化。

（3）系统运行方式的改变引起的功率分布和网络阻抗变化。

9. 无功电压运行控制应遵循哪些基本原则？

答：电力系统无功电压运行控制应遵循下列基本原则：

（1）电力系统应充分利用各种调压手段，确保系统电压在允许范围内；电力系统应有事故无功备用，无功电源中的事故备用容量应主要储备于运行的发电机、调相机和动态无功补偿设备中，保证电力系统的稳定运行。

（2）10～220kV变电站在主变最大负荷时，其高压侧功率因数应不低于0.95。

（3）在低谷负荷时功率因数不应高于0.95，且不宜低于0.92。

10. 保证电力系统电压正常的措施有哪几种？

答：系统电压的调整必须根据系统的具体要求，在不同的厂站采用不同的方法，常用电压调整方法有以下几种：

（1）增减无功功率进行调压，如使用发电机、调相机、并联电容器、并联电抗器调压。

（2）改变有功功率和无功功率的分布进行调压，如使用调压变压器、改变变压器分接头调压。

（3）改变网络参数进行调压，如使用串联电容器、投停并列运行变压器、投停空载或轻载高压线路调压。

特殊情况下可采用调整用电负荷或限电的方法调整电压。

11. 电网无功补偿的原则是什么？

答：电网无功补偿的原则是分层分区和就地平衡，并应能随负荷或电压进行调整，保证系统各枢纽点的电压在正常和事故后均能满足规定的要求，避免经长距离线路或多级变压器传送无功功率。

12. 什么是AVC系统？有哪些作用？

答：电网电压自动控制系统简称AVC系统，是通过调度自动化系统采集各节点遥测、遥信等实时数据进行在线分析和计算，以各节点电压和关口功率因数为约束条件，进行在线电压优化控制，实现主变分接开关调节次数最少、电容器投切最合理、发电机无功出力最优、电压合格率最高和输电网损率最小的综合优化目标，最终形成控制指令，通过调度自动化系统自动执行，实现了电压优化自动闭环控制。AVC 系统能有效保障电能质量，提高输电效率，降低网损，实现电网稳定运行和经济运行。

13. AVC 系统控制的对象有哪些？

答：AVC 系统控制的对象有：

（1）发电机（包括调相机）。

（2）有载调压变压器。

（3）并联电容器、电抗器。

（4）静止无功补偿器。

14. AVC 系统电容器（电抗器）自动封锁的原因有哪些？

答：AVC 系统电容器（电抗器）自动封锁的原因有：

（1）非 AVC 系统操作（人工操作）。

（2）电容器（电抗器）保护动作。

（3）拒动次数超过设定值。

（4）动作次数超过设定值。

（5）遥信遥测不对应。

（6）小电流系统单相接地。

（7）电容器（电抗器）冷备用或所在母线失电。

（8）自动化数据不刷新。

（9）电容器（电抗器）异常信息动作（自动封锁条件满足）。

15. AVC 系统中各类闭锁信息的含义分别是什么？应如何进行解除？

答：AVC 系统中有如下各类闭锁信息，分别是：

（1）“变压器分接头滑挡”表示挡位一次变化超过两挡，通过人工手动解锁。

（2）“变压器/电容器两次拒动”表示 AVC 连续两次控制均失败，通过人工手动解锁。

（3）“变压器并列挡位不一致”表示并列运行主变挡位不一致，AVC 系统自动解锁。

（4）“变压器过负荷”表示主变过载，AVC 系统自动解锁。

（5）“变压器/电容器手工动作”表示调度员人工控制时，闭锁该设备，AVC 系统自动解锁。

（6）“变压器/电容器动作次数越限”表示某一时段内设备动作次数达到设定的次数上限，AVC 系统自动解锁。

（7）“母线欠电压”表示母线电压低于设定的正常下限值，AVC 系统自动解锁。

(8)“母线过电压”表示母线电压高于设定的正常上限值，AVC 系统自动解锁。

(9)“变压器/电容器冷备用”表示 AVC 不对处于冷备状态的设备进行控制，AVC 系统自动解锁。

(10)“变压器/电容器挂牌”表示 AVC 不对处于挂牌状态的设备进行控制，AVC 系统自动解锁。

(11)“保护信号闭锁”表示 AVC 检测到设备的保护动作信号，自动闭锁对该设备的控制，同时发告警信号。一个设备可关联多个保护信号，一个保护信号也可关联多个设备，信号之间以“或”的关系进行处理，只要设备关联的其中一个保护信号动作即闭锁该设备；可根据实际需要，配置为需人工手动解锁或者 AVC 系统自动解锁。

16. AVC 系统三次自动调节失败封锁时应如何处理?

答：当系统连续三次自动调节失败时转入失败封锁状态；运行人员应在监控系统后台机上人工对失败封锁设备进行预置操作，检查是否有返校；如无返校则汇报自动化处理；如预置返校正确，且 AVC 系统及监控系统无其他异常告警，则在 AVC 系统中将失败封锁设备改为自动控制状态。

17. AVC 系统异常的处置方法有哪些?

答：AVC 系统异常的处置方法：

(1) 系统电压超出紧急区域时，AVC 系统应自动退出运行，未自动退出的应手动退出，并及时向有管辖权的调度汇报。

(2) 当电网发生故障、通道异常、发电厂 AVC 子站异常，影响安全运行时，现场可将 AVC 子站退出远方控制，并及时向有管辖权的调度汇报。

(3) 值班人员发现 AVC 主站出现控制异常，应及时将 AVC 主站退出闭环控制（闭环改为开环）；自动化值班人员发现 AVC 系统异常，应按预案处理并做好记录；当 AVC 主站所控设备出现频繁控制失败，短时间不能恢复正常时，应将所控的异常设备退出 AVC。

(4) AVC 主站与 AVC 子站闭环运行时，应按主站的实时调控指令执行；因故障造成临时信号中断时，AVC 子站应按主站上一日给出的临时电压、无功控制表执行；因故障造成长期信号中断，AVC 子站应按长期电压、无功控制表执行。

(5) 接入 AVC 系统的变电站无功补偿设备及变压器有载分接头以 AVC 系统自动控制为主，特殊、异常情况可由人工干预。

(6) 在 AVC 系统无法调节的情况下，由各级值班人员按照无功设备投切控制规定进行人工调节，或通知运维单位启动厂站 VQC 调节。

18. AVC 闭环运行时母线电压越限的原因有哪些?

答：AVC 闭环运行时母线电压越限的原因有：

(1) AVC 设定的控制限值与实际要求不一致，如电压上下限设置过宽，不满足考核要求。

（2）设备处于 AVC 闭锁状态，如设备挂牌、冷备用、动作次数越限等，或设备的保护信号触发 AVC 闭锁。

（3）设备不满足 AVC 控制预判要求，如电压越下限需调节主变时，主变挡位已达到最高档。

（4）三圈变压器的低压侧电压与中压侧电压的调节方向存在冲突（如低压侧电压高，中压侧电压低）。

（5）需要调节主变无功时，主变低压侧的母线电压偏高或偏低，导致投切电容器时后电压存在越限风险。

（6）低电压等级变电站需调节无功时，上级变电站的无功临近越限，容抗器不能投切等。

第六节　故障录波及波形分析

1. 故障录波器的作用是什么？

答：故障录波器能将故障时的录波数据保存，并通过专用分析软件进行分析，同时可以通过微机故障录波器的通信接口将记录的故障录波数据远传至调度部门，为调度部门及时分析处理事故提供依据，其主要作用有：

（1）对故障录波图进行分析，找出事故原因，分析继电保护装置的动作行为，对故障性质及概率进行科学的统计分析，统计分析系统振荡时有关参数。

（2）为查找故障点提供依据，并通过对已查证落实故障点的录波，核对系统参数的准确性，改进计算工作或修正系统计算使用参数。

（3）积累运行经验，提高运行水平，为继电保护装置动作统计评价提供依据。

2. 故障录波器通常要录取哪些电气量？

答：故障录波器通常设于 110kV 及以上的电气系统中，对于 220kV 及以上电压系统，微机故障录波器一般要录取三相电压、零序电压、三相电流、零序电流、高频保护高频信号量、保护动作情况及开关位置等开关量信号。

3. 故障录波器如何启动的？启动方式有哪些？

答：故障录波装置采用毫秒级采样，采样的数据量极大，无法保存全部时段信息。采用电流定值启动录波功能，将该启动值前后的一段时间的波形文件储存下来，供事件发生后分析。故障录波器的启动方式有：

（1）模拟量启动：正序电流、正序电压（过电压、低电压）；负序电流、负序电压；零序电流、零序电压。

（2）开关量启动。

（3）手动启动。

4. 如何在录波图上确定故障发生时刻、两个时刻间的相对时间和故障持续时间？

答：故障波形图如图 6-4 所示。

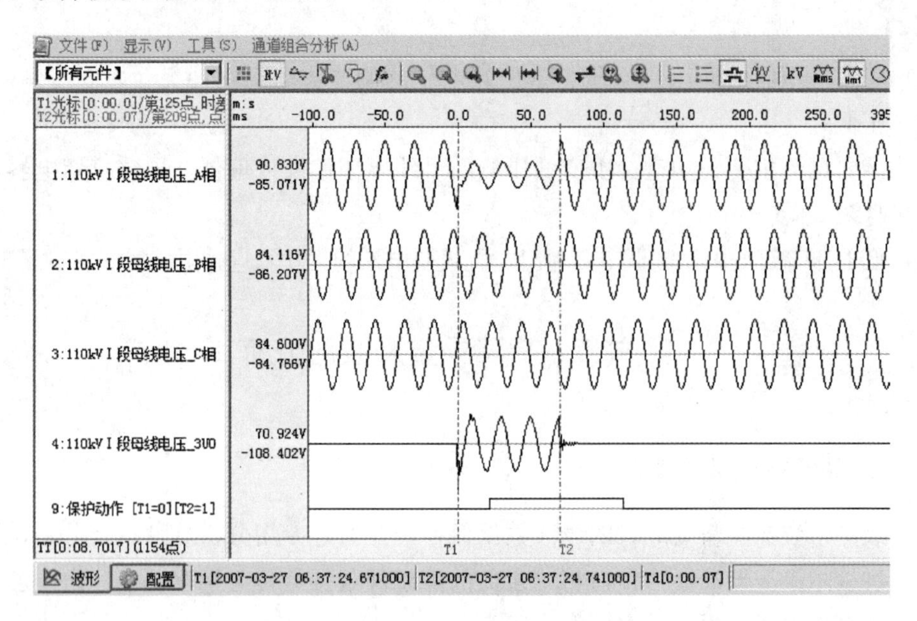

图 6-4　故障波形图

波形区域上方会有一条时间标尺，时间标尺为毫秒，通常 0.0ms 为录波启动时刻，也就是故障发生时刻，也可以从故障波形发生的时刻来确定故障时刻。

录波文件名包含录波启动时刻的绝对时标，如“2007 年 03 月 27 日 06 时 37 分 24 秒. CFG”、“HEMU IDM2 _ DAU57 _ 06-06-21 _ 09. 04. 44 _ IDM4938. dat”，可以从录波文件的文件名来获得故障发生的时间点。

在录波分析界面中，用鼠标可以点出（单击左键、单击右键）两条时间线，相应的，在分析界面下方有三个小窗口显示时间，T_1、T_2 分别对应一条时间线的绝对时间。

把 T_1 时间线点到 0.0 时刻，可从下方窗口读出故障发生的绝对时刻（准确到毫秒）。

单击鼠标左键确定 T_1 时刻，单击鼠标右键确定 T_2 时刻，此时下方窗口会显示 T_1、T_2 时刻的绝对时间，同时 T_d 显示 T_1、T_2 时刻间的相对时间。

将 T_1 时间线定位到故障发生时刻，将 T_2 时间线定位到故障切除时刻，则 T_d 显示两个时刻间的时间差，即故障持续时间。

5. 如何在录波图上读取电压、电流值？

答：故障波形图如图 6-5 所示。

波形分析界面左边的窗口显示三项内容：通道名称、T_1 时刻测量值、T_2 时刻测量值。将 T_1、T_2 时间标线定位到需要读取的位置，即可在左边窗口读取该时刻的电压、电流值。

分析软件一般提供两种显示模式：瞬时值和有效值，通常读取有效值，使用菜单下面按钮栏中的按钮可以切换显示模式。

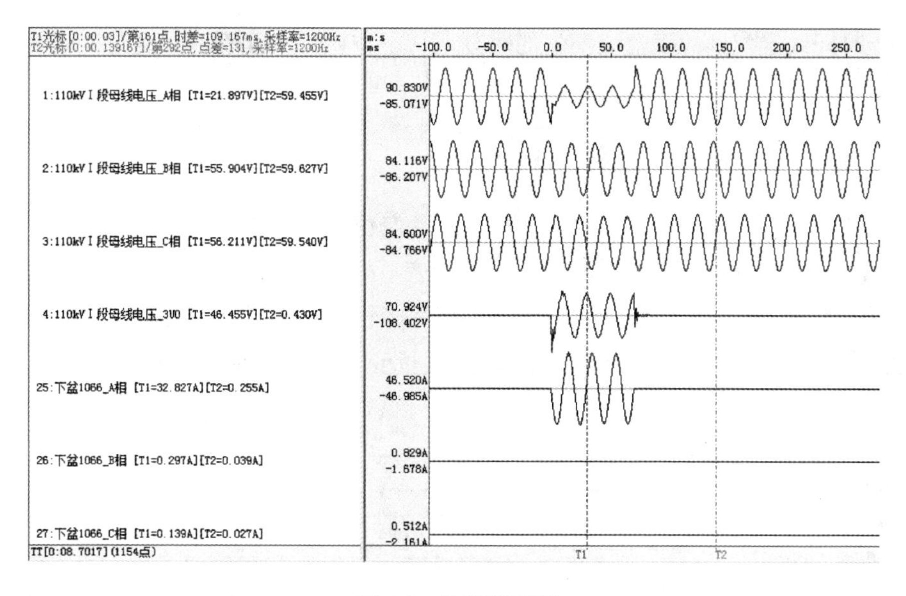

图 6-5　故障波形图

6. 如何在录波图上读取最大故障电流?

答：当故障电流比较稳定时，可选择故障中段读取最大故障电流，当故障电流幅值有变化时，可选择波形最高的点读取最大故障电流，可在波形最高点附近尝试点击，读取最大的那个数值，但要注意故障波形两端（大概半个周波范围）读数会不准。

7. 如何在录波图上确定开关实际分闸时刻?

答：由于录波器记录的开关变位信息来自开关机构的辅助接点，与开关主触头可能存在一定的时间差，因此一般用故障电流消失的时刻来确定开关实际分闸时刻。如图 6-6 所

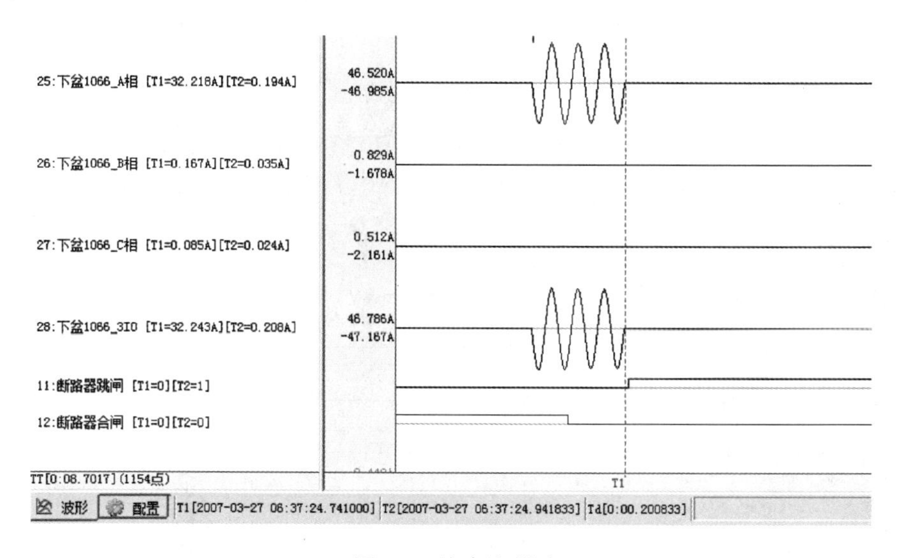

图 6-6　故障波形图

示，将 T_1 时间线定位到故障电流消失的时刻，从下方窗口中读取该时刻时间，即为开关实际分闸时刻。

8. 如何在录波图上查看开关量变位情况？

答：录波文件中用“0”和“1”记录开关量变位情况，波形图开关量如图 6-7 所示，以横线的高低代表 1 和 0，高的代表 1，低的代表 0；也有些分析软件用线条的粗细代表 1 和 0，粗的代表 1，细的代表 0。将 T_1 时间线定位到某个开关量变位的点、T_2 时间线定位到该开关量复归的点，即可从下方窗口读取开关量变位时刻与持续时间。

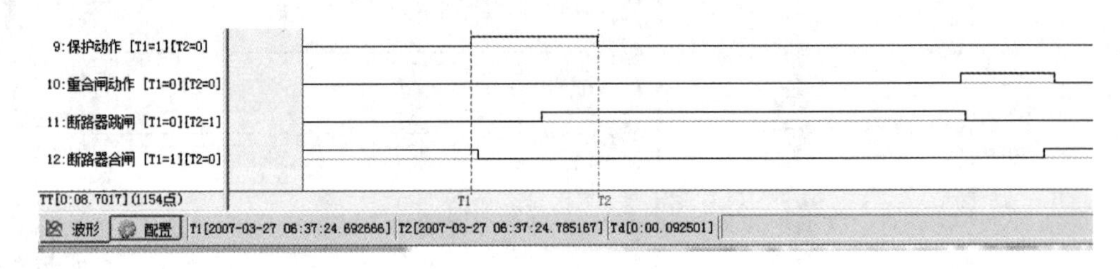

图 6-7 波形图开关量

9. 中性点有效接地系统中，单相接地故障的波形有哪些特点？

答：图 6-8 为中性点有效接地系统中 A 相接地故障的波形图，主要有以下特点：

（1）故障相电压明显下降（近区接地时，可降到 0），其他两相电压基本不变。

（2）产生明显的零序电压。

（3）故障相电流显著增大，其他两相电流基本不变。

（4）产生零序电流，与故障相电流大小、相位基本相同。

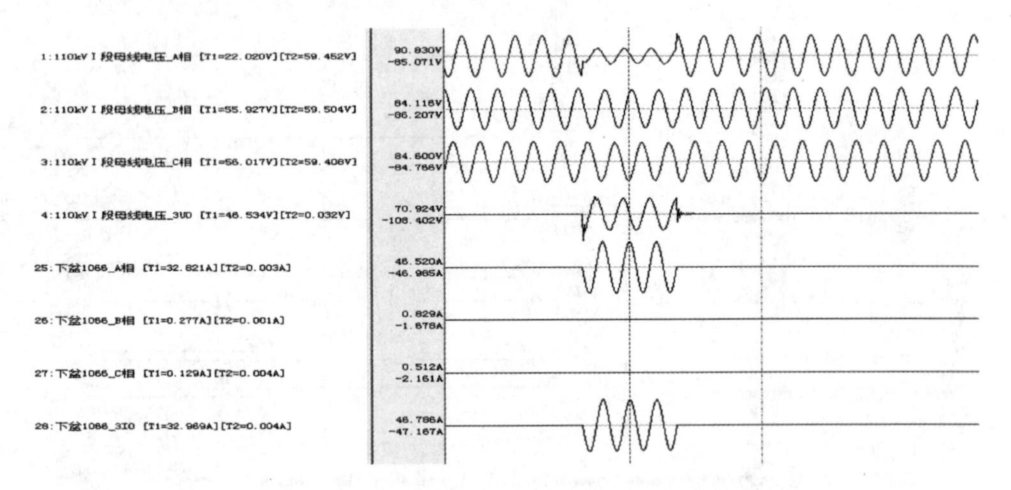

图 6-8 单相接地故障波形图（中性点接地系统）

10. 中性点非有效接地系统中，单相接地故障的波形有哪些特点？

答：图 6-9 为中性点非有效接地系统中单相接地故障的波形图，主要有以下特点：

（1）接地相电压降为 0。

（2）不接地两相电压升高为线电压。

（3）有较大零序电压。

（4）三相电流基本无变化。

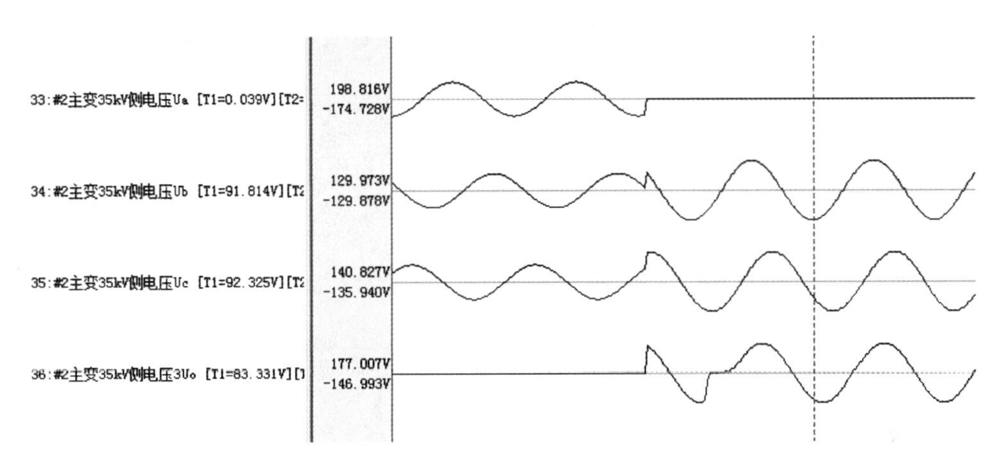

图 6-9 单相接地故障波形图（中性点不接地系统）

11. 相间短路故障的波形有哪些特点？

答：图 6-10 为 AB 相间短路故障的波形图，主要有以下特点：

（1）两个短路相电流显著增大，大小相等、方向相反，正常相电流基本不变。

（2）不产生零序电流。

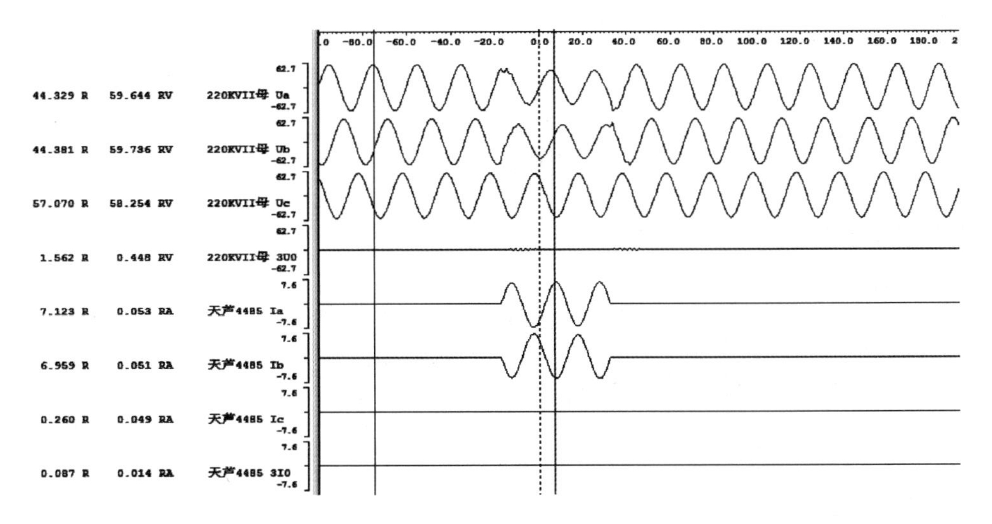

图 6-10 相间短路故障波形图

（3）正常相电压不变；近区短路时，故障相电压幅值为正常电压一半，相位相同，与非故障电压相反向；当短路点远离时，故障相电压逐步升高，相位以非故障相为基准左右偏移。

（4）不产生零序电压。

12. 两相接地短路故障的波形有哪些特点?

答：图 6-11 为 AB 两相接地故障的波形图，主要有以下特点：

（1）接地的两相电压跌落，跌落幅度与故障点远近有关，如近区两相接地，接地相电压基本跌落到 0。

（2）产生零序电压。

（3）接地两相故障电流均增大，增大幅度基本相同；电流与电压相位差基本为线路阻抗角。

（4）产生零序电流。

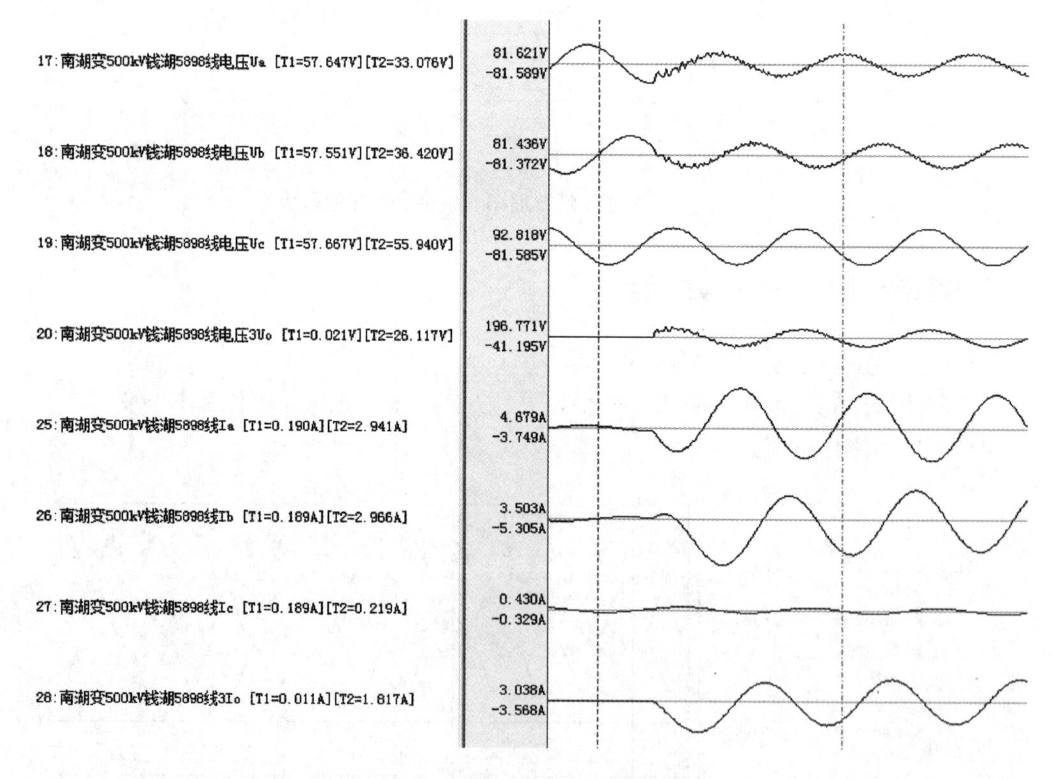

图 6-11　两相接地短路故障波形图

13. 三相短路故障的波形有哪些特点?

答：图 6-12 所示为 ABC 三相短路故障的波形，主要有以下特点：

（1）三相电压对称跌落，跌落幅度与故障点远近有关，如近区三相短路故障，三相电压基本跌落到 0。

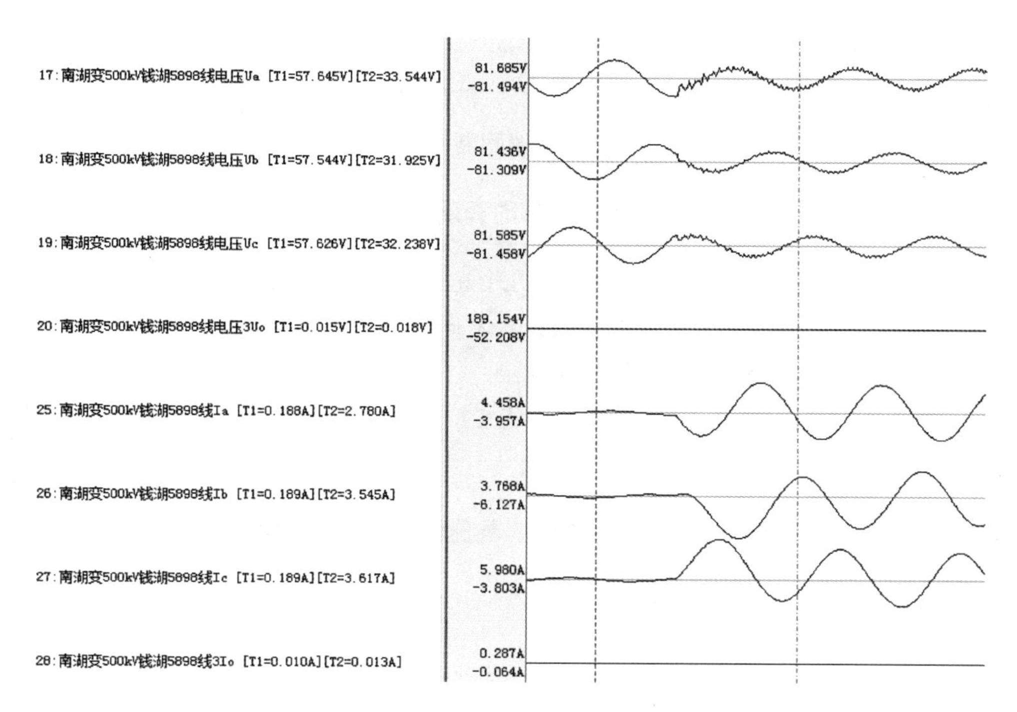

图 6-12　三相短路故障波形图

（2）不产生零序电压。

（3）三相故障电流对称增大，各相间仍保持相位差 120°。

（4）不产生零序电流。

14. 三相短路故障与三相短路接地故障能在波形上区分吗？

答：三相短路故障与三相短路接地故障均为对称故障，三相接地短路故障也不会产生零序电压和零序电流，其故障时电压、电流波形与三相短路故障一致，因此无法从波形上进行区分。

15. 变压器励磁涌流的波形有哪些特点？

答：变压器励磁涌流的波形图如图 6-13 所示，波形有以下特点：

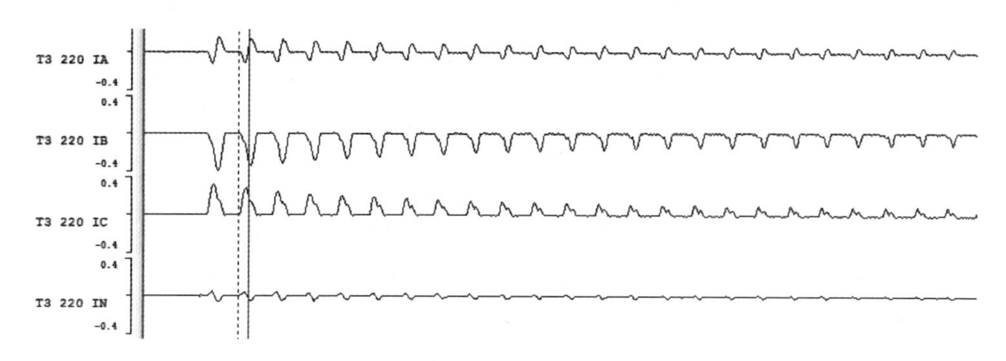

图 6-13　变压器励磁涌流波形图

（1）波形随时间衰减。

（2）波形中非周期分量（直流）含量较高，波形偏向时间轴一侧。

（3）二次谐波含量丰富，波形呈现明显的间断角。

16. 110kV 变电站未配置故障录波器，故障时有哪些途径可以获取故障波形？

答：110kV 变电站故障时，可以从以下几个途径获取故障波形：

（1）从 110kV 线路对侧（电源侧）的故障录波器获取故障时 110kV 线路的电压、电流波形，进而分析 110kV 变电站内的故障情况。

（2）从站内保护装置内部调取故障时该装置检测到的电压、电流波形，大部分保护装置具备录波功能，一般需要用专用设备调取。

17. Yd11 接线的变压器低压侧相间短路时，高压侧的电流波形有哪些特点？

答：如图 6-14 所示，Yd11 接线的变压器低压侧相间短路时，高压侧的电流波形有以下特点：

（1）有两相电流相位相同、大小相等。

（2）另一相电流相位与其他两相反向，大小是其他两相的和，该相是低压侧两相短路的滞后相，如图 6-14 所示，为低压侧 AB 相间短路。

（3）没有零序电流。

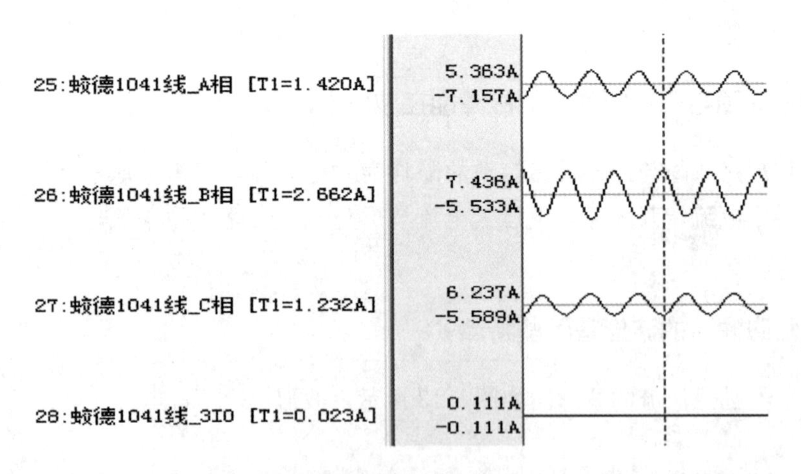

图 6-14　变压器高压侧电流波形图

18. 系统振荡时电压、电流波形有哪些特点？

答：如图 6-15 所示，系统振荡时，电压、电流波形有以下特点：

（1）电压幅值呈周期性变化。

（2）电流幅值呈周期性变化。

（3）电流最大时，电压最小。

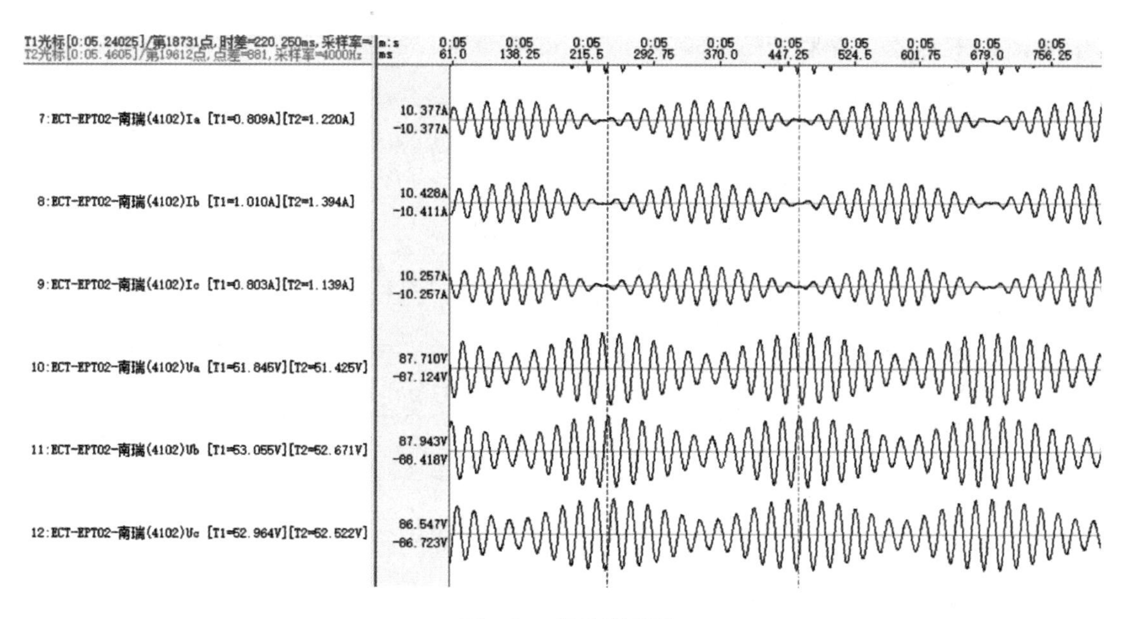

图 6-15　振荡波形图

19. 线路保护的电压取自母线压变或线路压变时，故障时电压波形有何不同?

答：当线路保护采用母线压变的电压时，录波器记录母线电压，故障时保护动作跳开开关后，故障点隔离，母线电压恢复。如图 6-16 所示，故障电流切除后，电压恢复正常。

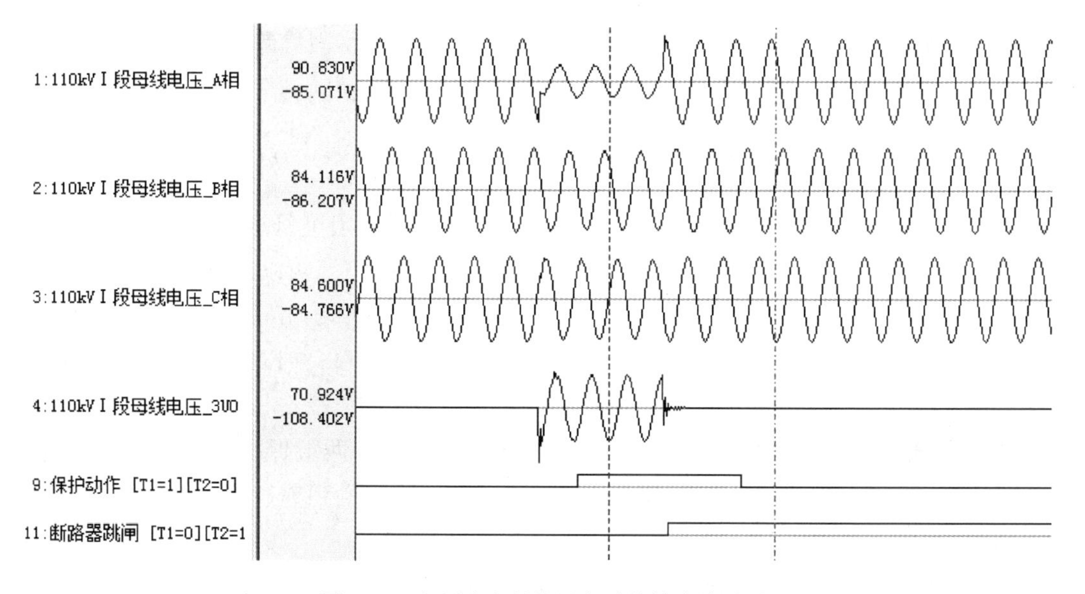

图 6-16　电压取自母线压变时的故障波形图

当线路保护采用线路压变的电压时，录波器记录线路电压，故障时保护动作跳开开关后，由于压变挂在线路上，也被隔离，电压失去。如图 6-17 所示，故障电流切除后，电压失去（有一定的感应电压）。

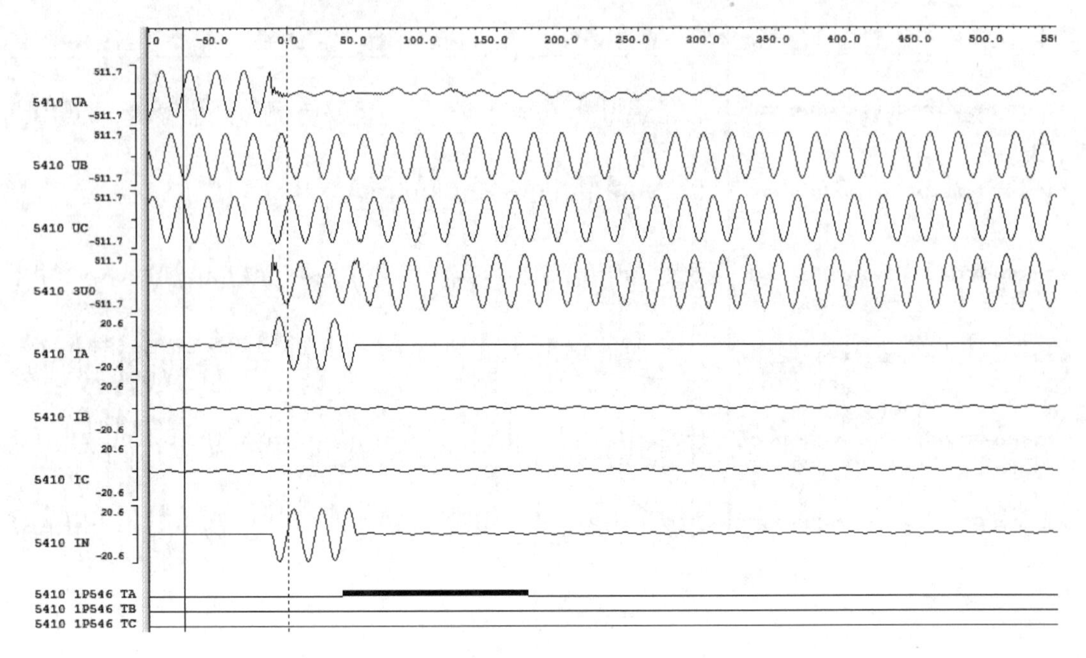

图 6-17　电压取自线路压变时的故障波形图

20. 为什么看到的故障波形经常与理论分析存在差异?

答：理论分析典型故障时，对于故障波形的描述是针对故障点的，而故障波形是录波器在变电站记录下来的，记录的是变电站侧的电气量变化过程。对于线路故障，只有当故障发生在变电站出口时，其波形特征可基本与理论分析相符，当故障点比较远时，变电站记录的故障波形受到线路阻抗的影响，波形特征会有一定的变化。

21. 保护测距的原理有哪几种?

答：保护一般有两种测距方法：①单端阻抗法测距，在没有光纤通道、不能交换两侧电气量的情况下采用；②双端测距方法，在有光纤通道、两侧电气量可以交换的情况下采用。

（1）单端测距法：单端阻抗法测距与阻抗继电器的原理基本相同，是根据故障时的测量电压、电流计算故障回路的阻抗，除以全线路正序阻抗值再乘以线路长度即为保护测距值。

（2）双端测距法：双端故障分析法是利用故障时刻线路两端保护记录的电压、电流，参考系统运行方式和确定线路的参数，分析计算得到故障点的距离，优点是不受过渡电阻的影响。

故障录波器一般采用单端测距方法。单端配置的线路保护采用单端测距方法。部分厂家的光差保护采用双端测距法，部分厂家的光差保护仍采用单端测距法。

22. 单端测距法和双端测距法各有哪些优缺点?

答：单端测距法基于阻抗法，原理简单可靠，但因过渡电阻存在，会导致其测量误差较大。双端测距法对比两侧的电气量，可以消除过渡电阻对测距的影响，但由于需借用到对侧装置的电气量，因此光纤通道必须正常。

23. 线路保护测距如何选取测距数据窗口？

答：线路保护装置一般选取保护动作出口时刻作为故障测距数据窗口的起始点，通过识别故障切除时刻或一定的固定延时时刻作为故障测距数据窗口的结束点，通过处理此期间的稳态数据进行测距。这种数据选取方法可在一定程度上防止故障初期故障电流未达到稳定或由于数据窗内事故数据不足1周波导致测距误差较大。

24. 故障录波器测距如何选取测距数据窗口？

答：故障录波器一般选取录波启动时刻（通常是故障起始时刻）作为故障测距数据窗口的起始点，采用之后一定时长范围内的数据进行测距计算。

25. 线路保护测距准确性与哪些因素有关？

答：线路保护测距准确性除了受电压、电流互感器固有误差的影响外，还受弧光电阻、过渡电阻、系统阻抗、负荷电流等因素影响。

测距算法所选取的测距数据窗内故障电压电流是否持续稳定对测距影响也较大。

目前的测距算法都默认线路参数均匀，所测出的长度是按测量阻抗与全线路阻抗按比例折算出来的。线路的阻抗参数在定值中整定，如果线路参数测量不准会造成测距不准。同时，线路实际上可能由架空、电缆混合构成，各段的线径也可能不一样，这是导致测距误差较大的一个重要原因。

26. 哪些故障情况下，测距偏差比较大？

答：（1）过渡电阻接地故障，受过渡电阻影响，单端测距法测量阻抗不准确。

（2）终端站线路故障，由于终端站（弱电源端）不能提供故障电流且故障时电压降得较低，对终端站而言，单端测距难以准确。

（3）雷击、闪络等故障，由于故障持续时间短、故障不稳定，造成测量数据窗短、数据窗内数据变化大，导致测距偏差增大。

（4）线路构成复杂，参数不均匀，按均匀线路模型测出的故障距离偏差大。

（5）系统存在异常情况，如一次断线等，造成测距偏差大。

第七章

智能变电站

第一节 概 述

1. 什么是智能变电站?

答：智能变电站是采用先进、可靠、集成、低碳、环保的智能设备，以全站信息数字化、通信平台网络化、信息共享标准化为基本要求，自动完成信息采集、测量、控制、保护、计量和监测等基本功能，并可根据需要支持电网实时自动控制、智能调节、在线分析决策、协同互动等高级功能的变电站。

2. 智能变电站体系结构分为几层? 各层包含的设备及具备的功能有哪些?

答：智能变电站分为三层：过程层、间隔层和站控层。

(1) 过程层包括变压器、开关、闸刀、电流互感器、电压互感器等一次设备及其所属的智能组件以及独立的智能电子装置。

(2) 间隔层设备一般指继电保护装置、系统测控装置、智能电子设备（Intelligent Electronic Device，IED）等二次设备，实现使用一个间隔的数据并且作用于该间隔一次设备的功能，即与各种远方输入、输出、传感器和控制器通信。

(3) 站控层包括自动化站级监视控制系统、站域控制、通信系统、对时系统等，实现面向全站设备的监视、控制、告警及信息交互功能，完成数据采集和监视控制、操作闭锁以及同步相量采集、电能量采集、保护信息管理等相关功能。

3. 智能变电站有什么特点及优势? 与常规综合自动化变电站相比有哪些主要技术优势?

答：智能变电站的特点及优势：

(1) 从满足智能电网运行要求出发，更加注重变电站间、变电站与调控中心间信息的统一与功能的层次化。

(2) 设备集成化程度更高，可以实现一次、二次设备的一体化、智能化整合和集成。

(3) 使智能电网拥有更多新型柔性交流输电技术及装备的应用，以及能接入更多分布式清洁电源。

智能变电站能够完成比常规变电站范围更宽、层次更深、结构更复杂的信息采集和信息处理，变电站内、站与调度、站与厂站、站与大用户和分布式能源的互动能力更强，信息的交换和融合更方便快捷，控制手段更灵活可靠。智能变电站的设备具有信息数字化、功能集成化、结构紧凑化、状态可视化等主要技术特征，符合易扩展、易升级、易改造、易维护的工业化应用要求。

4. 什么是SV？

答：SV是指采样值数字化传输信息，是过程层与间隔层设备之间通信的重要组成部分，基于发布/订阅机制，通过IEC 61850-9-2—2004《变电站通信网络和系统》等相关标准规范SV信息通信过程、交换采样数据集中的采样值的相关模型对象和服务，以及这些模型对象和服务到ISO IEC IEEE 8802-3 FDAM 1—2017帧之间的映射。

5. 什么是GOOSE？

答：GOOSE是一种替代了传统的智能电子设备之间硬接线的通信方式；为逻辑节点间的通信提供了快速且高效可靠的方法；GOOSE消息包含数据有效性检查和消息的丢失、检查和重发机制；可实现网络在线检测，当网络有异常时给出告警，大大提高了可靠性。

6. 什么是MMS？

答：制造报文规范，MMS是ISO/IEC 9506-1—1991《生产信息规范　第1部分：服务定义》标准所定义的一套用于工业控制系统的通信协议。MMS规范了工业领域具有通信能力的智能传感器、智能电子设备、智能控制设备的通信行为，使出自不同制造商的设备之间具有互操作性。

7. 什么是虚端子？

答：GOOSE、SV输入、输出信号是通过网络上传递的变量，与传统屏柜的端子存在对应关系。为了便于理解和应用GOOSE、SV信号，将这些信号的逻辑连接点称为虚端子。

8. 什么是SCD文件，其重要性有哪些？

答：智能化变电站系统配置描述文件简称为SCD文件（全站唯一），以变电站配置语言建立分层信息模型，描述模型中的逻辑节点LN、数据DO、数据属性DA以及ACSI服务，实现智能设备的配置信息交换、互联互通。SCD文件配置正确与否、有无变动直接影响了继电保护功能的正确性，因此SCD文件是智能化变电站系统继电保护功能实现的基础。

9. 什么是合智一体化装置？

答：合智一体化装置就是合并单元和智能终端按间隔进行集成的装置，合并单元模块与智能终端模块共用电源和人机接口，但两个模块之间相互独立，装置应就地化布置。

10. SV 采样与常规采样有何种区别？

答：常规采样是把流变、压变的二次侧电流、电压通过电缆直接接入测控装置或者保护装置，以实现对交流量的直接采样；SV 采样是把流变、压变的二次侧电流、电压通过电缆接入合并单元，再由合并单元把电流、电压以 SV 报文的方式发送给测控、保护装置。

11. SV 采样的同步方式有哪几种？

答：SV 采样的同步方式一般有两种：

（1）插值法，即根据 SV 报文中的延时通道的延时值对报文进行插值计算实现同步。

（2）时钟同步法，即 SV 报文的收发双方根据同步时钟的时标进行同步，一般利用 SV 报文的计数器同步。插值法可以不依赖同步时钟，一般用在保护装置采样（直采），时钟同步法一般用在测控装置采样（网采）。

12. SV 的告警机制有哪些？

答：测控或保护装置接收采样值异常时应送出告警信号，应设置对应合并单元的采样值无效和采样值报文丢帧告警。

SV 通信时对接收报文的配置不一致信息应送出告警信号，判断条件为配置版本号、ASDU 数目及采样值数目不匹配。

ICD 文件中应配置有逻辑接点 SVAlmGGIO，其中配置足够多的 Alm 用于 SV 告警，SV 告警模板应按 inputs 输入顺序自动排列，系统组态配置 SCD 时添加与 SV 配置顺序一致的 Alm 的“desc”描述和 dU 赋值。

13. GOOSE 报文传输机制有哪些？

答：智能变电站中 GOOSE 报文发送采用心跳报文和变位报文快速重发相结合的机制；当有数据变化时，GOOSE 服务器生成一个发送 GOOSE 命令的请求，该数据包将按照 GOOSE 的信息格式组成并用组播方式发送；为了保证可靠性一般重传相同的数据包若干次。发送一帧变位报文后，以时间 T_1、T_2、T_3 进行变位报文的快速重发。

14. GOOSE 告警机制有哪些？

答：GOOSE 通信中断应发出告警信号。在接收报文的允许生存时间的 2 倍时间内没有收到下一帧 GOOSE 报文时判断为中断。双网通信须分别设置双网的网络断链告警。告警机制有：

（1）GOOSE 通信时对接收报文的配置不一致信息须送出告警信号，判断条件为配置版本号及 DA 类型不匹配。

（2）ICD 文件中应配置有逻辑接点 GOAlmGGIO，其中配置足够多的 Alm 用于

GOOSE 中断告警和 GOOSE 配置版本错误告警，GOOSE 告警模型应按 inputs 输入顺序自动排列，系统组态配置 SCD 时添加与 GOOSE 配置顺序一致的 Alm 的“desc”描述和 dU 赋值。

15. 什么是保护 SV 总告警？

答：SV 总告警信号出现于智能变电站中，该信号应反映 SV 采样链路中断、SV 采样数据异常等情况，属于综合信号。

16. 什么是保护采样数据异常？什么是保护采样链路中断？

答：保护采样数据异常指 SV 采样链路通信正常，但采样数据告警，可能导致保护装置误动拒动。

保护采样链路中断指 SV 采样双方无法正常通信，无法采样到交流数据，等同于 TA 断线或 TV 断线，可能导致保护装置误动拒动。

17. 什么是保护 GOOSE 总告警？什么是保护 GOOSE 数据异常？

答：GOOSE 总告警应反映 GOOSE 链路中断、GOOSE 数据异常等情况，属于综合信号。

保护 GOOSE 数据异常指 GOOSE 报文出现大量错误，但通信未中断。

18. 什么是保护 GOOSE 链路中断？

答：如图 7-1 所示，开关保护装置 GOOSE 通信中断，无法发送、接收开关量等数据，可能导致保护装置无法向智能终端发出跳闸指令，导致开关无法跳闸，无法向测控装置发出保护动作告警信号，无法与其他保护装置正常通信。

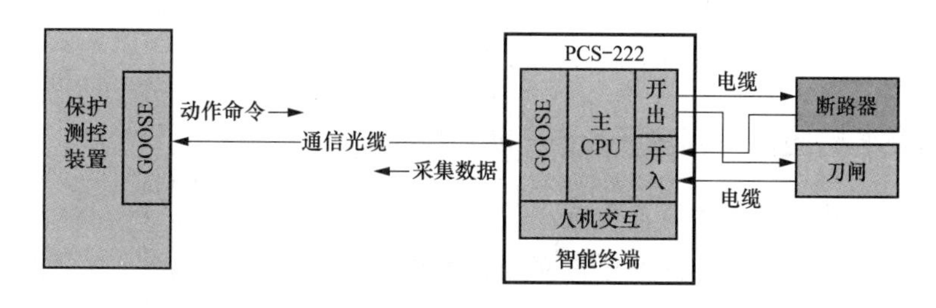

图 7-1　GOOSE 链路

19. 什么是保护检修不一致？

答：如图 7-2 所示，检修压板投入时，装置发送的 GOOSE 报文中的 test 位应置为 TRUE；GOOSE 接收装置将接收的 GOOSE 报文中 test 位与自身的检修压板状态进行比较，只有两者一致时才将信号作为有效进行处理或动作，不一致时宜保持一致前状态。

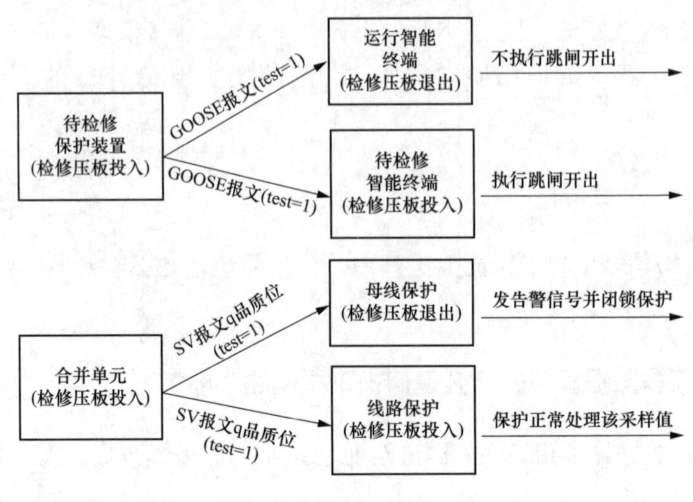

图 7-2　检修压板逻辑

20. GOOSE 报文在智能变电站中主要用于传输哪些实时数据？

答：GOOSE 报文用于传输的实时数据如下：

（1）保护装置的跳、合闸命令。

（2）测控装置的遥控命令。

（3）保护装置间的信息（启动失灵、闭锁重合闸、远跳等）。

（4）一次设备的遥信信号（开关闸刀位置、压力等）。

（5）间隔层的联闭锁信息。

21. 合智一体化装置有哪些优势？应用场合有哪些？

答：合智一体化装置可有效简化全站设计，降低设备数量，减少占地面积，减少建设成本，同时也可满足生产运行和检修的要求。

合智一体化装置一般应用于 110kV 及以下电压等级的场合。主网、环网采用 110kV 电压等级的智能变电站不适合使用合智能一体化装置。

22. 智能变电站装置应提供哪些反映自身状态的信息？

答：智能变电站应提供的信息包括：

（1）该装置订阅的所有 GOOSE 报文通信情况，包括链路是否正常（如果是多个接口接收 GOOSE 报文的是否存在网络风暴），接收到的 GOOSE 报文配置及内容是否有误等。

（2）该装置订阅的所有 SV 报文通信情况，包括链路是否正常，接收到的 SV 报文配置及内容是否有误等。

（3）该装置自身软、硬件运行情况是否正常。

23. 目前变电站应用的时钟源类型有哪些？

答：（1）GPS，即全球定位系统。由于 GPS 授时的应用较早，精度高（可达 100ns），可靠性高，因而在电力系统中得到了普遍应用。变电站 GPS 时间同步系统由主时钟、扩展时钟和时间同步信号传输通道组成，主时钟和扩展时钟均由时间信号接收单元、时间保持单元和时间同步信号输出单元组成。

（2）北斗授时技术，北斗卫星导航系统是中国独立开发的全球卫星导航系统。它提供海、陆、空全方位的全球导航定位服务，类似于美国的 GPS 和欧洲的伽利略定位系统，授时精度可达到 20ns。

24. 变电站中时钟同步系统的组成有哪些？时钟同步的意义是什么？

答：时间同步系统由主时钟单元、时钟扩展单元、传输介质组成。其中主时钟单元由时间信号同步单元、守时单元、时间信号输出单元、显示与告警单元组成。

时钟同步为系统故障分析和处理提供准确依据，是提高综合自动化水平的必要技术手段，是保证网络采样同步的基础。

25. 智能变电站同步对时的要求有哪些？

答：（1）智能变电站应配置 1 套全站公用的时间同步系统，为变电站用时设备提供全站统一的时间基准。

（2）用于数据采样的同步脉冲源应全站唯一，可采用不同接口方式将同步脉冲传递到相应装置。

（3）地面时钟系统应支持通信光传输设备提供的时钟信号。

（4）同步脉冲源应不受错误的秒脉冲的影响。

（5）支持网络、IRIG-B 等同步对时方式。

26. 智能变电站装置有哪些软压板与硬压板？检修硬压板、软压板有哪些功能？

答：保护装置硬压板主要有检修状态硬压板、远方操作硬压板。保护装置软压板主要有保护功能软压板、SV 接收软压板、GOOSE 跳闸软压板、GOOSE 重合闸软压板、GOOSE 启动失灵软压板。

硬压板是通过接入实际电位遥信参与内部逻辑运算，比如检修压板投入时，相应装置发出的 SV、GOOSE 报文均会带有检修品质标识，下一级设备接收的报文与本装置检修压板状态进行一致性比较判断，如果两侧装置检修状态一致，则对此报文做有效处理，否则做无效处理。

软压板是通过逻辑置位参与内部逻辑运行，通过装置的软件实现保护功能或自动功能等投退的压板。该压板投退状态应被保存并掉电保持，可查看或通过通信上送。装置应支持单个软压板的投退命令。

27. 智能变电站继电保护有哪几种运行状态，分别如何定义？

答：装置运行状态分“跳闸”“信号”和“停用”三种：

（1）“跳闸”：保护装置电源投入，功能软压板投入、GOOSE 出口及 SV 接收等软压板投入，保护装置检修压板取下。

（2）“信号”：保护装置电源投入，功能软压板、SV 接收软压板投入，GOOSE 出口软压板退出，保护装置检修压板取下。

（3）“停用”：功能软压板、GOOSE 出口软压板退出，保护装置检修压板放上，保护装置电源关闭。

28. 智能变电站继电保护一般运行规定有哪些?

答：（1）正常运行时保护装置检修压板应退出。

（2）保护测控一体化装置正常运行时控制逻辑压板应投入，解锁压板应退出，不得随意解锁操作。

（3）主变差动保护差流值一般不超过 $0.04I_N$，母线差动保护差流值一般不超过 $0.04I_N$，线路差动保护差流值一般不应超过理论计算的电容电流。

（4）装置异常时，投入检修压板，重启一次，重启成功后退出检修压板；重启不成功，汇报调度。

（5）严禁退出运行保护装置内 SV 接收压板，否则保护将失去电压或者电流；母差保护支路 SV 接收软压板投入或退出时，应该检查采样。

（6）保护 SV 接收软压板不上送信息一体化平台，保护检修后应确认该压板已放上。

29. 智能变电站继电保护异常处理原则有哪些?

答：（1）保护装置异常时，放上装置检修压板，重启装置一次。

（2）智能终端异常时，放上装置检修压板，取下出口硬压板，重启装置一次。

（3）间隔合并单元异常时，放上装置检修压板，将相关保护改信号，重启装置一次。

（4）以上装置重启后若异常消失，将装置恢复到正常运行状态，若异常没有消失，保持该装置重启时状态。

（5）GOOSE 交换机异常时，重启一次；重启后异常消失则恢复正常继续运行；如异常没有消失，退出相关受影响保护装置。

（6）双重化配置的二次设备仅单套装置发生故障时，原则上不考虑陪停一次设备，但应加强运行监视。

（7）主变非电量智能终端装置发生 GOOSE 断链时，非电量保护可继续运行，但应加强运行监视。

（8）收集异常装置、与异常装置相关装置、网络分析仪、监控后台等信息，进行辅助分析，初步确定异常点。

（9）如确认装置异常，取下异常装置背板光纤，进行检查处理。

（10）异常处理后需进行补充试验，确认装置正常、配置及定值正确。

（11）确认装置恢复安措状态正确，接入光缆；检查装置无异常、相关通信链路恢复后装置投入运行。

30. 智能变电站双重化保护的配置要求有哪些？

答：(1) 每套完整、独立的保护装置应能处理可能发生的所有类型的故障；两套保护之间不应有任何电气联系，当一套保护异常或退出时不应影响另一套保护的运行。

(2) 两套保护的电压（电流）采样值应分别取自相互独立的合并单元。

(3) 双重化配置的合并单元应与电子式互感器两套独立的二次采样系统一一对应。

(4) 双重化配置保护使用的 GOOSE 网络应遵循相互独立的原则，当一个网络异常或退出时不应影响另一个网络的运行。

(5) 两套保护的跳闸回路应与两个智能终端分别一一对应；两个智能终端应与开关的两个跳闸线圈分别一一对应。

(6) 双重化的线路纵联保护应配置两套独立的通信设备（含复用光纤通道、独立纤芯、微波、载波等通道及加工设备等），两套通信设备应分别使用独立的电源。

(7) 双重化的两套保护及其相关设备（电子式互感器、合并单元、智能终端、网络设备、跳闸线圈等）的直流电源应一一对应。

(8) 双重化配置的保护应使用主、后一体化的保护装置。

31. 500kV 智能变电站线路保护配置方案是怎样的？

答：每回线路配置 2 套包含有完整的主、后备保护功能的线路保护装置，线路保护中宜包含过电压保护和远跳就地判别功能。线路间隔合并单元、智能终端均按双重化配置，分别对应于两个跳闸线圈，具有分相跳闸功能；其合闸命令输出则并接至合闸线圈。线路保护启动开关失灵与重合闸采用 GOOSE 网络传输方式。合并单元提供给测控、录波器等设备的采样数据采用 SV 网络传输方式，SV 采样值网络与 GOOSE 网络应完全独立。

32. 500kV 智能变电站开关保护配置方案是怎样的？

答：开关保护按开关双重化配置。对于边开关保护，当重合闸需要检同期功能时，采用母线电压合并单元接入相应间隔电压合并单元的方式接入母线电压，不考虑中开关检同期；开关保护与本开关智能终端之间采用点对点直接跳闸方式；开关保护的失灵动作跳相邻开关及远跳信号通过 GOOSE 网络传输，通过相邻开关的智能终端、母线保护（边开关失灵）及主变保护跳开关联的开关，通过线路保护启动远跳。

33. 500kV 智能变电站变压器保护配置方案是怎样的？

答：每台主变配置 2 套含有完整主、后备保护功能的变压器电量保护装置。非电量保护就地布置，采用直接电缆跳闸方式，动作信息通过本体智能终端采用 GOOSE 网络传输方式，用于测控及故障录波。主变保护装置、主变各侧智能终端之间采用点对点直接跳闸方式；开关失灵启动、解复压闭锁、启动变压器保护联跳各侧开关以及变压器保护跳母联（分段）信号采用 GOOSE 网络传输方式。

34. 500kV 智能变电站母线保护配置方案是怎样的?

答：每条母线配置两套母线保护。母线保护采用直接采样、直接跳闸方式，当接入元件数较多时，可采用分布式母线保护形式。分布式母线保护由主单元和若干子单元组成，主单元实现保护功能，子单元执行采样、跳闸功能。

35. 220kV 智能变电站线路保护配置方案是怎样的?

答：每回线路应配置两套包含有完整的主、后备保护功能的线路保护装置。合并单元、智能终端均应采用双套配置，保护采用安装在线路上的电子式电流电压互感器获得电流电压。用于检同期的母线电压由母线合并单元点对点通过间隔合并单元转接给各间隔保护装置。

36. 220kV 智能变电站母线保护配置方案是怎样的?

答：母线保护按双重化进行配置。各间隔合并单元、智能终端均采用双重化配置。采用分布式母线保护方案时，各间隔合并单元、智能终端以点对点方式接入对应子单元。

母线保护与其他保护之间的联闭锁信号［失灵启动、母联（分段）开关过流保护启动失灵、主变保护动作解除电压闭锁等］采用 GOOSE 网络传输。

37. 220kV 智能变电站主变保护配置方案是怎样的?

答：保护按双重化进行配置，各侧合并单元、智能终端均应采用双套配置。非电量保护单套配置，采用就地直接电缆跳闸的模式，并通过变压器本体智能终端上传非电量动作报文和调档及接地闸刀控制信息。

38. 110kV 智能变电站线路、主变保护配置方案各是如何配置的?

答：110kV 智能变电站线路每回线路宜配置单套完整的主、后备保护功能的线路保护装置。合并单元、智能终端均采用单套配置，保护采用安装在线路上的 ECVT 获得电流电压。

110kV 智能变电站变压器保护宜双套配置，双套配置时应采用主、后备保护一体化配置。若主、后备保护分开配置，后备保护宜与测控装置一体化。

当保护采用双套配置时，各侧合并单元宜采用双套配置、各侧智能终端宜采用双套配置。变压器非电量保护单套配置，采用就地直接电缆跳闸的模式，并通过变压器本体智能终端上传非电量动作报文和调档及接地闸刀控制信息。

39. 110kV 智能变电站分段（母联）保护配置方案是怎样?

答：分段保护按单套配置，110kV 等级的宜保护、测控一体化。110kV 分段保护跳闸采用点对点直跳，35kV 及以下等级的分段保护宜就地安装，保护、测控、智能终端、合并单元一体化，装置应提供 GOOSE 保护跳闸接口（主变跳分段），接入 110kV 过程层 GOOSE 网络。

40. SV 通道异常、GOOSE 通道异常对母线保护的影响有哪些？

答：当某组 SV 通道状态异常时，装置延时 10s 发该组 SV 通道异常报文，SV 通道异常闭锁保护。

当某组 GOOSE 通道状态异常时，装置延时 10s 发该组 GOOSE 通道异常报文，GOOSE 通道异常时不闭锁保护。

41. 智能变电站中 220kV 母差保护宜配置哪些 GOOSE 压板？

答：智能变电站中 220kV 母差保护需要配置启动失灵 GOOSE 接收软压板，原因是智能化母差保护装置的失灵保护需要接收线路保护装置、主变保护装置、母联保护装置的失灵启动开入，为防止误开入，对应支路应配置失灵启动软压板，只有压板投入的情况下，失灵开入才计算入失灵逻辑，以此提高保护的可靠性。

42. 智能变电站中，电气设备操作采用分级操作，分为哪几级？

答：电气设备操作分为四级：

（1）第一级：设备本体就地操作，具有最高优先级的控制权；当操作人员将就地设备的“远方/就地”切换开关放在“就地”位置时，应闭锁所有其他控制功能，只能进行现场操作。

（2）第二级：间隔层设备控制。

（3）第三级：站控层控制，该级控制应在站内操作员工作站上完成，具有“远方调控/站内监控”的切换功能。

（4）第四级：调度（调控）中心控制，优先级最低。

43. 某双母线变电站母联开关机构远方就地把手置于就地位置，全站一、二次设备都在正常运行情况下，可能发生哪些事故？

答：（1）所有远方调度主站、监控主机、测控装置上对母联开关操作都拒动。

（2）备自投动作失败，导致一条母线停电。

（3）母差保护切故障母线失败，导致两条母线全部停电。

44. 智能变电站监控主机画面中显示某条线路有功与实际不相符，可能的原因有哪些？

答：（1）监控主机画面数据关联错误。

（2）监控主机数据库配置错误。

（3）监控主机与测控装置通信故障，导致遥测不变化。

（4）测控装置故障或参数设置错误。

（5）测控装置与合并单元通信故障。

（6）合并单元故障。

（7）电压电流二次测量回路错误。

（8）线路电压互感器或线路电流互感器故障。

45. 监控系统中通信系统模块损坏，发出“通信中断”信息，请问有哪些主要现象？该如何处理？

答：通信模块损坏，发出“通信中断”信息时，主要有以下现象：各段母线电压的遥测值为0，各开关的电流、有功、无功遥测值不刷新；切换通道，上述现象仍然存在。

处理方法：通知运维人员现场检查，更换模块，将监控职责移交变电站运维单位，同时做好记录。

46. “220kV间隔GOOSE交换机异常”信息告警后，应如何进行分析和处置？

答：（1）对于间隔交换机异常或故障，影响对应间隔GOOSE链路，应视为失去对应间隔保护，应停用相关保护装置。

（2）对于双网运行的GOOSE网，GOOSE A网或GOOSE B网中任意一台或几台交换机异常或故障时应立即汇报相应调度机构。

47. 智能变电站继电保护设置哪些信息，如何区分及处理？

答：智能变电站继电保护应设置“保护动作”“保护装置故障”“保护装置运行异常”三个总信息，由各装置内部具体条件启动，同时，“保护装置故障”“保护装置异常”总信息还提供硬接点输出。

“保护动作”信息动作后，应检查开关变位信息以及开关遥信位置和遥测数据，判断是否确系保护装置动作，同时进行故障录波数据的查询，通知运维人员现场检查。

装置故障与装置告警信号含义区分及处理方法如下：

（1）“保护装置故障”动作，说明保护发生严重故障，装置已闭锁，应立即汇报调度将保护装置停用。

（2）“保护装置异常”动作，说明保护发生异常现象，未闭锁保护，装置可以继续运行，运行人员需立即查明原因，并汇报相关调度确认是否需停用保护装置。

48. 智能变电站继电保护设备缺陷分为哪几级？

答：智能站继电保护设备缺陷按严重程序和对安全运行造成的威胁大小，分为危急、严重、一般三个等级。

以下缺陷属于危急缺陷：

（1）二次转换器异常。

（2）合并单元故障。

（3）交流光纤通道故障。

（4）开入量异常变位，可能造成保护不正确动作的。

（5）保护装置故障或异常退出。

（6）过程层交换机故障。

（7）GOOSE、SV 断链。

（8）光功率发生变化导致装置闭锁。

（9）智能终端故障。

（10）控制回路断线或控制回路直流消失。

（11）其他直接威胁安全运行的情况。

以下缺陷属于严重缺陷：

（1）保护通道异常，如 3dB 告警等。

（2）保护装置只发异常或告警信号，未闭锁保护。

（3）录波器装置故障、频繁启动或电源消失。

（4）保护装置液晶显示屏异常。

（5）操作箱指示灯不亮但未发控制回路断线。

（6）保护装置动作后报告打印不完整或无事故报告。

（7）就地信号正常，后台或中央信号不正常。

（8）母线保护闸刀辅助触点开入异常，但不影响母线保护正确动作。

（9）无人值守站的保护信息通信中断。

（10）频繁出现又能自动复归的缺陷。

（11）其他可能影响保护正确动作的情况。

以下缺陷属于一般缺陷：

（1）时钟装置失灵或时间不对，保护装置时钟无法调整。

（2）保护屏上按钮接触不良。

（3）有人值守站的保护信息通信中断。

（4）能自动复归的偶然缺陷。

（5）其他对安全运行影响不大的缺陷。

49. 智能变电站内监控主机与其他 IED 装置通信正常，但某测控装置数据一直不刷新，测控装置无任何异常告警信号，可能的原因有哪些？

答：可能的原因有：

（1）测控装置与监控主机的 MMS 报告使能不成功。

（2）测控装置所连客户端连接数已到超出其允许的最大连接数。

（3）监控主机与站内其他客户端使用相同的 MMS 报告控制块实例号，该实例号已被其他客户端占用。

（4）测控装置配置错误或设备异常。

（5）测控装置与过程层设备通信中断。

50. 智能变电站母差保护中，支路（除母联、分段）电流采样通信中断对母差保护有何影响？母联（分段）支路电流采样和通信中断对母差保护有何影响？

答：智能变电站中，电流、电压采样通信中断会报相应支路“SV 断链”，母差保护运行时需要对母线所连的所有间隔的电流信息进行采样计算，所以当任一间隔（除母联、分段）的电流采样中断时，母差保护视作该支路 TA 断线，将闭锁母差保护。当母联（分段）电流采样中断时，母差保护视作该母联（分段）TA 断线，将母线置互联状态。

51. SV 报文品质对母线差动保护的影响有哪些？电压采样通信中断对母线差动保护的影响有哪些？

答：母差保护运行时需要对母线上所有间隔的电流信息进行采样计算，所以当任一间隔的电流 SV 报文中品质位无效时，将会影响母差保护的计算，母差保护将闭锁差动保护。

当母线电压 SV 报文品质异常时，母差保护报母线电压无效，母差保护开入复合电压闭锁。

电压采样通信中断时，母差保护视作母线电压 TV 断线，将开放复合电压闭锁。

52. 智能变电站保护装置、合并单元、智能终端对时不准，对保护功能有何影响？

答：智能变电站采用合并单元点对点采样模式时，保护装置对时不准，对保护动作行为没有影响，但会影响保护报告中的时标。

在采用合并单元网络采样模式时，保护装置对时不准或合并单元对时不准，会导致采样失去同步，保护功能闭锁。

智能终端主要用于采集开关量位置，执行出口命令，对时间同步性要求不高，因此，智能终端对时不准时，对保护功能没影响，但对开入量变位时标有影响。

53. 常规综合自动化变电站和智能站双母接线的母差保护在闸刀辅助触点异常时处理方法有何不同？

答：双母线接线的母线保护通过闸刀辅助触点自动识别母线运行方式时，应对闸刀辅助触点进行自检，且具有开入电源掉电记忆功能。当仅有一个支路闸刀辅助触点异常，且该支路有电流时，保护装置仍应具有选择故障母线的功能。当与实际位置不符时，发“闸刀位置异常”告警信息，常规站应通过保护模拟盘校正闸刀位置。智能站通过“闸刀强制软压板”校正闸刀位置。

54. 智能变电站中在 220kV 双母线接线方式下，合并单元故障或失电对线路保护装置有何影响？

答：线路保护装置应处理合并单元上送的数据品质位（无效、检修等），准确及时提供告警信息。在异常状态下，利用合并单元的信息进行相关保护功能的保留和退出，瞬时闭锁可能误动的保护，延时告警，并在数据恢复正常后尽快恢复被闭锁的保护功能，不闭锁与该异常数据无关的保护功能。比如TV合并单元失电或故障，线路保护装置收电压采样无效，闭锁与电压相关保护（如纵联和距离保护等）；如果是线路合并单元故障或失电，线路保护装置收线路电流采样无效，则闭锁所有保护。

55. 智能变电站中，双母线（单母分段）运行方式的母线电压并列功能如何实现？

答：智能变电站母线电压并列功能由母线合并单元实现，双重化配置的母线合并单元每套均采集Ⅰ母和Ⅱ母的TV二次电压，两套母线合并单元用同一个并列把手来实现电压并列。通过电压并列逻辑来选择输出某一段母线的电压采样数据。

如图7-3所示，正常运行时，电压并列把手处于中间状态，与1、2都不通。Ⅰ母TV二次电压通过模数转换成为Ⅰ母电压SV数据，Ⅱ母TV二次电压通过模数转换成为Ⅱ母电压SV数据，两组数据合成一个SV数据集，通过光缆送至各保护装置。

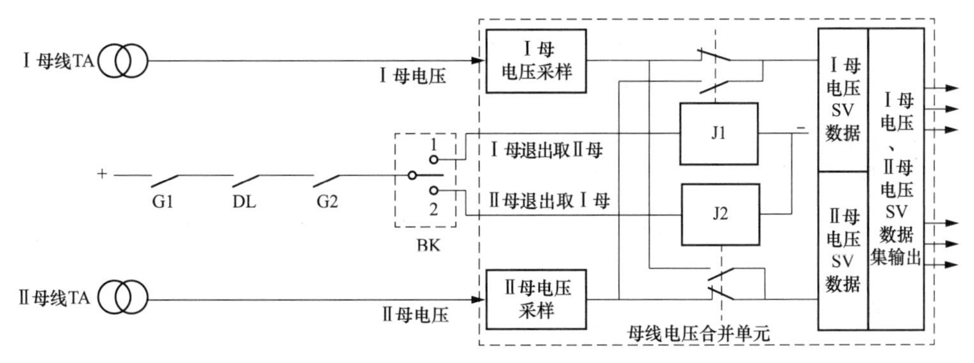

注：G1为母联(分段)Ⅰ母闸刀位置；G2为母联(分段)Ⅱ母闸刀位置；DL为母联(分段)开关位置；BK为电压并列把手。

图7-3　智能变电站母线二次电压并列原理示意图

当Ⅰ母TV需要检修时，则先保证一次系统并列（即G1、DL、G2都合上），然后将电压并列把手BK切至位置1（Ⅰ母退出取Ⅱ母），此时J1动作，断开“Ⅰ母电压采样”至“Ⅰ母电压SV数据”的连接，将“Ⅱ母电压采样”接至“Ⅰ母电压SV数据”，这样，母线合并单元输出的SV数据集中，Ⅰ母电压、Ⅱ母电压实际上都是Ⅱ母TV的二次电压采样数据，由此实现母线电压并列功能。

同理当Ⅱ母TV需要检修时，将电压并列把手BK切至位置2（Ⅱ母退出取Ⅰ母）即可。

为便于理解，图7-3以继电器接点切换回路形式来说明智能变电站母线电压并列功能的实现逻辑。实际上，这些逻辑由母线合并单元通过软件实现，并不存在这些继电器和回路。

56. 智能变电站母线电压并列需要哪些条件？

答：如图 7-4 所示，母联开关、闸刀位置信号接入母联智能终端，母联智能终端通过过程层 GOOSE 网络输出至母线合并单元，母线合并单元接入Ⅰ母、Ⅱ母 TV 电压，结合 GOOSE 位置信号实现电压并列逻辑。电压并列逻辑表如表 7-1 所示。

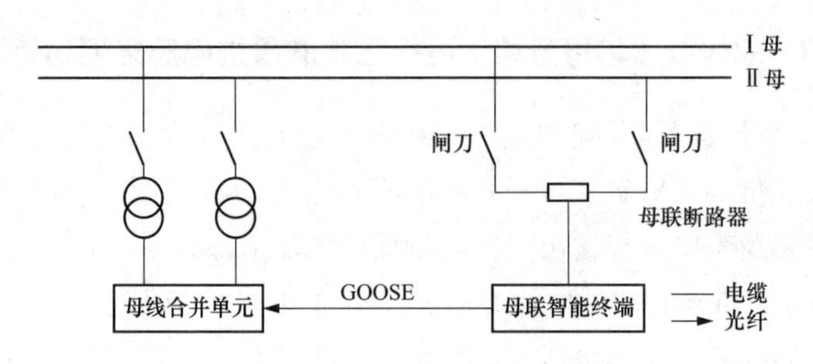

图 7-4　电压并列接线示意图

表 7-1　电压并列逻辑表

序号	把手位置		母联开关位置	Ⅰ母电压输出	Ⅱ母电压输出
	Ⅰ母退出取Ⅱ母	Ⅱ母退出取Ⅰ母			
1	0	0	×	Ⅰ	Ⅱ
2	0	1	合位	Ⅰ	Ⅰ
3	0	1	分位	Ⅰ	Ⅱ
4	0	1	00 或 11	保持	保持
5	1	0	合位	Ⅱ	Ⅱ
6	1	0	分位	Ⅰ	Ⅱ
7	1	0	00 或 11	保持	保持
8	1	1	合位	保持	保持
9	1	1	分位	Ⅰ母	Ⅱ母
10	1	1	00 或 11	保持	保持

57. 常规综合自动化变电站和智能变电站母线电压并列的区别是什么？

答：从电站母线电压并列原理可以看出，常规综合自动化变电站的电压并列过程是物理并列，即一段母线的二次电压实际并到另一段母线的二次电压输出回路上，而智能变电站的电压并列是一个数据源切换复写过程，即将主用 TV 母线的电压数据复写到被并列母线的电压数据上，其电压二次回路不会形成物理上的并列。严格来说，智能变电站中，双母线（单母分段）运行方式的母线电压并不存在二次并列的情况，称为“母线电压切换”可能更贴切。但其实现功能与常规变电站的电压并列回路是一致的，为了与常规变电站命名习惯保持一致，同时也为了不与双母线接线间隔电压切换回路混淆，仍将其命名为母线电压并列。

58. 运行中合并单元、保护测控误投装置检修压板会出现什么现象？

答：合并单元主要具有整合电流、电压的信号采集以及对母线电压进行切换的功能。

合并单元是 SV 报文的主要发送端，同时也是 GOOSE 报文的主要接收端。当合并单元装置投入检修压板后，其所发送的 SV 报文的品质就进行了“置位”。误投入合并单元的检修压板后，将会导致保护功能失效，虽然可以看到采样，但是该采样不参与逻辑计算，从而闭锁保护功能，造成保护拒动，从而扩大事故范围。

所有的保护测控装置均有 SV 报文的接收端，同时还是 GOOSE 报文的收发端。误投入保护装置的检修压板时，由于保护装置与合并单元的检修品质不一致，保护装置将采样值作无效处理，从而导致保护功能闭锁，同样造成事故时即便保护动作，也无法跳开开关。

59. 110kV 智能变电站（内桥接线），主变非电量保护动作闭锁 110kV 备自投有几种实现模式？

答：110kV 智能变电站主变非电量保护闭锁 110kV 备自投回路一般有三种实现模式：

（1）利用非电量保护备用跳闸出口，经出口硬压板后直接用电缆拉至 110kV 备自投装置，作为硬接点开入备自投装置。

（2）利用非电量保护备用跳闸出口，经出口硬压板后作为本体智能终端的一个普通开入，转换为 GOOSE 信号，通过直连光纤接入备自投装置。

（3）利用非电量保护备用跳闸出口，经出口硬压板后直接用电缆拉至对应的 110kV 进线智能终端，作为进线智能终端的一个普通遥信开入，由进线智能终端转换为 GOOSE 信号，借用进线智能终端与备自投装置之间的直连光纤接入备自投装置。

60. 110kV 智能变电站（内桥接线），主变本体智能终端故障是否影响 110kV 备自投？

答：当主变非电量保护闭锁 110kV 备自投的功能由主变本体智能终端实现时，本体智能终端故障或检修不一致将影响该闭锁功能，此时主变发生故障非电量保护动作跳闸时将可能导致备自投装置误动。

61. 智能变电站主变本体智能终端故障是否影响非电量保护功能？

答：智能变电站主变本体智能终端集成非电量保护功能，但两者的直流电源分开，其电源空气开关也独立配置。非电量保护功能不依赖于本体智能终端，但是非电量保护动作信号由本体智能终端上送，因此本体智能终端故障不会影响非电量保护功能的实现，但是会影响非电量保护动作信号的上送。

62. 智能变电站主变非电量保护失电信号如何生成？

答：主变非电量保护失电将导致变压器失去非电量保护功能，目前工程中对非电量保护电源监视有如下三种方式：

（1）本体智能终端提供独立的非电量保护消失 GOOSE 开出信号，如某型号本体智能终端提供“控制母线失电 1”“控制母线失电 2”GOOSE 信号，可直接接入测控装置。

（2）本体智能终端非电量保护插件提供独立的非电量直流消失信号硬接点（常闭），接入本体智能终端遥信开入，形成GOOSE信号接入测控装置。

（3）本体智能终端未提供独立的非电量保护直流消失告警信号，一般设计中，取非电量保护直流电源空气开关辅助接点作为非电量保护直流消失告警信号，此接点作为硬开入接入本体智能终端，形成GOOSE信号接入测控装置，这种模式存在非电量保护直流电源监视不全面的隐患。

63. 110kV智能变电站变压器保护“SV总告警”信号出现告警对保护有什么影响？

答：110kV智能变电站变压器保护的“SV总告警”信号为各侧采样异常的合成报文，表明保护采样SV数据异常，含SV采样中断、双AD不一致、额定延时越限、数据品质异常、离散度大、丢点等多种因素。

110kV内桥接线的主变保护一般接入5个合并单元，分别为进线合并单元，内桥合并单元、低压侧合并单元、高压侧母线合并单元和中性点合并单元。当电流采样SV异常时，将闭锁与之相关的保护，如进线合并单元SV异常，将闭锁差动保护和高后备保护，而不闭锁低后备保护。当电压采样SV异常时，保护将按照该侧TV断线处理。

64. 智能变电站主变保护SV检修不一致有什么影响？

答：主变保护通过合并单元采集各侧电压和电流，保护装置实时对各合并单元数据品质中的检修位与装置自身的检修压板状态进行比较，两者一致时按正常逻辑处理，两者不一致则显示SV检修不一致，并则按以下方式处理：

（1）电压SV检修不一致时，按TV断线处理。

（2）电流SV检修不一致时，闭锁与该组SV相关的所有保护。

65. “低频减载装置GOOSE总告警”信息告警反映哪些异常情况？

答：“低频减载装置GOOSE总告警”信息应反映GOOSE链路中断、GOOSE数据异常等情况。

66. 智能变电站保护动作等保护信息的采集方式是什么？

答：智能变电站保护动作等保护信息采用直采直送的方式与监控后台和远动机通信，不再采用常规变电站的硬接线开入到测控装置，由测控装置转发遥信信息的方式。因此智能变电站保护动作等保护信息的正常上送依赖于站控层网络的运行情况。

67. 智能变电站的保护遥测信息如何上送？

答：与常规变电站不同，智能变电站的保护遥测信息采用“直采直送”的方式，即监控后台和远动机直接通过MMS通信规约从保护装置获取遥测信息，无须通过规约转换。

68. 智能变电站的遥测值的采集和传输如何进行?

答：智能变电站的遥测值的采集与常规变电站不同，智能变电站的电流互感器和电压互感器以及变送器通过电缆把相应的电流、电压以及直流量输入到合并单元，合并单元处理后以 SV 报文的方式把遥测值传输给测控装置，测控装置处理后以 MMS 通信报文的方式把遥测量传输给监控后台和远动机，远动机再以 104 规约的方式把遥测量传输给调度主站。

69. 智能变电站的遥测值一般如何联调?

答：由于智能变电站测控装置的遥测值来源于合并单元，因此智能变电站的遥测联调一般采用数字量测试仪进行，利用数字量测试仪在测控装置上施加 SV 电流和电压报文，通过调节测试仪的输出值来检验测控装置遥测值的线性度和精度，测控装置校验完成后再与监控后台和调度主站核对，确认遥测值显示正确。

70. "测控装置 GOOSE 总告警"信息告警的原因及影响范围是什么? 监控员应如何进行处置?

答："测控装置 GOOSE 总告警"信息告警的原因：测控装置 GOOSE 接收回路出现中断、数据无效等异常。其影响范围：影响接收智能终端及合并单元的装置告警信息。

监控员应进行如下处置：通知运维人员现场检查 GOOSE 的链路状态，检查交换机以及到交换机之间的链路，检查信号发送端装置的运行状态，通知检修人员处理，根据现场检查情况及设备异常影响情况填报紧急或重要缺陷。

71. "测控装置 SV 总告警"信息告警的原因及影响范围是什么? 监控员应如何进行处置?

答："测控装置 SV 总告警"信息告警是装置 SV 所有异常的总报警。

影响范围：可能导致失去部分保护功能或者全部保护功能。

监控员应进行如下处置：通知运维人员现场检查测控装置运行状态，查看监控后台具体告警信息，通知检修人员处理，根据现场检查情况及设备异常影响情况填报紧急或重要缺陷。

72. 测控装置收 GOOSE 链路中断有何影响?

答：测控装置收 GOOSE 链路中断将影响接收智能终端及合并单元的装置告警信息。

73. 智能变电站保护装置电压 SV 接收软压板退出等同于 TV 断线还是等同于 TA 断线?

答：在智能变电站中，某些保护装置单独设置电压 SV 接收软压板，当保护装置的电压 SV 接收软压板退出时，保护装置采不到电压，即按 TV 断线处理，因此可以认为电压 SV 接收软压板退出等同于 TV 断线。

电流 SV 接收软压板有两个作用：

（1）起电流输入隔离作用。

（2）告诉保护装置（主要是多间隔保护，如主变保护、母线保护、3/2 接线的线路保护等）该支路的电流是否要参与保护功能计算。

在多间隔保护中，某支路电流 SV 接收软压板退出，保护功能仍投入，只是该支路电流不参与计算。只有在单间隔保护（保护装置只采集一路电流）情况下，电流 SV 接收软压板退出等同于 TA 断线，会导致保护功能闭锁。

第二节　智　能　终　端

1. 什么是智能终端?

答：智能终端是与一次设备采用电缆连接，与保护、测控等二次设备采用光纤连接，实现对一次设备（如开关、闸刀、主变等）的测量、控制等功能的一种智能组件。

2. 智能终端的典型结构组成部分有哪些?

答：智能终端的典型结构主要由以下几个模块组成：电源模块、CPU 模块、开入模块、开出模块、智能操作回路模块等，部分装置还包含模拟量采集模块。CPU 模块既负责 GOOSE 通信，又完成动作逻辑，开放出口继电器的正电源；智能开入模块负责采集开关、闸刀等一次设备的开关量信息，再通过 CPU 模块传送给保护和测控装置；智能开出模块负责驱动闸刀、接地闸刀的分合控制和出口继电器；智能操作回路模块负责驱动开关跳合闸出口继电器。

3. 智能终端应具备哪些功能?

答：（1）开关量和模拟量采集功能：输入量点数可根据工程需要灵活配置，开关量输入宜采用强电方式采集；模拟量输入应能接收 4～20mA 电流量和 0～5V 电压量。

（2）开关量输出功能：输出量点数可根据工程需要灵活配置，继电器输出接点容量应满足现场需要。

（3）开关控制功能：可根据工程需要选择分相控制或三相控制等不同模式。

（4）开关操作箱功能：包含分合闸回路、合后监视、重合闸、操作电源监视和控制回路断线监视等功能。

（5）信息转换和通信功能：支持以 GOOSE 方式上传一次设备的状态信息，同时接收来自二次设备的 GOOSE 下行控制命令，实现对一次设备的实时控制功能。

（6）GOOSE 命令记录功能：可记录收发 GOOSE 命令时刻、GOOSE 命令来源及出口动作时刻等内容。

（7）闭锁告警功能：智能终端出现电源中断、通信中断、通信异常、GOOSE 断链、装置内部异常时闭锁，其中装置异常及直流消失信号在装置面板上宜直接有 LED 指示灯。

（8）对时功能：能接收 IEC 61588 或 B 码时钟同步信号功能，装置的对时精度误差应不大于±1ms。

4. 智能终端的开关操作箱包括哪些功能？

答：智能终端宜具备开关操作箱功能，包含分合闸回路、合后监视、重合闸、操作电源监视和控制回路断线监视等功能。开关防跳、开关三相不一致保护功能以及各种压力闭锁功能宜在开关本体操作机构中实现。

5. 主变本体智能终端包括哪些功能？

答：主变本体智能终端包含完整的本体信息交互功能（非电量动作报文、调档及测温等），并可提供用于闭锁调压、启动风冷、启动充氮灭火等出口接点，同时还宜具备就地非电量保护功能；所有非电量保护启动信号均应经大功率继电器重动，非电量保护跳闸通过控制电缆以直跳方式实现。

6. 智能终端的闭锁告警功能包括什么？

答：智能终端有完善的闭锁告警功能，包括电源中断、通信中断、通信异常、GOOSE 断链、装置内部异常等信号，其中装置异常及直流消失信号在装置面板上宜直接有 LED 指示灯。

7. 智能终端中的开入开出功能主要包括什么？

答：智能终端中的开入开出功能包括接收测控遥控分合及联锁 GOOSE 命令，完成对开关和闸刀的分合操作；就地采集开关、闸刀和地刀位置以及开关本体的开关量信号；具有保护、测控所需的各种闭锁和状态信号的合成功能；通过 GOOSE 网络将各种开关量信息送给保护和测控装置。

8. 智能终端是否需要对时？对时应采用什么方式？

答：智能终端需要对时。对时采用光纤 IRIG-B 码对时方式时，宜采用卡接式图形接口；采用电 IRIG-B 码对时方式时，宜采用直流 B 码，通信介质为屏蔽双绞线。

9. 智能终端的配置有哪些要求？双重化配置的具体含义是什么？

答：双套配置的保护对应智能终端应双套配置，本体智能终端宜集成非电量保护功能，单套配置。

智能终端的双重化配置，即两套智能终端应与各自的保护装置一一对应，两套操作回路的跳闸硬接点开出应分别对应于开关的两个跳闸线圈，合闸硬接点则并接至合闸线圈，双重化智能终端跳闸线圈回路应保持完全独立。

10. 智能终端需设置哪些类型的硬压板？硬压板退出有何后果？

答：智能终端需设置的硬压板包括出口压板和检修压板，其中出口压板包括保护的跳、合闸出口压板和遥控出口压板。

智能终端装置上的硬压板退出，将使得开关设备无法分、合闸，正常的遥控操作无法执行，保护的跳合闸命令无法执行；影响开关的遥控成功率，造成开关拒合、拒分，引起保护越级跳闸，扩大事故范围。

11. 为什么智能终端不设软压板？

答：智能终端不设置软压板的原因是智能终端长期处于开关场就地，液晶面板容易损坏。同时也是为了符合运行人员的操作习惯，所以智能终端不设软压板，设置硬压板。

12. 智能终端闭锁重合闸的组合逻辑是什么？

答：（1）闭锁本套重合闸逻辑为：遥合（手合），遥跳（手跳）、不启动重合闸（TJR，永跳）、不启动重合闸失灵（TJF，非电量直跳）、闭重开入、本智能终端上电的“或”逻辑。

（2）双重化配置智能终端时，应具有输出至另一套智能终端的闭重触点，逻辑为：遥合（手合），遥跳（手跳）、保护闭锁重合闸、TJR、TJF 的“或”逻辑。

13. 智能终端应具有完善的自诊断功能，并能输出装置本身的自检信息，自检项目包括哪些？

答：智能终端应具有完善的自诊断功能，并能输出装置本身的自检信息，自检项目包括：出口继电器线圈自检、开入光耦自检、控制回路断线自检、开关位置不对应自检、定值自检、程序循环冗余校验自检等。

14. 智能终端的验收内容有哪些？

答：（1）智能终端开关量试验：包括开入量检验、开出量检验。

（2）智能终端时标精度试验；包括 SOE 分辨率、对时和守时误差检查。

（3）智能终端互联及通信试验：包括与网络及间隔层装置的互联检验、装置接收、发送的光功率检验。

（4）智能终端 GOOSE 通信试验：包括报文格式检查、GOOSE 中断告警及闭锁功能检查、GOOSE 配置文本检查、GOOSE 控制命令记录功能检查、GOOSE 传输时延试验。

（5）智能终端功能试验：包括防抖功能检查、装置告警功能测试、装置电源功能检验、置检修功能检验、无效数据报文处理功能检验。

15. 智能终端有哪几种运行状态？分别如何定义？

答：智能终端运行状态分“跳闸”“停用”两种。

（1）“跳闸”：装置电源投入，跳合闸出口硬压板放上，检修压板取下。

（2）“停用”：跳合闸出口硬压板取下，检修压板放上，装置电源关闭。

16. 智能变电站双重化配置的220kV线路间隔的两套智能终端如何实现重合闸的相互闭锁，合闸应该用哪组智能终端的操作电源， 对运行有什么影响？

答：智能变电站双重化配置的220kV线路间隔有两套保护装置，分别对应一个智能终端，两套保护的重合闸功能是相互独立的，当一套线路保护永跳出口时，该套智能终端通过输出闭锁重合闸硬接点至另外一套智能终端闭锁重合闸开入。合闸使用第一套智能终端的操作电源，在第一套智能终端失电时，开关无法进行合闸操作。

17. 智能变电站双重化配置的线路间隔两套智能终端之间的联系是怎样的？

答：（1）Q/GDW 1175—2013《变压器、高压并联电抗器和母线保护及辅助装置标准化设计规范》和Q/GDW 11761—2014《线路保护及辅助装置标准化设计规范》规定无任何联系，只有投三相重合闸或综合重合闸时，有闭锁重合闸，每套装置的重合闸发现另一套装置重合闸完成已将开关合上后，立即放电闭锁本装置的重合闸，防止出现不允许的二次重合闸。

（2）事故总信号，手合开入并联，防止误发事故总信号。

（3）母差保护，母联智能终端手合开入节点并联，防止充电死区（电缆）。

18. 智能终端发送的GOOSE数据集分为两类，分别包括什么？

答：智能终端发送的GOOSE数据集分为两类：①开关位置、闸刀位置等供保护用的GOOSE信号；②各种位置和告警信息，供测控装置使用。

19. 智能终端的优缺点有哪些？

答：智能终端的优点：作为过程层核心设备之一，智能终端在保障GOOSE通信可靠性、实时性的基础上，具备传统开关操作箱的逻辑功能，且能实时监测开关的运行状态，为变电站过程层的高级智能化奠定基础。

智能终端的缺点：智能终端长期处于开关场就地，运行环境较差，设备容易损坏。

20. 智能终端能否实现模拟量的采集功能？如能实现，对模拟量输入有什么要求？如何上送？

答：智能终端可以实现模拟量的采集，包括温度、湿度、压力、密度、绝缘、机械特性以及工作状态等。模拟量输入应能接收4～20mA电流量和0～5V电压量，智能终端将通过GOOSE模拟量采样数据集将采样值上送给测控装置。

21. 智能终端信息规范要求是什么？典型信息包括哪些？

答：智能终端信息规范要求：智能终端应采集装置的投退、异常及故障信息，装置故障信息应反映装置失电情况，并采用硬接点方式接入；应采集 GOOSE 告警信息及检修压板状态；就地布置的，还应采集智能组件柜的温度、湿度信息。

典型信息包括：智能终端控制切至就地位置、智能组件柜温度、智能组件柜湿度、智能终端控制切至就地位置、智能终端故障、智能终端异常、智能终端 GOOSE 总告警、智能终端对时异常、智能终端 GOOSE 数据异常、智能终端 GOOSE 检修不一致、智能终端 GOOSE 链路中断、智能终端检修压板投入、智能组件柜温度异常、智能组件柜温湿度控制设备故障。

22. “智能终端异常”信息告警的原因及影响范围是什么？监控员应如何处置？

答：“智能终端异常”信息告警的原因：

（1）智能终端装置光纤口异常。

（2）智能终端装置内部异常。

影响范围：可能对开关、闸刀位置、跳合闸功能造成影响。

监控员应进行如下处置：通知运维人员现场检查智能终端的运行状态，在监控后台及装置液晶面板上查看具体告警信息，判断智能终端是否能够完成正常的跳合闸功能，检查 GOOSE 链路情况，通知检修人员处理，根据现场检查情况及设备异常影响情况填报紧急或重要缺陷。

23. “智能终端故障”信息告警的原因和影响范围是什么？

答：“智能终端故障”信息告警的原因：

（1）智能终端电源故障或电源失去。

（2）智能终端装置内部故障。

影响范围：可能对开关、闸刀位置、跳合闸功能造成影响。

24. “智能终端 GOOSE 总告警”信息告警的原因和影响范围是什么？

答：“智能终端 GOOSE 总告警”信息告警的原因：智能终端接收保护装置或测控装置 GOOSE 链路异常。智能终端接收回路出现中断、数据无效等异常。

影响范围：可能对开关、闸刀位置、跳合闸功能造成影响。

25. “智能终端 GOOSE 链路中断”信息告警的原因和影响范围是什么？监控员应如何处置？

答：“智能终端 GOOSE 链路中断”信息告警的原因：

（1）智能终端到交换机光纤断线。

（2）智能终端装置光纤口有异常，GOOSE 端口松动。

（3）装置电源失去。

（4）装置 GOOSE 板件损坏。

（5）交换机的端口故障。

（6）交换机电源失去。

影响范围：将无法执行开关、闸刀的跳合闸命令。

监控员应进行如下处置：通知运维人员现场检查智能终端的运行状态，在监控后台及装置液晶面板上查看具体告警信息，检查 GOOSE 链路情况，光纤是否断开或者光纤接口是否损坏等，通知检修人员处理，根据现场检查情况及设备异常影响情况填报紧急或重要缺陷。

26. “智能终端 GOOSE 数据异常”信息告警的原因和影响范围是什么？

答：“智能终端 GOOSE 数据异常”信息告警的原因：智能终端 GOOSE 数据传输异常。

影响范围：可能对开关、闸刀位置、跳合闸功能造成影响。

27. “智能终端 GOOSE 检修不一致”信息告警的原因及影响范围是什么？监控员应如何处置？

答：“智能终端 GOOSE 检修不一致”信息告警的原因：智能终端接收到 GOOSE 报文后，与自身的检修位进行对比，如果不一致，则判为无效处理。

影响范围：如果保护装置和智能终端的检修不一致，开关无法跳闸。

监控员应进行如下处置：通知运维人员现场检查智能终端的运行状态，在监控后台及装置液晶面板上查看具体告警信息，检查智能终端检修压板投入状态，通知检修人员处理，根据现场检查情况及设备异常影响异常影响情况填报紧急或重要缺陷。

28. “智能终端对时异常”信息告警的原因和影响范围是什么？监控员应如何处置？

答：“智能终端对时异常”信息告警的原因：智能终端接收时钟异常、对时装置异常或对时回路异常。

影响范围：影响网络采样、网络跳闸的保护正确动作。

监控员应进行如下处置：通知运维人员现场检查，查看监控后台，如同时有多个间隔发对时异常告警，则查看卫星对时装置运行状态是否正常，如果只有单个装置发对时异常告警，则该装置对时回路可能存在异常。根据检查情况通知检修人员处理，填报一般或重要缺陷。

29. “智能组件柜温度异常”信息告警的原因和影响范围是什么？监控员应如何处置？

答：“智能组件柜温度异常”信息告警的原因：

（1）智能组件柜内温度异常，超过设定的温度定值。

（2）智能组件柜温度传输装置故障。

影响范围：对智能组件柜内的设备如智能终端、合并单元等运行造成影响。

监控员应进行如下处置：通知运维人员现场检查智能组件柜内实际温度情况及设备异常情况，通知检修人员处理，填报重要缺陷。

30. “智能组件柜温湿度控制设备故障”信息告警的原因和影响范围是什么？监控员应如何处置？

答：“智能组件柜温湿度控制设备故障”信息告警的原因：

（1）智能组件柜温湿度控制器故障，硬接点信息。

（2）智能组件柜温湿度控制器装置电源失去。

影响范围：无法对智能组件柜温湿度进行自动调节，将对组件柜内的设备运行环境造成影响。

监控员应进行如下处置：通知运维人员现场检查智能组件柜内实际温度情况，温湿度控制器运行状态，电源是否失去等，通知检修人员处理，填报重要缺陷。

31. 智能终端的检修压板投入的含义是什么？

答：智能终端检修功能为：

（1）检修压板投入后，装置上送所有 GOOSE 报文的品质及 GOOSE 帧头中的测试位 Test 置位。

（2）装置将接收的 GOOSE 报文中 Test 位与装置自身的检修压板状态进行比较，只有两者一致时才视作有效进行动作。

当二者不一致时，视为“预传动”状态。此时，装置将上送“保护测试跳”或“保护测试合”GOOSE，同时保护跳或重合闸 LED 灯将点亮，提示试验人员：智能单元已正确收到某 IED 发出的控制命令，但由于检修原因并未实际驱动动作触点。

32. 开关智能终端 GOOSE 检修不一致对主变保护有什么影响？

答：主变保护通过智能终端出口跳各侧开关，智能终端将接收到的主变保护报文中的检修位与自身的检修压板状态进行比较，两者一致时正确跳闸，两者不一致则显示 GOOSE 检修不一致，开关不会跳闸。因此，当开关智能终端检修不一致时保护能够动作但是开关无法跳闸，需要上一级保护动作来隔离故障。

33. 运行中的智能终端误投装置检修压板会出现什么现象？

答：运行中的智能终端投入检修压板后，能够发送 GOOSE 报文的试验“置位”，对于所接收到的 GOOSE 报文进行状态不一致方向的处理。误投入智能终端的检修压板时，智能终端的接收是根据各个保护、测控装置发送过来的正常 GOOSE 报文，由于智能终端和保护装置跳闸 GOOSE 报文的检修位不一致，所以智能终端视为无效处理，从而导致开关无法跳闸。

34. 保护装置检修投入时而智能终端检修压板未投时，保护装置是否能正常跳闸，为什么？

答：保护能够正常动作并发出带有跳闸信息的 GOOSE 报文，但一次开关不会跳闸动作。因为此时保护跳闸的 GOOSE 报文中带有检修状态的 Test 品质位，而作为接收和响应该 GOOSE 跳闸报文的智能终端装置的检修压板未投入，收、发两侧检修状态不一致，此时智能终端对本次动作不做任何响应，跳闸出口继电器不动作，开关不会跳闸。

35. 智能终端无法实现跳闸时应检查哪些方面？

答：（1）两侧的检修压板状态是否一致，跳闸出口硬压板是否投入。

（2）输出硬接点是否动作，输出二次回路是否正确。

（3）装置收到的 GOOSE 跳闸报文是否正确。

（4）保护（测控）GOOSE 出口软压板是否正常投入。

（5）装置的光纤连接是否良好。

（6）保护（测控）及智能终端装置是否正确工作。

（7）SCD 文件的虚端子连接是否正确。

36. 为什么智能终端发送的外部采集开关量需要带时标？

答：无论是在组网还是直采 GOOSE 信息模式下，间隔层 IED 订阅到的 GOOSE 开入量都带有延时，该接收到的 GOOSE 变位时刻并不能真实反应外部开关量的精确变位时刻。为此，智能终端在发布 GOOSE 信息时携带自身时标，该时标真实反映了外部开关量的变位时刻，为故障分析提供精确的 SOE 参考。

37. 智能变电站双重化配置的 220kV 线路间隔的两套智能终端如何实现重合闸，合闸应该用哪个智能终端的操作电源？

答：智能变电站双重化配置的 220kV 线路间隔有两套保护装置，分别对应两套智能终端，两套保护的重合闸功能是相互独立的，当两套保护装置重合闸动作时，先动作的那套重合闸对应的智能终端出口。重合开关时，使用的是第一套智能终端的操作电源。

第三节　合　并　单　元

1. 什么是合并单元？

答：合并单元是对来自二次转换器的电流、电压数据进行时间相关组合的物理单元。合并单元可以是互感器的一个组成件，也可是一个分位单元。

2. 合并单元应该具有什么功能?

答：合并单位应具备以下功能：

（1）采集电压、电流瞬时数据。

（2）采样值有效性处理。

（3）采样值输出。

（4）时钟同步及守时。

（5）设备自检及指示。

（6）电压并列和切换。

3. 什么是合并单元的额定延时时间?

答：一次电流或电压被测量的时刻到数字信号开始发送时刻之间为额定延时时间。

4. 合并单元自检功能检验包括哪些方面?

答：合并单元应具有完善的自诊断功能，保证在电源中断、电压异常、采集单元异常、通信中断、通信异常、装置内部异常情况下不误输出。合并单元应能够输出各种异常信号和自检信息。

5. 合并单元出现装置异常时能否输出装置告警信息? 通过什么进行传输?

答：合并单元在电源中断、电压异常、采集单元异常、通信中断、通信异常、装置内部异常等情况下保证不误输出，能够输出上述各种异常信号和自检信息。装置告警信息通过 GOOSE 传输。

6. 合并单元信息规范要求是什么? 典型信息有哪些?

答：合并单元应采集装置的投退、异常、故障及检修压板状态信息，装置异常信号应包括时钟同步异常、SV、GOOSE 接收异常等异常信息，故障信号应反映装置失电情况，并采用硬接点方式有接入，对于就地布置的，应采集智能组件柜的温度、湿度信息。

典型信息包括：智能组件柜温度、智能组件柜湿度、合并单元故障、合并单元异常、合并单元对时异常、合并单元 SV 总告警、合并单元 SV 采样链路中断、合并单元 SV 采样数据异常、合并单元 GOOSE 总告警、合并单元 GOOSE 数据异常、合并单元 GOOSE 链路中断、合并单元 SV 检修不一致、合并单元 GOOSE 检修不一致、合并单元电压切换异常、合并单元电压并列异常、合并单元检修压板投入、智能组件柜温度异常、智能组件柜温湿度控制设备故障。

7. 不同接线形式下的母线合并单元配置方案有哪些?

答：对于单母线接线，一台母线电压合并单元对应一段母线。

对于双母线接线，一台母线电压合并单元宜同时接收两段母线电压。

对于双母线单分段接线，一台母线电压合并单元宜同时接收三段母线电压。

对于双母线双分段接线，宜按分段划分为两个双母线来配置母线电压合并单元。

8. 合并单元 SV 总告警触发机制有哪些？

答：SV 发送任一通道品质异常或无效均会触发 SV 总告警，产生原因包括配置错误、级联异常、采样异常、装置故障。

9. 合并单元电压（闸刀的硬开入或 GOOSE 开入）切换后母线电压的输出状态是怎样的？

答：典型开入切换母线电压的输出状态见表 7-2。

表 7-2　　典型开入切换母线电压

Ⅰ母闸刀	Ⅱ母闸刀	切换后电压
合	分	Ⅰ母电压
分	合	Ⅱ母电压
合	合	保持原状态
分	分	输出电压为 0

10. 智能变电站中，母线合并单元有什么功能？

答：智能变电站中，母线合并单元有两个功能：

（1）电压采集（模数转换）功能，将电压互感器引入的二次电压模拟量采样处理，转化成数字量。

（2）母线电压并列功能，通过输出电压采样量数据源的切换，实现常规变电站电压并列回路的功能。

11. 合并单元发装置故障信息表明什么？

答：合并单元发装置故障信息预示装置已经不能正常运行，导致其发送 SV 数据错误，从而引起与之相关的保护闭锁甚至不正确动作。

12. 合并单元检修状态投入，相对应的测控装置检修状态未投入，对监控的影响是什么？

答：监控将接收不到该合并单元所发的信号。

13. 合并单元有哪几种运行状态，分别如何定义？

答：合并单元运行状态分“跳闸”“停用”两种：

（1）“跳闸”：装置电源投入，检修压板取下。

（2）“停用”：检修压板放上，装置电源关闭。

14. 合并单元采样值同步的必要性有哪些？

答：一次设备智能化要求实时电气量和状态量采集由传统的集中式采样改为分布式采样，这样就不可避免地带来采样同步的问题，主要表现在如下几个方面：

（1）同一间隔内的各电压电流量的同步：本间隔的有功功率、无功功率、功率因数、电流电压相位、序分量及线路电压等问题都依赖于对同步数据的测量计算。

（2）关联多间隔之间的同步：变电站内存在某些二次设备需要多个间隔的电压电流量，典型的如母线保护、主设备纵联差动保护装置等，相关间隔的合并单元送出的测量数据应该是同步的。

（3）关联变电站间的同步：输电线路保护采用数字式纵联电流差动保护（如光纤纵差）时，差动保护需要两侧的同步数据，这有可能将数据同步问题扩展到多个变电站之间。

（4）广域同步：大电网广域监测系统需要全系统范围内的同步相角测量，在大规模使用电子式互感器的情况下，必将出现全系统内采样数据同步。

合并单元输出的电压、电流信号必须严格同步，否则将直接影响保护动作的正确性，甚至在失去同步时要退出相应的保护。

15. 合并单元守时工作机制是怎样的？

答：合并单元在同步状态下，使自身时钟和时钟源保持一致，并通过算法记录下一个参考时钟，在时钟源丢失后，依照参考时钟继续运行，保证在一段时间内参考时钟和时钟源偏差不大。

16. 合并单元失步后处理机制是怎样的？

答：合并单元具有守时功能，要求在失去同步时钟信号 10min 以内合并单元的守时误差小于$\pm 4\mu s$，合并单元在失步且超出守时范围的情况下应产生数据同步无效标志。

17. 常规互感器怎样与合并单元进行接口？

答：常规互感器与合并单元接口时，信号采集是由合并单元完成的，合并单元采集经过小电压互感器、小电流互感器变换后的模拟量直接将数据组帧发送给测控、保护等装置。

18. 智能变电站中双重化配置的主变保护与合并单元、智能终端连接关系是怎样的？

答：220kV 电压等级及以上智能变电站中主变保护通常双重化配置，对应的变压器各侧的合并单元和开关智能终端也双重化配置，本体智能终端单套配置，其中第一套主变保护仅与各侧第一套合并单元及智能终端通过点对点方式连接，第二套主变保护仅与各侧第二套合并单元及智能终端通过点对点方式连接，第一套与第二套间没有直接物理连接，数据交互分别独立。

19. 针对不同母线接线方式，如何配置母线电压合并单元？

答：母线电压应配置单独的母线电压合并单元。母线电压合并单元可接收至少两组电压互感器数据，并支持向其他合并单元提供母线电压数据，根据需要提供电压并列功能。各间隔合并单元所需母线电压量通过母线电压合并单元转发。

（1）3/2 接线：每段母线配置合并单元，母线电压由母线电压合并单元点对点通过线路电压合并单元转接。

（2）双母线接线：两段母线按双重化配置两台合并单元。每台合并单元应具备 GOOSE 接口，接收智能终端传递的母线电压互感器闸刀位置、母联闸刀位置和开关位置，用于电压并列。

（3）双母单分段接线：按双重化配置两台母线电压合并单元，不考虑横向并列。

（4）双母双分段接线：按双重化配置四台母线电压合并单元，不考虑横向并列。

（5）用于检同期的母线电压由母线合并单元点对点通过间隔合并单元转接给各间隔保护装置。

20. 智能变电站中，母线合并单元如何配置？每套母线合并单元接入哪些量？

答：智能变电站中，母线合并单元应按电压等级分开配置，每个电压等级配两套，其中 220kV 的两套分别与 220kV 双重化保护对应；110kV 的两套中，第二套供主变第二保护使用；35（10）kV 的两套与两套主变保护分别对应。

每套母线合并单元均接入该电压等级的所有母线电压。在双母线接线情况下，母线合并单元同时接入正、副母电压；单母三分段接线情况下，母线合并单元同时接入三段母线的电压。

母线合并单元以 SV 数据集的形式向外送出所有母线电压数据。各间隔的合并单元通过级联方式取得这些数据，并根据主接线型式选择对应的电压量转发给保护装置。

21. 合并单元电压切换应满足哪些技术要求？

答：对于接入了两段母线电压的按间隔配置的合并单元，根据采集的双位置闸刀信息，进行电压切换。切换逻辑应满足：

（1）当Ⅰ母闸刀合位，Ⅱ母闸刀分位时，母线电压取自Ⅰ母。

（2）当Ⅰ母闸刀分位，Ⅱ母闸刀合位时，母线电压取自Ⅱ母。

（3）当Ⅰ母闸刀合位、Ⅱ母闸刀合位时，理论上母线电压取Ⅰ母电压或Ⅱ母电压都可以，工程应用中一般取Ⅰ母电压，并在 GOOSE 报文中报同时动作信号。

（4）当Ⅰ母闸刀分位，Ⅱ母闸刀分位时，母线电压数值为 0，并在 GOOSE 报文中报失压告警信号，同时返回信号。

（5）采集闸刀位置异常状态时报警。

（6）在电压切换过程中采样值不应误输出，采样序号应连续。

22. 合并单元的告警功能应满足哪些技术要求？

答：（1）合并单元的自检应能对装置本身的硬件或通信方面的错误进行自诊断，并能对自检事件进行记录、追溯，并通过直观的方式显示。记录的事件包括数字采样通道故障、时钟失效、网络中断、参数配置改变等重要事件。

（2）在合并单元故障时输出报警接点或闭锁接点。

（3）合并单元具备装置运行状态、通道状态等 LED 显示功能。

（4）具备完善的闭锁告警功能，能保证在电源中断、电压异常、采集单元异常、通信中断、通信异常、装置内部异常等情况下不误输出。

23. 合并单元应满足哪些技术要求？

答：（1）合并单元应满足最少 12 个模拟量输入通道和至少 8 个采样值输出端口的要求。

（2）合并单元应具备报警输出接点或闭锁接点。

（3）合并单元应具备测试用秒脉冲信号输出接口。

（4）间隔合并单元应具备接入母线电压数字信号级联接口。

（5）具备采集开关、闸刀等位置信号功能（包含常规信号和 GOOSE）。

（6）合并单元应能接受外部时钟的同步信号。

24. 合并单元的检修压板应满足哪些技术要求？

答：采用规范的协议发送采样数据：合并单元检修压板投入时，发送的所有数据通道置检修状态；按间隔配置的合并单元母线电压来自母线合并单元，仅母线合并单元检修投入时，则按间隔配置的合并单元仅将来自母线合并单元数据置检修状态。

GOOSE 报文检修机制：合并单元检修投入时，GOOSE 发送的报文数据置检修。合并单元开关、闸刀位置信息取自 GOOSE 报文时，若 GOOSE 报文中为检修状态，合并单元未投检修压板，则合并单元不使用该 GOOSE 报文中的开关、闸刀位置信息，保持开关、闸刀位置的原状态；若 GOOSE 报文中为检修状态，合并单元也投入检修压板，则合并单元使用该 GOOSE 报文中的开关、闸刀位置信息；若 GOOSE 报文不是检修状态，而合并单元检修压板投入，则合并单元不使用该 GOOSE 报文中的开关、闸刀位置信息，保持开关、闸刀位置的原状态。

25. 智能站中，某侧合并单元检修压板投入后，主变保护功能是否会受到影响？

答：若某侧合并单元检修压板投入，而主变保护中该 SV 接收软压板未退出且主变保护检修压板未投入，则会因“检修不一致”而闭锁该合并单元采样值相关的主变保护功能。

26. “合并单元异常”信息告警的原因和影响范围是什么？监控员应如何处置？

答：“合并单元异常”信息告警的原因：

（1）装置光纤口有异常。

（2）装置内部插件异常。

（3）装置采样异常。

（4）数据发送异常。

（5）装置失电。

影响范围：可能对交流采样功能造成影响，导致保护误（拒）动，测控装置接收遥测数据不正常，无法实现监视设备负荷情况，影响检同期合闸操作等。

监控员应进行如下处置：通知运维人员现场检查合并单元的指示灯，查看监控后台及装置液晶面板上具体告警信息。如果是 SV 断链造成装置运行异常，还需将相关保护装置停运，避免造成误动作。通知检修人员处理，根据现场检查情况填报紧急或重要缺陷。

27.“合并单元故障”信息告警的原因和影响范围是什么？监控员应如何处置？

答：“合并单元故障”信息告警的原因：

（1）装置 CPU 板有异常。

（2）装置电源空开跳开、装置电源插件故障等。

影响范围：无法向保护装置、测控装置等发送交流采样，导致保护误（拒）动。

监控员应进行如下处置：通知运维人员现场检查合并单元的指示灯，检查装置电源是否正常，通知检修人员处理，根据现场检查情况填报紧急或重要缺陷。

28.“合并单元 GOOSE 总告警”信息告警的原因和影响范围是什么？监控员应如何处置？

答：“合并单元 GOOSE 总告警”信息告警的原因：

（1）合并单元接收智能终端或测控装置 GOOSE 链路异常。

（2）装置 GOOSE 接收回路出现中断，数据无效等异常。

影响范围：可能导致失去部分保护功能或者全部保护功能。

监控员应进行如下处置：通知运维人员现场检查合并单元 GOOSE 的链路状态，检查交换机以及到交换机之间的链路，检查信号发送端装置的运行状态，通知检修人员处理，根据现场检查情况及设备异常影响情况填报紧急或重要缺陷。

29.“合并单元 GOOSE 链路中断”信息告警的原因和影响范围是什么？

答：“合并单元 GOOSE 链路中断”信息告警的原因：

（1）装置光口板存在问题。

（2）装置 GOOSE 链路有异常，传输的光纤有异常。

影响范围：可能导致失去部分保护功能或者全部保护功能。

30.“合并单元 GOOSE 数据异常”信息告警的原因和影响范围是什么？

答：“合并单元 GOOSE 数据异常”信号告警的原因：合并单元 GOOSE 出现异常或故障。

影响范围：可能导致失去部分保护功能或者全部保护功能。

31. “合并单元SV总告警”信息告警的原因和影响范围是什么？监控员应如何处置？

答：“合并单元SV总告警”信号告警的原因：该信息是装置SV所有异常报警的合并信息，包括合并单元SV光纤中断，采样无效。

影响范围：可能导致失去部分保护功能或者全部保护功能。

监控员应进行如下处置：通知运维人员现场检查合并单元运行状态，查看监控后台具体告警信息，查看保护至合并单元之间的光纤链路，合并单元和保护装置的光电转换口等，通知检修人员处理，根据现场检查情况及设备异常影响情况填报紧急或重要缺陷。

32. “合并单元SV采样链路中断”信息告警的原因和影响范围是什么？

答：“合并单元SV采样链路中断”信息告警的原因：

（1）装置光纤损坏。

（2）装置SV采样有异常。

（3）装置插件损坏、装置故障等任意链路中断。

影响范围：可能导致失去部分保护功能或者全部保护功能。

33. “合并单元SV采样数据异常”信息告警的原因、影响范围是什么？

答：“合并单元SV采样数据异常”信息告警的原因：

（1）装置SV采样数据有异常。

（2）光纤头虚接、光纤头脏、插件插孔脏、装置发送或接收光功率降低、光损耗增加等。

影响范围：可能导致失去部分保护功能或者全部保护功能。

34. “合并单元对时异常”信息告警的原因及影响范围是什么？监控员应如何处置？

答：“合并单元对时异常”信息告警的原因：合并单元接收时间异常；对时装置或对时回路异常。

影响范围：影响网采网跳的保护正确动作。

监控员应进行如下处置：通知运维人员现场检查，查看监控后台，如同时有多个间隔发对时异常告警，则查看卫星对时装置运行状态是否正常，如果只有单个装置发对时异常告警，则该装置对时回路可能存在异常。根据检查情况通知检修人员处理，填报一般或重要缺陷。

35. 合并单元检修压板投入的含义是什么？

答：合并单元检修压板实质上对应的是SV数据里含有的检修品质位，投入检修压板该品质位为1，不投检修压板该品质位为0。合并单元输出的采样数据的品质标志实时反映自检状态。保护装置和合并单元的检修机制是指：正常运行时，保护和合并单元的检修压板都不投，双方的检修状态相同，此时保护的出口是允许的；当单独投保护检修或单独投合并单元检修时，双方的检修状态是不同的，此时保护的出口是禁止的；当保护和合并单元的检修压板均投入，此时双方的检修状态相同，保护的出口也是允许的。检修状态相同，保护才允许动作。合并单元和智能终端之间没有 SV 数据传输，也就没有直接的检修位传输或判别；合并单元和保护装置之间是上送 SV 数据，不会判别；合并单元和合并单元之间也是传输 SV 数据，不会改变 SV 数据的检修品质位。

36. 变电站某间隔配置测控装置、合并单元和智能终端，送电后监控主机某遥测数显示不对，应做哪些检查以排除故障？

答：(1) 设备外观和工作电源检查：看有无明显故障现象，端子、连接片和接地是否有松动现象，工作电源是否符合要求。

(2) 检查交流输入电压、电流回路有无问题：如电压缺相、相序、电流回路变比、极性和相序等是否有问题。

(3) 检查交流采样回路：用实负荷校验仪接入二次回路测出标准值，判断交流采样回路是否有问题。

(4) 检查监控主机与测控装置、测控装置与合并单元之间的通信链路问题，判断是否存在通信故障。

(5) 检查合并单元：模型、虚端子、内部映射等。

(6) 检查测控装置：模型、虚端子、内部映射、变比等。

(7) 检查监控主机：数据库变比、画面关联、是否人工置数等。

37. 合并单元异常，对 220kV 双绕组主变保护有什么影响？

答：(1) 变压器差动相关的电流通道异常，闭锁相应的差动保护和该侧的后备保护。

(2) 变压器中性点零序电流、间隔电流异常时，闭锁该侧后备保护中对应使用该电流通道的零序保护、间隙保护。

(3) 相电压异常时，保护逻辑按照该侧 TV 断线处理，若该侧零序电压采用自产电压，则闭锁该侧的间隔保护和零序过压保护。

(4) 零序电压异常时，闭锁该侧的间隙保护和零序过压保护。

38. 双母线接线方式下，合并单元故障或失电时，线路保护装置的处理方式有哪些？

答：保护装置应处理合并单元上送的数据品质位（无效、检修等），及时准确提供告警信息。在异常状态下，利用合并单元的信息合理地进行保护功能的退出和保留，瞬时闭锁可能误动的保护，延时告警，并在数据恢复正常之后尽快恢复被闭锁的保护功能，不闭锁与该异常采样数据无关的保护功能。例如 TV 合并单元故障或失电，线路保护装置收电压采样无效，闭锁与电压相关保护（如纵联和距离）；如果是线路合并单元故障或失电，线路保护装置收线路电流采样无效，闭锁所有保护。